中国空气动力研究与发展中心系列图书

气体引射器原理及设计

廖达雄　等著

国防工业出版社

·北京·

内 容 简 介

引射器是借助黏性剪切及对流作用力,把能量从主引射流体传递给被引射流体的一种射流泵。作为一种不含运动部件的动力学泵,引射器在航空航天、化工、真空技术、飞行器设计、风洞以及各类压力恢复系统等领域都有广泛应用。本书综合阐述了气体引射器的设计原理、设计方法、性能影响因素以及在部分设备中的应用情况。

本书可供从事空气动力学设备设计的科技工作者、工程技术人员、本科生和研究生参考使用。

图书在版编目(CIP)数据

气体引射器原理及设计 / 廖达雄等著 . —北京：
国防工业出版社,2018.9
ISBN 978 - 7 - 118 - 11675 - 5

I. ①气… II. ①廖… III. ①气体引射器 - 设计 - 研究 IV. ①TK05

中国版本图书馆 CIP 数据核字(2018)第 212715 号

※

国防工业出版社出版发行
(北京市海淀区紫竹院南路 23 号　邮政编码 100048)
北京龙世杰印刷有限公司印刷
新华书店经售

*

开本 710 × 1000　1/16　**印张** 14¾　**字数** 271 千字
2018 年 9 月第 1 版第 1 次印刷　**印数** 1—1500 册　**定价** 168.00 元

(本书如有印装错误,我社负责调换)

国防书店:(010)88540777　　发行邮购:(010)88540776
发行传真:(010)88540755　　发行业务:(010)88540717

前　言

气体引射器作为一种不含运动部件的动力学泵,主要借助气体的黏性剪切及对流作用力,把能量从主引射流体传递给被引射流体,提升被引射气流的动能。由于其结构简单、重量轻、性能稳定,在航空航天、化工、真空技术、飞行器设计、风洞以及各类压力恢复系统等领域都有广泛应用。

近些年来,随着高新技术的不断发展,气体引射器在诸多领域都引起了极大的关注。在跨超声速风洞设计中,采用气体引射器代替风扇等动力学部件,可以有效降低整个系统的复杂性,提高系统运行效率。对激光器压力恢复系统等低压运行设备,气体引射器可以发挥其结构简单、无动力学部件的特点,在保证系统低压运行环境的情况下,极大地减小整个系统的体积。在新型飞行器射流控制领域,气体引射技术也有代替机械控制的趋势。气体引射器技术在诸多领域的广泛应用,进一步增强了人们对气体引射器设计原理及设计方法的需求。

迄今为止,国内尚没有比较系统和深入介绍气体引射器原理及设计的书籍。本书是中国空气动力研究与发展中心设备设计及测试技术研究所 40 年从事气体引射器设计的经验总结,作者同时参阅了大量国内外相关文献,吸收其精华。在内容取舍上,力求兼顾系统性、知识性、实用性和前瞻性。本书不仅适用从事气体引射器设计的工程技术人员阅读,也可供从事与引射器设计其他相关专业的技术人员参考。

全书共 8 章,第 1 章主要介绍了气体引射器的工作原理,并依据功能和性质的不同,对气体引射器的分类进行了详细的阐述。第 2 章主要阐述了建立一维气体引射器设计理论所需的基本假设及气动函数,推导了一维气体引射器设计理论的基本公式,从理论角度分析了影响气体引射器性能的因素,并对气体引射器的优化设计理论进行了分析和讨论。第 3 章和第 4 章主要是从等面积和等压气体引射器的设计角度,对两类气体引射器的设计原理、设计方法和性能影响因素进行了详细阐述,并分析了气体引射器的启动特性和增效引射技术。第 5 章主要介绍了计算流体力学的基本方法及计算软件的结构,并依据等面积和等压气体引射器,讨论了数值模拟方法在气体引射器设计中的应用。第 6 章分析了气体引射器的集成技术,讨论了多级引射器的工程设计方法和参数匹配问题,并对气体引射器的驱动气源技术进行了详细说明。第 7 章主要阐述了气体引射器结构设计相关的结构总体设计、零部件设计、结构力学分析以及流致振动特性分析等问题。第 8 章主要介绍了差分引射器、超超引射器、非定常流驱动引射器、压力交换引射器等几种新型引射器技术，详细阐述了几种气体引射器的设计方法和性能影响因素，并对气体引射器的发展趋势进行了简要介绍。

参加本书编写的人员有中国空气动力研究与发展中心设备设计及测试技术研究所气动设计室孙运强、任泽斌、陈吉明、陈志强、陈钦、刘宗政、余永生等。

参加校审工作的有李方洲、栗根文、陈作斌、肖泰顺、彭磊等。

由于作者学识水平有限，书中错误和疏漏之处在所难免，敬请读者批评指正，也欢迎对书中内容持不同观点的读者与作者交流、讨论。

本书在编写过程中，得到了中国空气动力研究与发展中心两级机关、领导和专家的关心和支持，在此表示衷心的感谢。

作者
2018 年 4 月

目　录

第1章 概　论

1.1　引射器工作原理

引射器作为一种输送流体的装置,它依靠高压流体流经引射喷嘴而形成的高速射流,引射另一种低压流体,并在装置中进行动量交换,从而达到把低压流体转变为高压流体的目的。通俗地讲,引射器就是把不同压力的两股流体在同向流动中,混合形成一种中间压力的流体。图 1-1 为引射器基本原理示意图,其中,高能、高压流体称为主引射气流;低能、低压流体称为被引射气流;二者混合之后的流体,称为混合流体。被引射气流流量与主引射气流流量之比称为引射流量比,或称为引射系数。

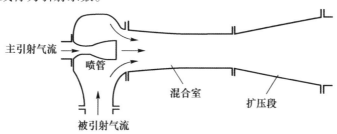

主引射气流 →

喷管

被引射气流

混合室

扩压段

图 1-1　引射器原理示意图

引射器的特点在于,抽吸被引射气流或者提高被引射气流的压力,而不直接使用机械装置,仅需要简单的喷管与管道的组织连接技术即可,不需要采用各种转动机械,如压气机、引风机和泵等。主引射气流一般从主喷管喷出,进入混合室之内。在混合室进口,把主引射气流的压力能转变为动能,抽吸被引射气流同向流动与混合,相互进行能量、动量的传递与质量掺混,如图 1-2 所示。在扩压段内,被引射气流的压力逐步恢复,使整个扩压段内的静压逐步获得提升。

如果主引射气流、被引射气流为同一种性质的流体,则可把引射器的工作过程用焓 - 熵图表示,如图 1-3 所示。图中,p_{0p} 为主引射气流在喷管前的总压,p_{0s} 为被引射气流进入引射器混合室前的总压,p_p 为主引射气流在喷管出口的静压,它可以等于被引射气流的静压。两种流体在混合室内充分混合,静压提升到 p_m。之后,在扩压段,气流速度进一步减小,压力再度提升到 p_D。对于以被引气流增压为目的的引射器,则扩压器出口的总压应该大于被引射气流的进气总压。

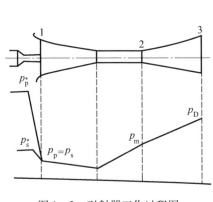

图1-2 引射器工作过程图

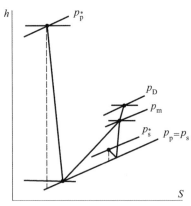

图1-3 引射器的焓-熵关系

混合室与主喷管的几何参数,以及气体的可压缩性(当主、被引射气流均为气体时),对引射器的工作均会有影响。当混合室的进气截面积过小时,不仅抽吸不了被引射气流,而且甚至会使主引射气流从混合室中溢出。如果混合室是等截面的,当主引射气流的压比大于或等于临界压比时,不仅主引射气流会呈声速或超声速流动(取决于喷管的型面),而且有时也会因为主引射气流的沿程膨胀,使被引射气流在混合室的内壁面与主引射气流边界之间形成的收缩通道中加速流动,以至于达到声速,这时被引射气流流量不再改变,这就是所谓的"被引射气流扼流"状态。如果再进一步,主引射气流的沿程膨胀达到了混合室壁面,充满了整个混合室截面积,则引射的被引射气流流量为零,那就形成了所谓的"被引射气流堵塞"现象。所以,适当地选择混合室与主喷管的几何参数是十分重要的。

引射器设计的目的有两种:一是在给定原始参数和流量之下,选用适当的几何参数,以获得最合适的混合气出口总压;二是在给定原始参数和混合室出口总压下,选用适当的几何参数,抽吸最多的被引射气流流量,以获得最大的引射流量比。

主、次两股气流在混合室内流动时,除了壁面的摩擦损失之外,还有一项特殊的动能损失,它与混合过程的本质分不开。假设主、被引射气流的流量与速度在混合室的进口处,分别为m_p、V_p和m_s、V_s,混合室出口流量与速度为m_m、V_m,如果混合是在等压下进行的,则由动量方程:

$$(m_p + m_s)V_m = m_p V_p + m_s V_s \tag{1.1}$$

求得混合室出口速度为

$$V_m = \frac{m_p V_p + m_s V_s}{m_p + m_s} \qquad (1.2)$$

混合之后的动能为

$$E_m = \frac{(m_p + m_s) V_m^2}{2} = \frac{1}{2} \frac{(m_p V_p + m_s V_s)^2}{m_p + m_s} \qquad (1.3)$$

而在混合之前两股流体的动能之和为

$$E_p + E_s = \frac{m_p V_p^2}{2} + \frac{m_s V_s^2}{2} = \frac{1}{2}(m_p V_p^2 + m_s V_s^2) \qquad (1.4)$$

比较可见:

$$E_p + E_s - E_m = \frac{m_p m_s (V_p - V_s)^2}{2(m_p + m_s)} \geqslant 0 \qquad (1.5)$$

由此说明,引射混合之后,流体的总动能是有损失的,而且 V_p 与 V_s 相差越大,损失越大。

1.2 引射器分类及应用

1.2.1 引射器分类

从进入引射器的主、被引射气流的相态来分,可有主、被引射气流同相;主、被引射气流异相;主、被引射气流中有相态改变(如蒸发或凝结)等情况。如进入引射器混合的流体,在工程中有的是气相,有的是液相,有的是气体、液体和固体的混合物,因此,到目前为止对引射器还没有一个统一的分类方法,而且名称不一,如引射器、喷射器、混水器、射流器等,但是人们常以在引射器中相互作用介质的状态来分类,一般可以分为如下三类:

(1) 引射和被引射介质的相态相同的引射器。

(2) 引射和被引射介质处于不同的相态,它们在混合过程中相态也不改变的引射器。

(3) 引射或被引射介质的相态发生改变的引射器。在这类引射器里,引射或被引射流体,在混合之前处于不同的相态,混合后变成同一相态,即在混合过程中其中一种流体的相态发生改变。

本书主要论述工质为气体的引射器,气体引射器广泛应用于气体及化学工业、真空技术、飞机制造和不同的风洞实验设备以及各类压力恢复系统等诸多领域。20 世纪五六十年代,为了建造高性能的火箭发动机高空试车台,美国阿诺德工程研究中心进行了大量的超声速引射器实验研究工作,对中心引射型超声速引射器的启动特性和抽真空能力作了深入的研究。进入七八十年代,超声速引射器在火箭冲压、推力矢量放大等领域得到了广泛的应用。在高超声速吸气推进系统研究中,高性能的燃气引射系统是必不可少的关键地面实验设备。另外,引射器在军事领域另一个重要应用是利用引射器技术进行飞行器和舰船的红外隐身。

超声速引射器(supersonic ejector)又称为射流泵(jet pump),是一种超声速气体射流技术,通常由引射器和扩压器构成引射 – 扩压(ejector diffuser)系统。超声速引射器的引射原理如图 1 – 1 所示,高压引射工质通过超声速引射喷嘴膨胀形成高速低压引射气流(主流,primary flow)进入引射管道,同时低压低动能的被引射气流(二次流,secondary flow)通过引射管道入口进入引射管道混合室(mixer);两股气流在引射管道混合室内经过分子扩散、湍流脉动、气流漩涡和激波等作用进行充分混合,引射气流将动能传递给被引射气流,在混合室出口获得高速低压混合气流;接着,混合气流通过扩压器(diffuser)减速增压,将动能转变为压力势能,最后以静压 P_e 排放进入周围环境;混合气流在混合室和扩压器之间,经由正激波系变成亚声速流动,形成二喉道(second throat)。

从图 1 – 1 中也可以看到典型的超声速引射器的构成:超声速引射喷嘴、被引射气流入口通道、混合室和扩压器。超声速引射喷嘴使高压工质膨胀获得超声速引射气流,引射喷嘴是超声速引射器负荷最重、工作环境最恶劣的部分,设计、加工难度大。被引射气流入口通道提供被引射气流进入混合室的通道,它的参数和构型由超声速引射器的引射方式和参数设计确定。引射混合室是气流混合并进行动量和能量传递的场所,混合室气流入口条件和型面设计决定了混合室内的混合规律,混合室的型面设计对整个引射器系统设计的成功与否起关键的作用,同时也是难于精确计算、经验性最强的部分。一般来说,从混合室出来的气流仍为低压超声速或亚声速气流,为了达到增压的目的,混合室后面有扩压室。扩压器设计的好坏对超声速引射器的效率和性能有重大的影响。

根据不同的设计理念和应用,超声速引射器可以有不同的分类(图 1 – 4)。超声速引射器根据引射喷嘴的不同可分为中心引射器、环型引射器和多缝喷嘴引射器;根据混合室型面的不同可分为等截面混合引射器和等压混合引射器;根据引射工质的不同可分为空气引射器、蒸汽引射器和燃气引射器;根据混合室入口二次流马赫数的不同可分为亚超引射器和超超引射器。

单喷嘴中心引射器所需要的混合室长度最长,具有尺寸大、效率低和噪声高等缺点,在风洞中几乎不用,但在工业引射器中应用较广。环状缝隙引射器的特点是高压高速气流从四周壁面喷出,因而,混合室单位长度上的摩擦损失较大,引射气流和被引射器气流的掺混过程也比较缓慢。但在动态品质方面,环状缝隙引射器产生的噪声声压级相对较小,这主要是由于引射器的环状缝隙很小,喷流及其产生的激波尺度也很小,易于衰减,而且与三维圆形喷嘴不同,环状喷流

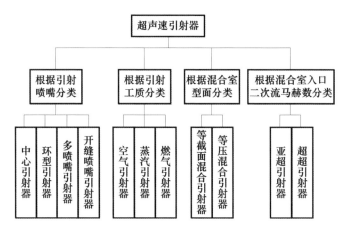

图 1-4 超声速引射器的分类

产生的激波结构趋于二维的。多喷嘴引射器的主要特点是将尺寸较大的引射喷嘴分成当量面积的多个尺寸较小的喷嘴,大大增加了引射气流和被引射气流的接触面,加强了两股气流的掺混过程,缩短了所需的混合室长度,从而提高了引射效率。实验表明,多喷嘴引射器混合室的长度一般可取单喷嘴引射器或周边缝隙引射器长度的 $1/\sqrt{N}$ 倍(N 为喷嘴个数)。由于喷嘴尺寸的减小,喷流及其产生的激波尺度和能量也小得多,因此,多喷嘴引射器的噪声声压级也较小,而且噪声的峰频较高,易于衰减。多喷嘴引射器由于其独特的优点,得到了越来越广泛的应用。现代新设计的风洞大都采用多喷嘴引射方式。

等截面混合引射器的混合室为一等截面的圆柱段,随着主被动气流的混合,沿混合室的轴线方向气流静压不断升高,在混合室出口得到均匀的混合气流。这种引射器目前应用最广泛,技术比较成熟。它的特点是尺寸较短,但效率一般,主要用于增压比不高的场合。等压混合引射器的混合室由收缩段和平直段构成。在收缩段中,主、被动气流在等静压条件下混合,沿轴线方向气流的静压基本保持不变。在平直段中,混合后的气流逐渐由超声速变为亚声速,沿轴线方向气流的静压不断升高。这种引射器的特点是引射效率高,但尺寸长。当引射器的增压比较高时,它和等截面混合引射器相比,在引射效率上具有明显的优势。

1.2.2 引射器的应用

引射器在各个工业部门中都得到了广泛的应用,例如,在电站锅炉中利用空气引射器向锅炉炉膛喷射燃烧用的煤粉;利用多级蒸汽引射器从冷凝器中抽走不凝结的气体。在制冷技术中,利用引射器抽吸真空,通过液体低压蒸发产生的汽化潜热来引射制冷。在采暖通风装置中,引射器可用来形成风道的主要动力,组织不间断的空气流动。在燃气工程中,引射器更是燃气与空气的重要燃烧配送装置。在散装颗粒物料与黏稠物质的输送过程中,引射器可算是一个最简便的运输工具。下面详细介绍两种较为典型的应用。

1. 航空设备应用

引射器在航空航天领域的应用很多,包括地面设备上的应用与飞行器上的应用两个方面。在地面设备上,它不仅可以在发动机试车台房间内,采用排气引射器完成室内通风与降噪。而且,在实验风洞上,还可以使用引射器来抽吸风洞中的实验气流。

在研制新型上面级火箭发动机时,确定火箭发动机的高空特性是发动机地面试车时的重要任务之一,火箭发动机的推力随着高度的升高不断增大,直到在真空环境中达到最大推力,上面级火箭发动机工作时的环境压强非常低,在地面试车时必须建立相应高度下的低压真空环境才能真实模拟火箭发动机的高空特性,这就要求建立庞大的地面真空实验设备,耗费大量的人力物力,而且由于火箭发动机羽流一般具有高温、强腐蚀等特性,使地面真空设备的设计困难,使用寿命短。基于常规真空设备在火箭发动机高空试车台设计中的困难,国际上在20世纪50年代即开展了采用超声速引射器作为高空试车台真空设备的实验研究工作,研究提出了利用发动机自身的超声速喷流作为超声速引射器气流的引射器系统,图1-5所示为由盲腔、超声速扩压器和亚扩段组成零被引射气流中心引射器来构成火箭发动机的真空模拟装置。

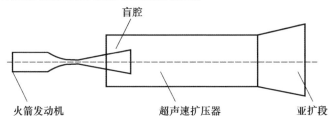

图1-5 火箭发动机的真空模拟装置

目前,以吸气式超燃冲压发动机为动力的新一代高超声速飞行器近年来再度成为世界航空航天领域研究的热点。超燃冲压发动机的技术水平很大程度上决定了高超声速飞行器的研究进度。目前,地面实验是研究超燃冲压发动机和高超声速飞行器的重要手段,而连续式高焓地面实验系统是进行超燃冲压发动机地面实验的重要设备。连续式高焓地面实验系统主要包括加热器系统和真空排气系统两部分。其中,真空排气系统用于模拟飞行器飞行时的高空低压环境。真空排气系统目前主要有两类:一类是真空罐系统,另一类是超声速引射系统。真空罐系统体积庞大,准备时间长而工作时间短,无法满足超燃冲压发动机长时间实验的需要。超声速引射系统利用超声速射流的引射增压作用将低压气流排出到压力较高的环境中,能够长时间工作,是比较理想的连续式排气系统。

2. 化学激光器压力恢复系统

化学激光器是在放热化学反应中形成激射介质粒子数反转,在光学谐振腔的作用下激射出光的一类激光器,它具有纯燃烧驱动、化学效率和比功率高、喷灌矩阵单位面积出光功率高、放大性能好等特点。根据发生化学反应的工质不同,有氘氟(Deuterium Fluorin, DF)激光器和化学氧碘激光器(Chemical Oxygen Iodine Laser, COIL)两种,这里以 DF 激光器为例进行说明。DF 激光器工作原理如图 1 – 6 所示,在激光增益发生器燃烧室内,燃烧剂(H_2、D_2 或碳氧化合物)与氧化剂(F_2 或含氟化合物)、稀释剂(N_2 或者 He)混合燃烧,产生高温燃气,过剩的氟化物在高温下离解产生氟原子 F;接着高温燃气通过超声速喷管矩阵快速膨胀,产生低压、低温超声速射流喷入光腔,由于喷管特征尺寸非常小,采用快速膨胀型面喷管,燃气中绝大部分氟原子在膨胀过程中被冻结,在进入光腔的燃气流中含有大量氟原子;与此同时,在接近喷管出口附近喷入多股 D_2 和稀释剂超声速射流,与燃气一道流入光腔,气流在光腔内流动过程中混合、反应,产生粒子数反转的 $DF^*(\nu)$,在光学谐振腔的作用下受激辐射,产生激光输出。化学激光器运行腔压均很低,要实现连续高功率激光输出,其工质废气必须连续地排放入周围环境,因此必须配置相应的真空系统。

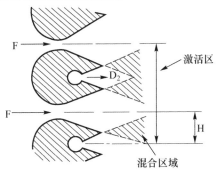

图 1 – 6　DF 化学激光器工作原理

用来解决这类压力恢复问题的方法有两种,一种是亚超引射方式,另一种是超超引射方式(图 1 – 7)。亚超引射器方案如图 1 – 7(a)所示,激光器内气流首先通过等截面超声速扩压段(supersonic diffuser)减速,然后经过亚声速扩压段(subsonic diffuser)减速,最后得到的亚声速气流通过亚超引射器(subsonic – supersonic ejector)和亚声速扩压器(subsonic diffuser)抽吸进入外界环境。超超引射器方案如图 1 – 7(b)所示,激光腔出口和超声速引射器之间不存在额外的扩压段,超超引射器直接抽吸超声速的激光腔内超声速气流进入亚声速扩压器。超超引射方案的主要优势在于大大减小整个设备的尺寸,另外还有可能提高引射的性能。

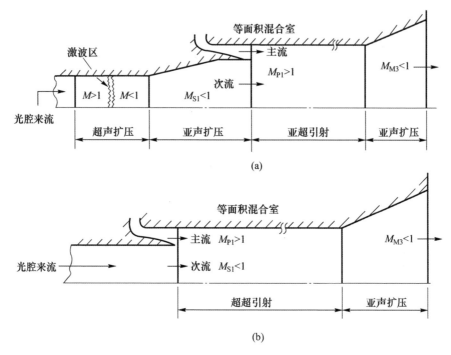

图 1-7　激光腔压力恢复系统概念
(a)亚超引射；(b)超超引射。

3. 常规风洞中的应用

引射器应用于风洞中时,主要是代替风扇或压缩机,作为风洞的驱动装置或排气装置。与下吹式风洞相比,采用引射器可降低风洞运行压力,节省耗气量。与连续式风洞相比,采用引射器可免去使用系统复杂、价格昂贵的压缩机,节省风洞建设投资。如在瑞典的 T1500 风洞、法国的 T2 风洞、中国空气动力研究与发展中心的 2.4m 引射式跨声速风洞及新建成的 2m×2m 超声速风洞中均采用了引射器驱动方式。

在 2.4m 引射式跨声速风洞中,采用增压回流引射式气动布局和可更换喷嘴的多喷管中压气体引射器驱动方案。风洞采用增压回流引射式气动布局,可以更易于有效地同时实现风洞马赫数和压力的精确控制。从本质上讲,采用直流下吹式或半回流引射式暂冲型风洞布局型式,被控制的是稳定段总压,因而,风洞运行马赫数和压力同时控制有一定局限性。采用多喷嘴中压气体引射器驱动风洞运行设计方案,保证了风洞各运行状态,特别是增压高马赫数实验状态和低压运行状态下的吹风时间指标,同时在各种工况下,引射器均具有较高的引射效率,实现风洞高效、节能运行。在风洞性能设计点,耗气量与相同尺寸的下吹式风洞相比节省 3/4。

在2m×2m超声速风洞中,针对马赫数为2.0、2.5、3.0的降速压实验状态,采用引射器作为排气系统提供风洞运行所需压力比;而对于马赫数大于3.5的常规实验状态,为了降低启动压力,需要在启动阶段使用引射器,风洞启动完成后,关闭引射器;在某些特殊情况下需要风洞降速压启动或关车时,也需要使用引射器。在设计过程中,为适应风洞的常压和降速压多个实验马赫数运行工况的设计需求,在2m×2m超声速风洞中采用了开槽增强混合多喷嘴等面积混合引射器型式。该引射器实现了超声速风洞的降速压实验能力,并在高马赫数状态下利用引射器辅助启动特性,降低了运行压力,提高了风洞运行经济性。多喷嘴等面积引射器结构示意图如图1-8(a)所示,洞体内多喷嘴部段布局图如图1-8(b)所示。

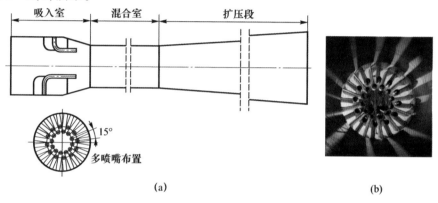

图1-8 多喷嘴等面积引射器
(a)结构示意图;(b)布局图。

除了在航空航天、化学激光器以及风洞等领域有广泛应用外,引射器在通风冷却、排气降噪、排气降温、红外抑制、飞行器引射增推等方面的应用也很广,在高超声速飞行器的飞行控制设计研究中,引射喷流控制技术已成为新的研究热点。

第 2 章　引射器基本设计原理

2.1　基本假设及相关气动函数

2.1.1　基本假设

引射器主要借助主引射气流的引射作用,达到引射被引射气流及恢复总压的目的。工程设计过程中,主要是依靠实验以及数值模拟的手段,对引射器的性能及内部流场特性进行分析。然而,实验及数值模拟的研究方法,都缺乏对引射器内部流场物理本质的认识,因此,需要理论方法进行指导。在进行引射器理论分析时,需要输入的参数比较多,各参数对引射器性能的影响也十分复杂,再加上引射器内部的流场结构比较复杂,精确求解引射器内部流场的解析解几乎是不可能的。实际设计过程中,人们往往对引射器内流场进行必要的简化,暂不考虑黏性的影响和因混合不完全带来的损失,运用气体动力学中的质量、动量和能量守恒方程,推导出一维引射器理论公式,根据一维理论公式进行参数选择和优化设计,再结合工程经验,对一维理论计算公式进行适当修正。实践表明,简化的理论分析方法,具有相当的可信度。

一维引射器理论公式的推导,建立在以下几个基本假设基础之上:

（1）主引射气流和被引射气流在混合室入口满足静压匹配关系,流场只有沿流向的速度分量,两股气流均为比热恒定、比热比恒定的理想气体。

（2）不考虑混合室内的具体掺混过程,气流在掺混过程中不发生化学反应,且认为混合室出口已完成掺混,混合气流也为理想气体。

（3）忽略混合室的壁面摩擦损失。

（4）扩压器出口气流为亚声速气流。

（5）气流为绝热等熵流。

2.1.2　一维绝热流参数基本关系式

1. 相对驻点参考量的参数关系式

为便于理论计算分析,简化计算公式,在推导一维引射器理论公式之前,需要引入气动函数。对于一维绝热流,根据能量守恒方程,在驻点处流速和动能为

零,焓达到最大值,称为总焓或者驻点焓,用 h_0 表示,则有:

$$h + \frac{V^2}{2} = h_0 \tag{2.1}$$

或者

$$T + \frac{V^2}{2C_p} = T_0 \tag{2.2}$$

式中: T_0 为驻点温度,即总温; T 为静温。

气体总静温之比为

$$\frac{T_0}{T} = 1 + \frac{V^2}{2C_pT} = 1 + \frac{\gamma-1}{2}Ma^2 \tag{2.3}$$

式中: Ma 为马赫数。

根据气体等熵过程的压强比对温度比的关系,可得气体总静压之比为

$$\frac{p_0}{p} = \left(\frac{T_0}{T}\right)^{\frac{\gamma}{\gamma-1}} = \left(1 + \frac{\gamma-1}{2}Ma^2\right)^{\frac{\gamma}{\gamma-1}} \tag{2.4}$$

式中: p_0 为驻点压强,即总压; p 为静压。

气体驻点密度和流体当地密度之比为

$$\frac{\rho_0}{\rho} = \left(\frac{T_0}{T}\right)^{\frac{1}{\gamma-1}} = \left(1 + \frac{\gamma-1}{2}Ma^2\right)^{\frac{1}{\gamma-1}} \tag{2.5}$$

在推导上述关系式过程中,气体总静温比关系式需要满足一维绝热条件,气体总静压之比、驻点密度和流体当地密度比则还需要满足等熵条件。

2. 相对临界参考量的参数关系式

在一维绝热流中,沿流线某点处的流速恰好等于当地的声速时,则该点称为临界点或者临界截面,由一维绝热流能量方程可得:

$$\frac{T_0}{T^*} = \left(\frac{c_0}{c^*}\right)^2 = \frac{\gamma+1}{2} \tag{2.6}$$

式中: T^* 为临界温度; c^* 为临界声速。

在气流参数计算过程中,有时用 Ma 作自变量并不方便,因为流线上各点处声速值一般不相同,按流速计算 Ma 或根据 Ma 计算流速都需要先计算声速。但从能量守恒关系式可知,当 T_0 一定时,则 c^* 也是恒定值,故可取 c^* 为参考速度。若定义一个量纲参数:

$$\lambda = \frac{V}{c^*} \tag{2.7}$$

λ 称为速度系数,则用马赫数表示的速度系数关系式可表示为

$$\lambda^2 = \frac{V^2}{c^{*2}} = \frac{(\gamma+1)Ma^2}{2+(\gamma-1)Ma^2} \tag{2.8}$$

反之,则用速度系数表示的马赫数关系式可表示为

$$Ma^2 = \frac{V^2}{c^2} = \frac{\dfrac{2}{(\gamma+1)}\lambda^2}{1-\dfrac{(\gamma-1)}{(\gamma+1)}\lambda^2} \tag{2.9}$$

将上述关系式带入以驻点参考量为参数的气动函数关系式,可得临界参考量为参数的气动函数关系式:

$$\tau(\lambda) = \frac{T}{T_0} = 1 - \frac{\gamma-1}{\gamma+1}\lambda^2 \tag{2.10}$$

$$\pi(\lambda) = \frac{p}{p_0} = \left(1 - \frac{\gamma-1}{\gamma+1}\lambda^2\right)^{\frac{\gamma}{\gamma-1}} \tag{2.11}$$

$$\varepsilon(\lambda) = \frac{\rho}{\rho_0} = \left(1 - \frac{\gamma-1}{\gamma+1}\lambda^2\right)^{\frac{1}{\gamma-1}} \tag{2.12}$$

气动函数随速度系数的变化曲线见图 2 - 1。

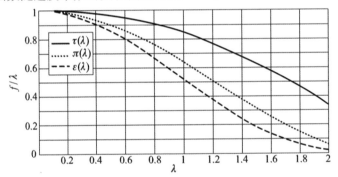

图 2 - 1 气动函数随速度系数的变化曲线

另外,由通过任意截面的质量流量定义式可得:

$$m = \rho V A = \rho_0 \varepsilon(\lambda)\lambda c^* A = \sqrt{\frac{\gamma}{R}\left(\frac{2}{\gamma+1}\right)^{\frac{\gamma+1}{\gamma-1}}}\frac{p_0 A}{\sqrt{T_0}}\left(\frac{\gamma+1}{2}\right)^{\frac{1}{\gamma-1}}\lambda\varepsilon(\lambda) \tag{2.13}$$

定义:

$$q(\lambda) = \left(\frac{\gamma+1}{2}\right)^{\frac{1}{\gamma-1}}\lambda\varepsilon(\lambda) \tag{2.14}$$

$$C = \sqrt{\frac{\gamma}{R}\left(\frac{2}{\gamma+1}\right)^{\frac{\gamma+1}{\gamma-1}}} \tag{2.15}$$

则有：

$$m = C \frac{p_0 A}{\sqrt{T_0}} q(\lambda) \qquad (2.16)$$

式中：$q(\lambda)$ 为描述质量流量的气动函数；C 为气体特性常数。

在动量守恒方程中，有时为了方便，往往采用冲量函数的形式进行表述，即

$$mV + pA = C \frac{p_0 AV}{\sqrt{T_0}} q(\lambda) + p_0 \left(1 - \frac{\gamma-1}{\gamma+1}\lambda^2\right)^{\frac{\gamma}{\gamma-1}} A \qquad (2.17)$$

进一步简化可得：

$$mV + pA = \frac{\gamma+1}{2\gamma} \sqrt{\frac{2\gamma R T_0}{\gamma+1}} m \left(\frac{1}{\lambda} + \lambda\right) \qquad (2.18)$$

若定义：

$$Z(\lambda) = \lambda + \frac{1}{\lambda} \qquad (2.19)$$

$$c_\gamma = \sqrt{\frac{(\gamma+1)RT_0}{2\gamma}} \qquad (2.20)$$

则有：

$$mV + pA = c_\gamma m Z(\lambda) \qquad (2.21)$$

式中：$Z(\lambda)$ 为描述流体冲量的气动函数。

2.2　一维引射器基本理论

引射器主要由引射喷嘴、吸入室、混合室和扩压段等部分组成。高压引射气体经喷嘴加速后流入吸入室，将低压的被动气体引射带入混合室，两种气流在混合室内通过分子扩散、湍流脉动、气流漩涡和激波等作用进行充分混合，引射气流将动量传递给被引射气流。混合气体经扩压段减速增压排入外部环境。吸入室内被引射气流被带走，于是不断有被引射气体补充进来，从而完成了输送和增压功能。

为获取引射器内流场参数间的变化关系，分析流场及结构参数对引射器性能影响规律，针对图所示的引射器计算模型，运用一维理论分析的方法，借助上一节提出的基本假设和分析得到的气动函数，建立能够描述引射器性能的流动控制方程。

图 2-2 所示的引射器为一个中心引射式引射器，由引射气流通道、被引射气流通道、混合室、平直段、扩压段组成。

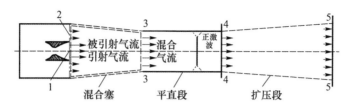

图 2-2 中心引射式引射器

在混合室入口处,引射气流通道的气流参数取为总压 p_{0p}、总温 T_{0p}、比热比 γ_p、分子量 μ_p、气体常数 R_p、速度系数 λ_p、流量 m_p、流通面积 A_p。被引射气流通道的气流参数取为总压 p_{0s}、总温 T_{0s}、比热比 γ_s、分子量 μ_s、气体常数 R_s、速度系数 λ_s、流量 m_s、流通面积 A_s。混合室出口(扩压器入口)气流参数取为总压 p_{0m}、总温 T_{0m}、比热比 γ_m、分子量 μ_m、气体常数 R_m、速度系数 λ_m、流量 m_m、流通面积 A_m。扩压器出口气流参数取为总压 p_{0D}、总温 T_{0D}、比热比 γ_D、分子量 μ_D、气体常数 R_D、速度系数 λ_D、流量 m_D、流通面积 A_D。

定义引射器面积比为 $\alpha = \dfrac{A_p}{A_p + A_s}$,引射系数为 $k = \dfrac{m_s}{m_p}$,比热比为 $c = \dfrac{C_{ps}}{C_{pp}}$,总温比为 $\theta = \dfrac{T_{0s}}{T_{0p}}$,则根据质量守恒可得:

$$m_p + m_s = m_m \ \text{或} \ 1 + k = \frac{m_m}{m_p} \tag{2.22}$$

根据能量守恒可得:

$$m_p C_{pp} T_{0p} + m_s C_{ps} T_{0s} = m_m C_{pm} T_{0m} \tag{2.23}$$

对于理想气体,引射气体与被引射气体的定压比热可表示为

$$C_{pp} = \frac{\gamma_p}{\gamma_p - 1} R_p = \frac{\gamma_p}{\gamma_p - 1} \frac{R_0}{\mu_p} \tag{2.24}$$

$$C_{ps} = \frac{\gamma_s}{\gamma_s - 1} R_s = \frac{\gamma_s}{\gamma_s - 1} \frac{R_0}{\mu_s} \tag{2.25}$$

因此:

$$c = \frac{C_{ps}}{C_{pp}} = \frac{\gamma_s}{\gamma_s - 1} \frac{\gamma_p - 1}{\gamma_p} \frac{\mu_p}{\mu_s} \tag{2.26}$$

完全混合气体的物性参数可由混合段入口气流参数导出,混合气流的定压比热可表示为

$$(m_p + m_s) C_{pm} = m_p C_{pp} + m_s C_{ps} \tag{2.27}$$

或

$$C_{pm} = C_{pp} \frac{1 + kc}{1 + k} \qquad (2.28)$$

将引射系数及比热比关系式带入能量守恒方程,可得混合气流总温:

$$(1 + k) \frac{C_{pm} T_{0m}}{C_{pp} T_{0p}} = 1 + kc\theta \qquad (2.29)$$

或

$$T_{0m} = T_{0p} \frac{1 + kc\theta}{1 + kc} \qquad (2.30)$$

混合气流的气体常数:

$$R_m = \frac{R_p + kR_p}{1 + k} \qquad (2.31)$$

混合气流的比热比:

$$\gamma_m = \gamma_s \frac{1 + kc}{\dfrac{\gamma_s}{\gamma_p} + kc} \qquad (2.32)$$

至此,在入口气流物性参数、总温比、引射系数一定的情况下,引射器混合段出口的流体物性参数也可以确定。

根据前面的基本假设,忽略引射器混合室壁面的摩擦损失,可得引射器内流场的动量守恒关系式:

$$m_m V_m - (m_p V_p + m_s V_s) = p_p A_p + p_s A_s - p_m A_m + \int p\,ds \qquad (2.33)$$

应用冲量函数,动量守恒方程可改写为

$$c_{\gamma m} m_m Z(\lambda_m) - (c_{\gamma p} m_p Z(\lambda_p) + c_{\gamma s} m_s Z(\lambda_s)) = \int p\,ds \qquad (2.34)$$

式中:$\int p\,ds$ 为混合段侧壁面施加给流体的冲量。

关于侧壁面冲量对引射器内流场动量守恒关系的影响,等面积引射器与等压引射器有一定的差别。对于等面积引射器,混合段入口和出口的面积不变,由对称关系可知:

$$\int p\,ds = 0 \qquad (2.35)$$

即侧壁面对流体施加的总冲量为零。

此时,动量守恒方程可改写为

$$c_{\gamma m} m_m Z(\lambda_m) - (c_{\gamma p} m_p Z(\lambda_p) + c_{\gamma s} m_s Z(\lambda_s)) = 0 \qquad (2.36)$$

而对于等压引射器,混合段入口和出口的面积有变化,侧壁面对流体施加的

总冲量并不为零,但考虑到等压引射器混合室内静压恒定的特点,此时,引射器内流场的动量守恒方程可改写为

$$m_m V_m - (m_p V_p + m_s V_s) = 0 \tag{2.37}$$

对于静压沿侧壁面呈线性变化的情况,并假定混合段入口静压匹配,侧壁面对流体施加的总冲量可表示为

$$\int p \, ds = -\frac{p_s + p_m}{2}(A_p + A_s - A_m) \tag{2.38}$$

引射器内流场的动量守恒方程可改写为

$$m_m V_m - (m_p V_p + m_s V_s) = \frac{p_s - p_m}{2}(A_p + A_s + A_m) \tag{2.39}$$

对于混合室出口到扩压器出口的部段,若混合室出口气流为亚声速,在已知喉道及扩压段的总压恢复系数的情况下,引射器的喉道、扩压段的内流场可由流量守恒关系及理想气体状态方程求得:

$$q(\lambda_D, \gamma_D) = \alpha_D \sigma_D q(\lambda_m, \gamma_m) \tag{2.40}$$

式中:α_D 为扩压段的面积比;σ_D 为喉道及扩压段的总压恢复系数。

若混合室出口气流为超声速气流,混合气流在喉道内通过一道正激波或者激波串后变为亚声速气流,假定混合气流经过正激波或激波串的总压恢复系数已知,则引射器的喉道、扩压段的内流场同样可由流量守恒关系及理想气体状态方程求得:

$$q(\lambda_D, \gamma_D) = \alpha_D \sigma_s \sigma_D q(\lambda_m, \gamma_m) \tag{2.41}$$

式中:σ_s 为混合气流经过正激波或激波串的总压恢复系数。

至此,描述引射器性能的流动控制方程已经全部给出。在给定主引射气流和被引射气流状态参数、部分引射器结构参数的情况下,可以对引射器的性能进行评估。反之,也可根据预先给定的引射器性能参数,对部分引射器结构参数进行设计修改,达到引射器优化设计的目的。

2.3 引射器性能参数分析

2.3.1 引射系数、主次流温度比的影响

根据引射系数的定义式以及气动函数的表达式,可得:

$$k = \frac{m_s}{m_p} = \frac{C(R_s, \gamma_s) p_{0s} q(\lambda_s, \gamma_s) A_s}{C(R_p, \gamma_p) p_{0p} q(\lambda_p, \gamma_p) A_p} \sqrt{\frac{T_{0p}}{T_{0s}}}$$

$$= \frac{C(R_{\mathrm{s}},\gamma_{\mathrm{s}})p_{0\mathrm{s}}q(\lambda_{\mathrm{s}},\gamma_{\mathrm{s}})}{C(R_{\mathrm{p}},\gamma_{\mathrm{p}})p_{0\mathrm{p}}q(\lambda_{\mathrm{p}},\gamma_{\mathrm{p}})} \frac{1}{\sqrt{\theta}} \frac{1-\alpha}{\alpha} \tag{2.42}$$

从上述关系式可知,引射器面积比 α 是变量 $k\sqrt{\theta}$ 的函数。

对于等面积引射器,根据动量守恒方程以及气动函数的表达式,可得:

$$m_{\mathrm{m}}Z(\lambda_{\mathrm{m}})\sqrt{\frac{\gamma_{\mathrm{m}}+1}{2\gamma_{\mathrm{m}}}R_{\mathrm{m}}T_{0\mathrm{m}}}$$

$$= m_{\mathrm{p}}Z(\lambda_{\mathrm{p}})\sqrt{\frac{\gamma_{\mathrm{p}}+1}{2\gamma_{\mathrm{p}}}R_{\mathrm{p}}T_{0\mathrm{p}}} + m_{\mathrm{s}}Z(\lambda_{\mathrm{s}})\sqrt{\frac{\gamma_{\mathrm{s}}+1}{2\gamma_{\mathrm{s}}}R_{\mathrm{s}}T_{0\mathrm{s}}} \tag{2.43}$$

将引射系数及总温比的关系式代入式(2.43)可得

$$\sqrt{\frac{\gamma_{\mathrm{m}}+1}{2\gamma_{\mathrm{m}}}R_{\mathrm{m}}}(1+k)Z(\lambda_{\mathrm{m}})\sqrt{\frac{T_{0\mathrm{m}}}{T_{0\mathrm{p}}}}$$

$$= Z(\lambda_{\mathrm{p}})\sqrt{\frac{\gamma_{\mathrm{p}}+1}{2\gamma_{\mathrm{p}}}R_{\mathrm{p}}} + Z(\lambda_{\mathrm{s}})k\sqrt{\theta}\sqrt{\frac{\gamma_{\mathrm{s}}+1}{2\gamma_{\mathrm{s}}}R_{\mathrm{s}}} \tag{2.44}$$

将混合段出口总温与主引射气流总温比关系式代入式(2.44)可得:

$$Z(\lambda_{\mathrm{m}})(1+k)\sqrt{\frac{1+kc\theta}{1+kc}}\sqrt{\frac{\gamma_{\mathrm{m}}+1}{2\gamma_{\mathrm{m}}}R_{\mathrm{m}}}$$

$$= Z(\lambda_{\mathrm{p}})\sqrt{\frac{\gamma_{\mathrm{p}}+1}{2\gamma_{\mathrm{p}}}R_{\mathrm{p}}} + Z(\lambda_{\mathrm{s}})k\sqrt{\theta}\sqrt{\frac{\gamma_{\mathrm{s}}+1}{2\gamma_{\mathrm{s}}}R_{\mathrm{s}}} \tag{2.45}$$

式(2.45)给出了等面积引射器混合段出口速度系数 λ_{m} 的计算关系式。

再根据流量守恒关系,可得引射器混合段的总压恢复系数:

$$CR = \frac{p_{0\mathrm{m}}}{p_{0\mathrm{s}}} = \frac{p_{0\mathrm{p}}}{p_{0\mathrm{s}}} \frac{C(R_{\mathrm{p}},\gamma_{\mathrm{p}})q(\lambda_{\mathrm{p}},\gamma_{\mathrm{p}})}{C(R_{\mathrm{m}},\gamma_{\mathrm{m}})q(\lambda_{\mathrm{m}},\gamma_{\mathrm{m}})}\alpha(1+k)\sqrt{\frac{1+kc\theta}{1+kc}} \tag{2.46}$$

从式(2.45)、式(2.46)可以看出,混合段出口速度系数 λ_{m} 及总压恢复系数不仅与 $k\sqrt{\theta}$ 有关,还与 $(1+k)\sqrt{\dfrac{1+kc\theta}{1+kc}}$ 有关。

为便于分析,假定主次流的比热比为1,则有:

$$(1+k)^2\frac{1+kc\theta}{1+kc} = (1+k)(1+k\theta) = (1+k\sqrt{\theta})^2 - k(1+\theta-2\sqrt{\theta}) \tag{2.47}$$

定义:

$$\varphi(\theta) = \frac{1+\theta}{2\sqrt{\theta}} \tag{2.48}$$

则 $\varphi(\theta)$ 随 θ 的变化关系如图2-3所示。

从图2-3中可以看出,$\varphi(\theta)$ 在 $\theta\approx0.5\sim3$ 的范围内变化十分平缓,可以把

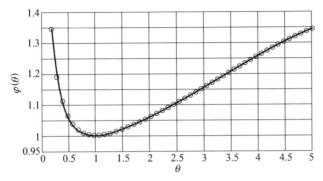

图 2-3 $\varphi(\theta)$ 随 θ 的变化关系

$\varphi(\theta)$ 近似取为 1,即 $1+\theta\approx2\sqrt{\theta}$。对于常规引射器,主次流总温比的取值范围在 0.5~3 之间是合理的。同时,考虑到引射器的引射系数一般较小 $(k<1)$,则关系式(2.47)可以简化为:

$$(1+k)^2\frac{1+kc\theta}{1+kc}\approx(1+k\sqrt{\theta})^2 \qquad (2.49)$$

从引射器混合段出口速度系数 λ_m 的求解关系式(2.45)可以看出,在主次流气体状态参数给定的情况下,速度系数 λ_m 也是变量 $k\sqrt{\theta}$ 的函数。同理,由混合段出口速度系数、主次流面积比、主次流总温比及流量比表征的引射器混合段总压恢复系数也应该是变量 $k\sqrt{\theta}$ 的函数。在变量 $k\sqrt{\theta}$ 不变的情况下,混合段出口速度系数、主次流面积比及混合段总压恢复系数也应该是恒定值。

图 2-4 给出了在 $k\sqrt{\theta}$ 为常数的条件下,等面积引射器压缩比随 k 的变化曲线。可以看出,无论引射气流与被引射气流的比热比、分子量等物性参数是否相等,在 $k\sqrt{\theta}$ 为常数的条件下,当 k 在较大范围变化时,引射器压缩比几乎保持为常数。这说明,在给定引射器压比的情况下,当其他设计参数不变时,压缩比 CR 与 $k\sqrt{\theta}$ 有正比的变化关系,当要提高引射器的压缩比时,既可以通过降低引射系数来实现,也可以通过减小总温比来实现。

对于等压引射器,根据动量守恒方程以及气动函数的表达式,可得:

$$m_m\lambda_m\sqrt{\frac{2\gamma_m}{\gamma_m+1}R_mT_{0m}}=m_p\lambda_p\sqrt{\frac{2\gamma_p}{\gamma_p+1}R_pT_{0p}}+m_s\lambda_s\sqrt{\frac{2\gamma_s}{\gamma_s+1}R_sT_{0s}} \qquad (2.50)$$

将引射系数及总温比的关系式代入式(2.50),可得:

$$\sqrt{\frac{2\gamma_m}{\gamma_m+1}R_m}(1+k)\lambda_m\sqrt{\frac{T_{0m}}{T_{0p}}}=\lambda_p\sqrt{\frac{2\gamma_p}{\gamma_p+1}R_p}+\lambda_sk\sqrt{\theta}\sqrt{\frac{2\gamma_s}{\gamma_s+1}R_s} \qquad (2.51)$$

将混合段出口总温与主引射气流总温比关系式代入式(2.51),可得:

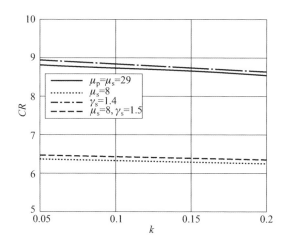

图 2-4 $k\sqrt{\theta}$恒定状态下等面积引射器压缩比 CR 随引射系数 k 的变化

$$\sqrt{\frac{2\gamma_m}{\gamma_m+1}R_m}(1+k)\lambda_m\sqrt{\frac{1+kc\theta}{1+kc}}=\lambda_p\sqrt{\frac{2\gamma_p}{\gamma_p+1}R_p}+\lambda_s k\sqrt{\theta}\sqrt{\frac{2\gamma_s}{\gamma_s+1}R_s} \qquad (2.52)$$

式（2.52）给出了等压引射器混合段出口速度系数 λ_m 的计算关系式。

根据流量守恒关系，结合等压混合室的静压条件，可得引射器混合段的总压恢复系数：

$$CR=\frac{p_{0m}}{p_{0s}}=\frac{p_{0p}}{p_{0s}}\frac{C(R_p,\gamma_p)q(\lambda_p,\gamma_p)}{C(R_m,\gamma_m)q(\lambda_m,\gamma_m)}\frac{\alpha}{\phi}(1+k)\sqrt{\frac{1+kc\theta}{1+kc}} \qquad (2.53)$$

式中：$\phi=\dfrac{A_m}{A_p+A_s}$为混合室收缩比。

从等压引射器混合段出口速度系数 λ_m 的求解关系式（2.52）可以看出，在主次流气体状态参数给定的情况下，速度系数 λ_m 也是变量 $k\sqrt{\theta}$ 的函数。同理，由混合段出口速度系数、主次流面积比、主次流总温比及流量比表征的引射器混合段总压恢复系数也应该是变量 $k\sqrt{\theta}$ 的函数。在变量 $k\sqrt{\theta}$ 不变的情况下，等压引射器混合段出口速度系数、主次流面积比及混合段总压恢复系数也是恒定值。

图 2-5 给出了在 $k\sqrt{\theta}$ 为常数的条件下，等压引射器压缩比随 k 的变化曲线。可以看出，无论引射气流与被引射气流的比热比、分子量等物性参数是否相等，在 $k\sqrt{\theta}$ 为常数的条件下，当 k 在较大范围变化时，引射器压缩比几乎保持为常数。这说明，在给定引射器压比的情况下，当其他设计参数不变时，压缩比 CR 与 $k\sqrt{\theta}$ 也有正比的变化关系，当要提高引射器的压缩比时，既可以通过降低引射系数来实现，也可以通过减小总温比来实现。

但是，从理论推导过程可以看出，上述结论是有条件的。在公式推导过

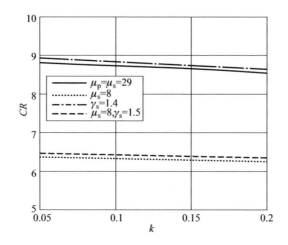

图 2 - 5 $k\sqrt{\theta}$ 恒定状态下等压引射器压缩比 CR 随引射系数 k 的变化

中,假定了引射器主次流比热比为1,且主次流总温比在0.5~3之间取值,引射系数较小($k<1$)。对于常规等压引射器或者等面积引射器,上述假定以及参数的取值范围是合理的。

2.3.2   面积比的影响

对于引射器混合段,在不考虑壁面摩擦损失的情况下,由引射器引射系数定义式可知,引射器入口端主次流面积比对引射系数的影响关系可表示为

$$k = \frac{m_{\mathrm{s}}}{m_{\mathrm{p}}} = \frac{C(R_{\mathrm{s}}, \gamma_{\mathrm{s}}) p_{0\mathrm{s}} q(\lambda_{\mathrm{s}}, \gamma_{\mathrm{s}})}{C(R_{\mathrm{p}}, \gamma_{\mathrm{p}}) p_{0\mathrm{p}} q(\lambda_{\mathrm{p}}, \gamma_{\mathrm{p}})} \frac{1}{\sqrt{\theta}} \frac{1-\alpha}{\alpha} = \frac{C(R_{\mathrm{s}}, \gamma_{\mathrm{s}}) p_{0\mathrm{s}} q(\lambda_{\mathrm{s}}, \gamma_{\mathrm{s}})}{C(R_{\mathrm{p}}, \gamma_{\mathrm{p}}) p_{0\mathrm{p}} q(\lambda_{\mathrm{p}}, \gamma_{\mathrm{p}})} \frac{\alpha_{\mathrm{sp}}}{\sqrt{\theta}}$$

$$(2.54)$$

式中:$\alpha_{\mathrm{sp}} = A_{\mathrm{s}}/A_{\mathrm{p}}$ 为主次流面积比。

从上述关系式可以看出,在主次流气流状态参数给定的情况下,主次流面积比与流量比是呈线性关系的,这与流量关系式的定义是一致的。

但是,根据前面关于引射系数、总温比对引射器总压恢复系数的影响关系可知,在总温比保持不变的情况下,流量比的增加,会使得变量 $k\sqrt{\theta}$ 相应增加,进而影响引射器的总压恢复系数。

2.3.3   混合不均匀的影响

1. 等面积引射器

在一维引射器理论中,假定主次流在混合段出口混合均匀。而实际的引射器,由于受混合段的尺寸限制,主次流在混合段内不一定混合均匀。根据质量守恒定律,定义混合段内的平均速度 $\overline{V_{\mathrm{m}}}$ 为

$$\overline{V_{\mathrm{m}}} = \frac{\int \rho_{\mathrm{m}} V_{\mathrm{m}} \mathrm{d}s_{\mathrm{m}}}{\int \rho_{\mathrm{m}} \mathrm{d}s_{\mathrm{m}}} \tag{2.55}$$

式中:V_{m} 为混合段出口横截面内的速度分布。

假定混合段出口速度不均匀引起的动量修正系数为 β,即

$$\beta = \frac{\int \rho_{\mathrm{m}} V_{\mathrm{m}}^2 \mathrm{d}s_{\mathrm{m}}}{\int \rho_{\mathrm{m}} \overline{V_{\mathrm{m}}^2} \mathrm{d}s_{\mathrm{m}}} \tag{2.56}$$

从动量修正系数为 β 的定义式可以看出,对于密度分布均匀的混合段出口区域,β 实际上表征了速度分布的均方根偏差,可以反映混合段出口区域速度不均匀程度。

此时,混合段出口的动量函数可表示为

$$m_{\mathrm{m}} V_{\mathrm{m}}^* = \int \rho_{\mathrm{m}} V_{\mathrm{m}}^2 \mathrm{d}s_{\mathrm{m}} = \beta \int \rho_{\mathrm{m}} \overline{V_{\mathrm{m}}^2} \mathrm{d}s_{\mathrm{m}} = \beta m_{\mathrm{m}} \overline{V_{\mathrm{m}}} \tag{2.57}$$

式中:V_{m}^* 为混合段出口横截面内的等效速度。

则混合段出口流场的气动函数 $Z(\lambda_{\mathrm{m}})$ 需改写为

$$Z(\lambda_{\mathrm{m}}) = \frac{(2\beta - 1)\gamma + 1}{\gamma + 1} \lambda_{\mathrm{m}} + \frac{1}{\lambda_{\mathrm{m}}} \tag{2.58}$$

当 $\beta = 1$ 时,表示混合段出口速度均匀,$\beta > 1$ 表示混合段出口速度不均匀。β 越大,可以理解为横截面内气流速度均匀性越差。图 2 - 6 给出了不同动量修正系数 β 状态下的气动函数 $Z(\lambda_{\mathrm{m}})$ 随速度系数的变化关系。

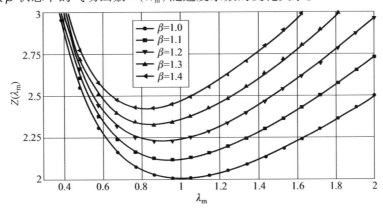

图 2 - 6　气动函数 $Z(\lambda_{\mathrm{m}})$ 随速度系数的变化

对于等面积引射器,由动量守恒关系式可知,在主次流状态参数保持不变的情况下,混合段出口流场气动函数 $Z(\lambda_{\mathrm{m}})$ 将保持不变。

但从图中可以看出,对于相同的混合段出口流场气动函数 $Z(\lambda_m)$,在亚声速区,β 越大,得到的平均速度系数 λ_m 也越大;在超声速区,β 越大,得到的平均速度系数 λ_m 越小。而且从图中也可以看出,修正系数 β 对超声速状态的影响远大于亚声速状态的影响。

对于等面积引射器,混合段出口总压恢复系数定义式为

$$CR = \frac{p_{0m}}{p_{0s}} = \frac{p_{0p}}{p_{0s}} \frac{C(R_p, \gamma_p)q(\lambda_p, \gamma_p)}{C(R_m, \gamma_m)q(\lambda_m, \gamma_m)}\alpha(1+k)\sqrt{\frac{1+kc\theta}{1+kc}} \quad (2.59)$$

由式(2.59)可知,在主次流状态参数保持不变的情况下,混合段出口总压恢复系数 p_{0m}/p_{0s} 与描述质量流量的气动函数 $q(\lambda_m)$ 成反比。

为便于分析混合段出口速度分布均匀性对总压恢复系数的影响,给出了气动函数 $q(\lambda_m)$ 随速度系数 λ_m 的变化曲线,如图 2-7 所示。

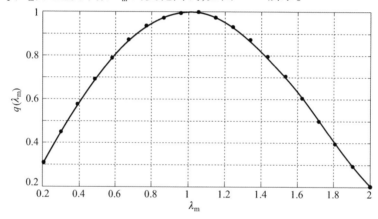

图 2-7　气动函数 $q(\lambda_m)$ 随速度系数 λ_m 的变化

从图 2-7 中可以看出,在 $\lambda < 1$ 的亚声速区,气动函数 $q(\lambda)$ 随速度系数 λ 的增加而增加,也就是总压恢复系数 p_{0m}/p_{0s} 随速度系数 λ 的增加而减小;在 $\lambda > 1$ 的超声速区,气动函数 $q(\lambda)$ 随速度系数 λ 的增加而减小,此时,总压恢复系数 p_{0m}/p_{0s} 随速度系数 λ 的增加而增加。

结合前面分析的混合段出口速度分布不均匀修正系数 β 对速度系数 λ_m 的影响可知,在 $\lambda < 1$ 的亚声速区,速度分布均匀性越差,引入的修正系数 β 会越大,导致平均速度系数也越大,在亚声速区,速度系数越大,总压恢复系数越小。也就是说,在 $\lambda < 1$ 的亚声速区,混合段出口速度分布均匀性越差,混合段总压恢复系数越小。

而在 $\lambda > 1$ 的超声速区,速度分布均匀性越差,引入的修正系数 β 同样会越大,但由此导致平均速度系数却越小,在超声速区,速度系数越小,气动函数 $q(\lambda)$ 越大,总压恢复系数越小。也就是说,在 $\lambda > 1$ 的超声速区,混合段出口速度

分布均匀性越差,混合段总压恢复系数越小。

总之,无论在 $\lambda < 1$ 的亚声速区,还是在 $\lambda > 1$ 的超声速区,等面积引射器混合段出口速度分布均匀性越差,速度分布不均匀引入的修正系数 β 越大,由此导致等面积引射器混合段总压恢复系数就越小。

2. 等压引射器

对于等压引射器,由于动量守恒方程中压力贡献项为零,考虑速度分布不均匀性后的动量守恒关系式为

$$m_p V_p + m_s V_s = \beta m_m \overline{V_m} \qquad (2.60)$$

由此可知,等压引射器混合室出口速度分布均匀越差,修正系数 β 越大,等效的平均速度 $\overline{V_m}$ 及速度系数 λ_m 会越小。再根据等压引射器混合室的静压关系 $p_p = p_m$ 可知,等压引射器混合室的总压恢复系数为

$$CR = \frac{p_{0m}}{p_{0s}} = \frac{p_{0p}}{p_{0s}} \frac{\pi(\lambda_p, \gamma_p)}{\pi(\lambda_m, \gamma_m)} \qquad (2.61)$$

由气动函数 $\pi(\lambda, \gamma)$ 的定义式可知,无论是亚声速状态还是超声速状态,速度系数 λ 越小,气动函数 $\pi(\lambda, \gamma)$ 越大。因此,无论是亚声速状态还是超声速状态,等压引射器混合室出口速度分布均匀性越差,修正系数 β 越大,由此引起的等效平均速度 $\overline{V_m}$ 及速度系数 λ_m 会越小;越小的速度系数 λ_m,对应的气动函数 $\pi(\lambda_m, \gamma_m)$ 越大,等压引射器混合室的总压恢复系数就越小。也就是说,等压引射器混合室出口速度分布均匀性越差,混合室的总压恢复系数就越小。

由前面的分析可以看出,无论是等压引射器还是等面积引射器,无论是亚声速状态还是超声速状态,引射器混合室出口速度分布均匀性越差,混合室的总压恢复系数就越小,进而导致整个引射器的总压恢复系数减小。因此,为提高引射器的总压恢复系数,引射器混合室的长度 L 需满足一定要求,或者说引射器混合室的长经比 L/D 需满足一定要求,以保证混合室出口速度分布的均匀性。

2.4 临界扼流与堵塞效应

对于混合气出口的气流速度系数 λ_m,可以通过求解描述流体冲量的气动函数得到。根据气动函数的定义式 $Z(\lambda) = \lambda + \frac{1}{\lambda}$ 可知,当 $Z(\lambda) = 2$ 时,混合段出口为 $\lambda_m = 1$ 的声速状态。当 $Z(\lambda_m) > 2$ 时,则出现了两种可能性:一种为 $\lambda_m < 1$ 的亚声速流动,这在混合段进口主次气流均为亚声速流动是成立的。即使主气流在混合段进口为 $\lambda_p > 1$ 的超声速状态,只要被引射气流在混合室内一直保持 $\lambda_s < 1$ 的亚声速流动状态,混合段出口也会是亚声速流动。另一种为 $\lambda_m > 1$ 的

超声速流动,此时,必须存在有主引射气流 $\lambda_p > 1$ 的条件和被引射气流在混合段内能加速到 $\lambda_s > 1$,且没有发生激波的条件。对于在混合段内存在 $\lambda_m > 1$ 和 $\lambda_m = 1$ 的情况,称为引射器的临界扼流效应。在此工况下,超声速的主气流在混合段内不断地膨胀扩大到某一流动截面积时,使被引射气流的流动截面积不断减小,流速增加,直至声速。如果超声速的主气流在混合段内不断地膨胀,扩大流动截面积达到了充满整个混合段截面积,则此时被引射气流的流动截面积为 0,被引射气流流量也为 0,引射器的流量比也为 0,这就是引射器的堵塞效应。

上述分析可用实验曲线进行说明,图 2 – 8 表示面积比 $\alpha_{sp} = 2.38$ 和总温比 $\theta = 1$ 的引射器,在保持不同的主次流压比 p_p/p_s 下,降低扩压器出口压力 p_D 时,获得的引射器特性曲线。

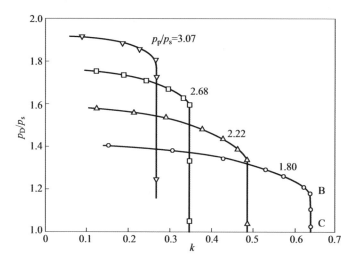

图 2 – 8　引射器实测特性曲线

从图 2 – 8 可见,无论 p_p/p_s 保持为何值,在降低扩压器出口静压 p_D 的初期,无论 λ_p 小于、等于或者大于 1,引射流量比 k 都是增加的;但当扩压器出口静压 p_D 降低到一定数值后,p_D 的降低不仅会使主引射气流达到声速或超声速流动,同时,被引射气流也会达到声速状态,形成引射流量比 k 保持不变的临界或扼流工况(见曲线的临界工况 BC 垂直段)。而且随着主次流压比 p_p/p_s 的增加,临界的引射流量比 k 减小,直到引射流量比 $k = 0$,出现被引射气流堵塞的现象。若把在各个压比下的转折点连接起来,则可形成一条临界扼流曲线。

2.5　引射器临界点设计分析

在 2.4 节的引射器设计分析中,已经对引射器的临界扼流问题进行过简单说明,但没给出具体的设计分析。本节从临界扼流的基本原理出发,对等面积引射器以及等压引射器的临界点参数设计问题进行分析。

无论是等面积引射器还是等压引射器,在引射器结构参数固定的情况下,从引射器的设计点开始,随着主引射气流总压和流量的逐渐增加,被引射气流流量会相应的增加,但主引射气流在混合段内占据的流通面积也会不断增加,由此引起被引射气流在混合段内占据的流通面积会不断减小,进而导致被引射气流逐渐由亚声速或者超声速状态过渡到声速状态,被引射气流在混合段内占据的截面积达到声速截面,即为临界扼流状态,也称为节流状态,如图 2 - 9 所示。

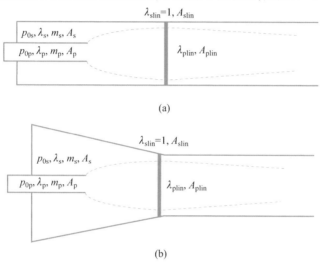

图 2 - 9   引射器临界扼流状态
(a)等面积引射器;(b)等压引射器。

此时,若进一步增加主引射气流的总压和流量,被引射气流在混合段内占据的声速截面积会不断减小,导致被引射气流流量不增加反而减小,引射系数不升反降。至被引射流量减小为零状态,即为引射器的堵塞状态。

对于等面积引射器,假定主引射气流入口参数为 $p_{0p}, \lambda_p, m_p, A_p$,被引射气流入口参数为 $p_{0s}, \lambda_s, m_s, A_s$,节流位置处的主引射气流参数为 $p_{0plin}, \lambda_{plin}, m_{plin}, A_{plin}$,节流处的被引射气流参数为 $p_{0slin}, \lambda_{slin}, m_{slin}, A_{slin}$。对主引射气流,根据流量守恒关系可得:

$$A_p q(\lambda_p, \gamma_p) = A_{plin} q(\lambda_{plin}, \gamma_p) \tag{2.62}$$

对于被引射气流,根据流量守恒关系可得:

$$A_s q(\lambda_s, \gamma_s) = A_{slin} q(\lambda_{slin}, \gamma_s) \tag{2.63}$$

式中: $\lambda_{slin} = 1$ 为被引射气流在节流位置处的速度系数。

考虑到等面积引射器混合段面积不变的特点,忽略气流截面变化过程中的

比热比变化情况,可得等面积引射器节流状态下的流量守恒关系:

$$q(\lambda_p,\gamma_p) = q(\lambda_{plin},\gamma_p)(1+\alpha_{sp}-\alpha_{sp}q(\lambda_s,\gamma_s)) \tag{2.64}$$

等面积引射器节流状态下的动量守恒关系:

$$c_{\gamma p}Z(\lambda_{plin}) + c_{\gamma s}kZ(\lambda_{slin}) = c_{\gamma p}Z(\lambda_p) + c_{\gamma s}kZ(\lambda_s) \tag{2.65}$$

式中:$c_\gamma = \sqrt{\dfrac{(\gamma+1)RT_0}{2\gamma}}$ 为与气体成分相关的状态参数。

关系式即为等面积引射器节流状态下的质量以及动量守恒关系,据此可得等面积引射器的最大流量比,即等面积引射器的最大引射系数 k。

对于等压引射器,同样假定主引射气流入口参数为 p_{0p},λ_p,m_p,A_p,被引射气流入口参数为 p_{0s},λ_s,m_s,A_s,节流位置处的主引射气流参数为 $p_{0plin},\lambda_{plin},m_{plin},A_{plin}$,节流处的被引射气流参数为 $p_{0slin},\lambda_{slin},m_{slin},A_{slin}$。

对于主引射气流和被引射气流,根据流量守恒关系可得:

$$A_p q(\lambda_p,\gamma_p) = A_{plin}q(\lambda_{plin},\gamma_p) \tag{2.66}$$

$$A_s q(\lambda_s,\gamma_p) = A_{slin}q(\lambda_{slin},\gamma_p) \tag{2.67}$$

根据等压引射器混合室收缩比的定义可得:

$$A_{plin} + A_{slin} = \phi(A_p+A_s) \tag{2.68}$$

式中:ϕ 为等压引射器混合室收缩比。

代入可得:

$$\frac{A_p q(\lambda_p,\gamma_p)}{q(\lambda_{plin},\gamma_p)} + \frac{A_s q(\lambda_s,\gamma_s)}{q(\lambda_{slin},\gamma_s)} = \phi(A_p+A_s) \tag{2.69}$$

对于节流状态,令 $\lambda_{slin}=1$,整理可得:

$$q(\lambda_p,\gamma_p) + \alpha_{sp}q(\lambda_{plin},\gamma_p)q(\lambda_s,\gamma_s) = q(\lambda_{plin},\gamma_p)\phi(1+\alpha_{sp}) \tag{2.70}$$

等压引射器节流状态下的动量守恒关系:

$$\lambda_{plin}c_{\gamma p} + k\lambda_{slin}c_{\gamma s} = \lambda_p c_{\gamma p} + k\lambda_s c_{\gamma s} \tag{2.71}$$

式中:$c_\gamma = \sqrt{\dfrac{2\gamma RT_0}{(\gamma+1)}}$ 为与气体成分相关的状态参数。

式(2.71)即为等压引射器节流状态下的守恒关系式,据此可得等压引射器的最大流量比,即等压引射器的最大引射系数。

与等面积引射器不同的是,等压引射器的节流状态不仅与主引射气流及被引射气流状态参数相关,还与等压引射器混合室的收缩比 ϕ 相关,当 $\phi=1$ 时,等压引射器过渡到等面积引射器状态。而且,对于偏离设计点状态的等压引射器,混合室内的等压匹配条件并不一定成立。

2.6　一维引射器优化设计理论

对于引射器的优化设计,普遍采用的方法是通过改变引射器混合室的结构参数,提高引射器性能。引射器混合室一般采用收缩型结构形式,混合室收缩比就是一个关键的优化设计参数,优化设计的目标是改善引射器的性能参数,主要目标参数包括引射系数、总压恢复系数等。

图 2 – 10 为一典型的引射器结构示意图,优化引射器的结构形式与等压引射器类似,这时引射器混合室收缩比的选取不同,引射器各截面符号和参数与等压引射器定义相同。

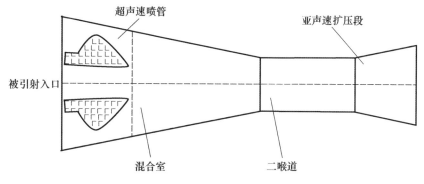

图 2 – 10　一维引射器优化设计结构图

对于引射器混合室,根据能量守恒方程可得总温比:

$$T_{0m} = T_{0p} \frac{1 + kc\theta}{1 + kc} \qquad (2.72)$$

混合气流的气体常数:

$$R_m = \frac{R_p + kR_s}{1 + k} \qquad (2.73)$$

混合气流的比热比:

$$\gamma_m = \gamma_s \frac{1 + kc}{\dfrac{\gamma_s}{\gamma_p} + kc} \qquad (2.74)$$

根据混合室入口处主、被引射气流静压匹配关系,可得主、被引射气流总压比:

$$\overline{p_{0p}} = \frac{p_{0p}}{p_{0s}} = \frac{\pi(\lambda_s, \gamma_s)}{\pi(\lambda_p, \gamma_p)} \qquad (2.75)$$

再由引射系数关系式:

$$k = \frac{m_s}{m_p} = \frac{C(R_s, \gamma_s) p_{0s} q(\lambda_s, \gamma_s)}{C(R_p, \gamma_p) p_{0p} q(\lambda_p, \gamma_p)} \frac{1}{\sqrt{\theta}} \frac{1-\alpha}{\alpha} \tag{2.76}$$

可求得面积比 α。

忽略壁面黏性的影响,对混合室应用动量守恒方程可得:

$$m_m V_m - (m_p V_p + m_s V_s) = p_p A_p + p_s A_s - p_m A_m + \int p ds \tag{2.77}$$

假定沿混合室壁面压强呈线性分布,即

$$\int p ds = -\frac{p_s + p_m}{2}(A_p + A_s - A_m) \tag{2.78}$$

于是动量方程右边可表示为

$$
\begin{aligned}
&\frac{p_s - p_m}{2}(A_p + A_s + A_m) \\
&= \frac{m_p \sqrt{T_{0p}}}{C(\lambda_p, \gamma_p) q(\lambda_p, \gamma_p)} \frac{(1+\phi)}{2\alpha} \pi(\lambda_p, \gamma_p) \left(1 - \frac{p_m}{p_s}\right)
\end{aligned}
\tag{2.79}
$$

式中: $\phi = \dfrac{A_m}{A_p + A_s}$ 为混合室收缩比。

另外,速度可以由速度系数表示为

$$V_p = \lambda_p \sqrt{\frac{\gamma_p}{2\gamma_p + 1} R_p T_{0p}} \tag{2.80}$$

$$V_s = \lambda_s \sqrt{\frac{\gamma_s}{2\gamma_s + 1} R_s T_{0s}} \tag{2.81}$$

$$V_m = \lambda_m \sqrt{\frac{\gamma_m}{2\gamma_m + 1} R_m T_{0m}} \tag{2.82}$$

将上述关系式代入式(2.79),在方程两边除以 $m_p \sqrt{T_{0p}}$,化简可得:

$$
\begin{aligned}
\lambda_m (1+k) \sqrt{\frac{1+kc\theta}{1+kc}} \sqrt{\frac{2\gamma_m}{\gamma_m + 1} R_m} &= \lambda_p \sqrt{\frac{2\gamma_p R_p}{\gamma_p + 1}} + \lambda_s k \sqrt{\theta} \sqrt{\frac{2\gamma_s R_s}{\gamma_s + 1}} \\
&+ \frac{\pi(\lambda_p, \gamma_p)}{C(R_p, \gamma_p) q(\lambda_p, \gamma_p)} \frac{(1+\phi)}{2\alpha}\left(1 - \frac{p_m}{p_s}\right)
\end{aligned}
\tag{2.83}
$$

根据质量守恒可得:

$$C(R_p, \gamma_p)(1+k) \frac{A_p P_{0p} q(\lambda_p, \gamma_p)}{\sqrt{T_{0p}}} = C(R_m, \gamma_m) \frac{A_m P_{0m} q(\lambda_m, \gamma_m)}{\sqrt{T_{0m}}} \tag{2.84}$$

整理可得：

$$CR = \frac{P_{0m}}{P_{0s}} = \overline{P_{0p}} \frac{C(R_p, \gamma_p)q(\lambda_p, \gamma_p)}{C(R_m, \gamma_m)q(\lambda_m, \gamma_m)} \frac{\alpha}{\phi}(1+k)\sqrt{\frac{1+kc\theta}{1+kc}} \tag{2.85}$$

代入可得：

$$\lambda_m(1+k)\sqrt{\frac{1+kc\theta}{1+kc}}\sqrt{\frac{2\gamma_m}{\gamma_m+1}R_m}$$

$$= \lambda_p\sqrt{\frac{2\gamma_p R_p}{\gamma_p+1}} + \lambda_s k\sqrt{\theta}\sqrt{\frac{2\gamma_s R_s}{\gamma_s+1}} + \frac{\pi(\lambda_p, \gamma_p)}{C(R_p, \gamma_p)q(\lambda_p, \gamma_p)} \frac{(1+\phi)}{2\alpha}$$

$$- \frac{(1+\phi)}{2\phi} \frac{\pi(\lambda_m, \gamma_m)}{C(R_m, \gamma_m)q(\lambda_m, \gamma_m)}(1+k)\sqrt{\frac{1+kc\theta}{1+kc}} \tag{2.86}$$

对于式(2.86)，给定 λ_m 即可求得 ϕ。分析表明，方程只有一个正根，解方程求得 ϕ，进而求出 CR。

在实际引射器设计过程中，混合室入口主引射气流与被引射气流的压强往往不相等，一般来说，引射喷管出口压强要稍高于被引射气流入口压强，令：

$$\frac{p_p}{p_s} = \hat{k} \tag{2.87}$$

式中：$\hat{k}$ 表示引射器欠膨胀度。

则有：

$$\overline{P_{0p}} = \frac{\hat{k}\pi(\lambda_s, \gamma_s)}{\pi(\lambda_p, \gamma_p)} \tag{2.88}$$

式(2.86)变为

$$\lambda_m(1+k)\sqrt{\frac{1+kc\theta}{1+kc}}\sqrt{\frac{2\gamma_m}{\gamma_m+1}R_m}$$

$$= \lambda_p\sqrt{\frac{2\gamma_p R_p}{\gamma_p+1}} + \frac{\pi(\lambda_p, \gamma_p)}{C(R_p, \gamma_p)q(\lambda_p, \gamma_p)}\left[\frac{2-\hat{k}+\hat{k}\phi}{2\alpha\hat{k}} + \frac{\hat{k}-1}{\hat{k}}\right]$$

$$- \frac{(1+\phi)}{2\phi} \frac{\pi(\lambda_m, \gamma_m)}{C(R_m, \gamma_m)q(\lambda_m, \gamma_m)}\sqrt{\frac{1+kc\theta}{1+kc}}(1+k) + \lambda_s k\sqrt{\theta}\sqrt{\frac{2\gamma_s R_s}{\gamma_s+1}}$$

$$\tag{2.89}$$

当 $\hat{k}=1$ 时，式(2.89)变成式(2.86)。

另外，定义混合室增压比：

$$\varepsilon_m = \frac{p_m}{p_s} \tag{2.90}$$

混合室增压比 ε_m 对混合室内气流的混合过程和引射器的性能有重要影响，ε_m 过大，而混合又不充分，可能导致被引射气流堵塞，使引射器性能变坏；ε_m 过小，则进入等截面段的超声速混合气流马赫数过高，扩压过程中的总压损失过大，使引射器引射性能下降，因此，ε_m 的选取也至关重要。

上述引射器的优化设计，主要是在入口参数已知的情况下，对引射器的收缩比和引射器混合室出口速度系数的优化选取，得到更高的引射系数和增压比。

第3章　等面积混合引射器

3.1　等面积引射器设计原理

引射器混合室是主、被动气流进行混合以实现能量、动量与质量传递的部段,其形状与主、被动气流入口参数决定了混合室内的混合规律。Keenan 等人于 1950 年提出了等面积混合引射器与等压混合引射器的设计理论,二者的区别就在于混合室形状的不同,等面积混合引射器的混合室是一段面积不变的直管道,而等压混合引射器的混合室是一段面积逐渐减小的收缩段(实际应用中通常为锥形)。

等面积引射器的结构形式如图 3-1 所示,等面积混合引射器的组成部分主要包括引射喷嘴(主动气流通道)、吸入室(被动气流通道)、混合室、扩压段等。高压引射气体经喷嘴加速后进入吸入室,将吸入室内低压气体引射带入混合室,两种气流在混合室内进行动量交换和充分混合后,经扩压段减速增压排入大气或进入下一级系统。吸入室内被引射气体被大量带走,压力下降,于是不断有被引射气体补充进来,从而完成了输送和加压的功能。

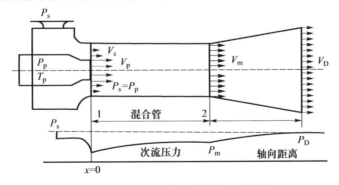

图 3-1　等面积引射器计算模型示意图

由于等面积引射结构形式比较简单,在最初的引射器设计研究中,大部分采用的是等面积引射器。等面积引射器的混合室入口和扩压段入口面积相等,没有第二喉道,因此,引射器的理论分析相对比较简单,一维理论分析的可靠性也比较高。

一维等面积引射器的设计理论,同样是建立在一系列基本假设基础之上,具体的假设条件同第2章中一维引射器设计理论采用的假设条件一致。在满足理想气体、静压匹配、等熵流等基本假设的基础上,等面积引射器的一维设计理论可由质量守恒方程、动量守恒方程、能量守恒方程和理想气体流量关系式完整描述。

描述等面积引射器的质量守恒方程可表示为

$$m_p + m_s = m_m \tag{3.1}$$

描述等面积引射器的能量守恒方程可表示为

$$m_p C_{pp} T_{0p} + m_s C_{ps} T_{0s} = m_m C_{pm} T_{0m} \tag{3.2}$$

忽略引射器混合室壁面的摩擦损失情况下,等面积引射器内流场的动量守恒方程可表示为

$$m_m V_m - (m_p V_p + m_s V_s) = p_p A_p + p_s A_s - p_m A_m + \int p ds \tag{3.3}$$

式中: $\int p ds$ 为混合段侧壁面施加给流体的冲量。

关于侧壁面冲量对引射器内流场动量守恒关系的影响,考虑到等面积引射器混合段入口和出口的面积不变,则由对称关系可知:

$$\int p ds = 0 \tag{3.4}$$

即侧壁面对流体施加的总冲量为零。

式(3.1)~式(3.4)组成了等面积引射器设计的基本方程组,结合理想气体流量关系、气动函数及静压匹配关系,可以对等面积引射器开展设计和性能分析。

3.2　等面积混合引射器设计计算

在第2章中,假定引射气流、被引射气流的参数已知,运用一维引射器理论,给出了一种较为简单的求解引射器面积比以及混合段出口流场参数的引射器设计方法。在引射器设计过程中,针对不同的设计需求,等面积引射器的设计流程也不同。本节依据实际工程应用中常用的两类引射器设计问题,从一维引射器设计理论出发,对等面积引射器的设计计算开展详细的分析。等面积引射器的结构形式如图3-1所示,引射器采用中心引射器方式。

3.2.1　基于压力恢复的引射器参数设计

在化学激光器的运行中,为保持较高的激光功率输出,激光器的运行腔压很

低,只有几托至几十托①,远低于环境压力。另外,激光器的连续运行,需要将工质废气排放到周围环境中,因此,系统需要配备庞大的真空罐。为减小整个系统体积,国内外普遍采用超声速燃气引射压力恢复的技术方案。

对于该类型引射器,被引射气流参数一般是已知的,假定被引射气流参数为总压 p_{0s}、总温 T_{0s}、比热比 γ_s、分子量 μ_s、速度系数 λ_s、气体常数 R_s、流量 m_s、流通面积 A_s;引射气流参数为总温 T_{0p}、比热比 γ_p、分子量 μ_p、速度系数 λ_p、气体常数 R_p、流量 m_p;引射器混合段出口气流参数、面积比以及压缩比为待求解的量,主要包括混合段出口气流总压 p_{0m}、总温 T_{0m}、比热比 γ_m、分子量 μ_m、气体常数 R_m、速度系数 λ_m、引射气流的入口总压 p_{0p}、面积比 α、压缩比 CR。

首先,根据能量守恒方程(2.29),可得混合段出口气流总温:

$$T_{0m} = T_{0p} \frac{1 + kc\theta}{1 + kc} \tag{3.5}$$

然后,假定引射器的混合段足够长,引射气体与被引射气体在混合段出口已充分混合,在入口气流物性参数总温比 θ、比热比为 c、引射系数 k 已知的情况下,引射器混合段出口的流体物性参数定压比热 C_{pm}、气体常数 R_m、比热比 γ_m 也可以根据第 2 章中式(2.28)、式(2.31)、式(2.32)进行确定。

在引射器混合段入口,假定引射气流与被引射气流满足静压匹配,有:

$$p_p = p_s \tag{3.6}$$

$$p_{0p}\pi(\lambda_p, \gamma_p) = p_{0s}\pi(\lambda_s, \gamma_s) \tag{3.7}$$

由此可求得引射气流的入口总压 p_{0p}。

根据理想气体流量关系式以及总压定义式可得:

$$k = \frac{m_s}{m_p} = \frac{C(R_s, \gamma_s)p_{0s}q(\lambda_s, \gamma_s)A_s}{C(R_p, \gamma_p)p_{0p}q(\lambda_p, \gamma_p)A_p}\sqrt{\frac{T_{0p}}{T_{0s}}}$$

$$= \frac{C(R_s, \gamma_s)q(\lambda_s, \gamma_s)}{C(R_p, \gamma_p)p_{0p}q(\lambda_p, \gamma_p)}\frac{1}{\sqrt{\theta}}\frac{1-\alpha}{\alpha} \tag{3.8}$$

在给定引射器引射系数的情况下,由式可求得引射器面积比 α。

对于等面积引射器,在忽略引射器混合室壁面的摩擦损失情况下,根据冲量函数表示的动量守恒方程(2.36)可求得混合段出口速度系数 λ_m。一般来说,速度系数 λ_m 有两个解,一个为超声速解,另一个为亚声速解,其中亚声速解对应其超声速解通过一道正激波后得到的亚声速流场。

求得后,根据流量守恒可得:

① 1 托≈133Pa。

$$m_{\mathrm{m}} = m_{\mathrm{p}}(1+k) \qquad (3.9)$$

即

$$C(R_{\mathrm{m}},\gamma_{\mathrm{m}})p_{0\mathrm{m}}q(\lambda_{\mathrm{m}},\gamma_{\mathrm{m}}) = (1+k)C(R_{\mathrm{p}},\gamma_{\mathrm{p}})p_{0\mathrm{p}}q(\lambda_{\mathrm{p}},\gamma_{\mathrm{p}})\sqrt{\frac{1+kc\theta}{1+kc}}\alpha \qquad (3.10)$$

由式(3.10)可得混合段出口总压:

$$p_{0\mathrm{m}} = \frac{C(R_{\mathrm{p}},\gamma_{\mathrm{p}})q(\lambda_{\mathrm{p}},\gamma_{\mathrm{p}})}{C(R_{\mathrm{m}},\gamma_{\mathrm{m}})q(\lambda_{\mathrm{m}},\gamma_{\mathrm{m}})}(1+k)\sqrt{\frac{1+kc\theta}{1+kc}}\alpha \qquad (3.11)$$

在引射器扩压段,若混合室出口气流为超声速气流,混合气流经过一道正激波或者激波串变成亚声速气流,假定混合气流经过正激波或激波串的总压恢复系数 σ_{m} 已知,亚扩段内的总压恢复系数 σ_{D} 已知,则引射器的喉道、扩压段的内流场同样可由流量守恒关系及理想气体状态方程求得:

$$q(\lambda_{\mathrm{m}},\gamma_{\mathrm{m}}) = \alpha_{\mathrm{D}}\sigma_{\mathrm{m}}\sigma_{\mathrm{D}}q(\lambda_{\mathrm{D}},\gamma_{\mathrm{m}}) \qquad (3.12)$$

式中: α_{D} 为扩压段面积比。

由方程可求得速度系数 λ_{D},进而求得扩压段出口总压 $p_{0\mathrm{D}}$ 以及静压 p_{D}:

$$p_{0\mathrm{D}} = \sigma_{\mathrm{m}}\sigma_{\mathrm{D}}p_{0\mathrm{m}} \qquad (3.13)$$

$$p_{\mathrm{D}} = p_{0\mathrm{D}}\pi(\lambda_{\mathrm{D}},\gamma_{\mathrm{m}}) \qquad (3.14)$$

若定义总压恢复系数为

$$CR = \frac{p_{\mathrm{D}}}{p_{0\mathrm{s}}} \qquad (3.15)$$

则

$$CR = \frac{p_{0\mathrm{m}}}{p_{0\mathrm{s}}}\sigma_{\mathrm{m}}\sigma_{\mathrm{D}}\pi(\lambda_{\mathrm{D}},\gamma_{\mathrm{m}}) \qquad (3.16)$$

至此,描述引射器性能的流动控制方程已经全部给出。在给定主引射气流和被引射气流状态参数、部分引射器结构参数的情况下,可根据预先给定的引射器性能参数,对部分引射器结构参数进行设计,具体的设计流程图如图3-2所示。

相对于上述常规引射器设计,在实际引射器设计中,有些类型的引射器压比是已知的,对于该种类型的引射器,引射器设计所需的控制方程基本不变,但求解和设计方法有较大的改变。

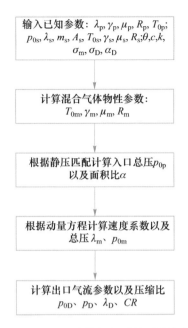

图 3 – 2　基于压力恢复的引射器设计流程

3.2.2　基于流动掺混的引射器参数设计

在实际工程中,为维持某低温设备的低温运行,需要不断向设备中注入低温液氮;为维持设备的压力稳定,在注入低温液氮的同时,需要排出相同流量的低温氮气。低温氮气的直接排放容易形成排气羽流,影响周围环境,并降低周围空气中的氧含量。为此,该种类型低温设备的排气系统往往设计一个排气引射器,借助排气引射器的排气引射特性,使排出的低温氮气与环境空气在引射器内完成掺混后,再排入大气中,从而降低低温气体直接排放带来的不利影响。

对于该类型引射器,一般采用中心引射的等面积引射器,引射器混合段的出口静压为一个大气压,p_m 为已知量。被引射的环境空气总压 p_{0s} 也为一个大气压,也就是说,引射器压比 $CR=1$。对于给定的低温设备运行状态,排出的低温氮气流量 m_p、总温 T_{0p}、比热比 γ_p、分子量 μ_p、气体常数 R_p 也是已知量,但是排出低温氮气的最低运行总压 p_{0p} 与引射器的设计密切相关。另外,为保证排出气体的氧含量,被引射环境空气的质量 m_s 往往也是确定的,因此,排气引射器的引射系数 k 也是已知量,而且被引射气体为环境空气,气体的物性参数总温 T_{0s}、比热比 γ_s、分子量 μ_s、气体常数 R_s 也是已知量。为降低引射器的压损,引射气流的马赫数一般控制在不大于 0.7,因此,引射气流的流通面积 A_p 需要根据排气参数进行初步确定,也假定为已知量。需要确定的量主要为引射气流的入口总压 p_{0p}、速度系数 λ_p,被引射气流的流通面积 A_s、速度系数 λ_s,排气引射器的出口总

压 p_{0m} 以及混合室出口气流参数总温 T_{0m}、比热比 γ_m、分子量 μ_m、气体常数 R_m、速度系数 λ_m。

首先,根据能量守恒方程,可得混合段出口气流总温 T_{0m}:

$$(1 + k)\frac{C_{pm}T_{0m}}{C_{pp}T_{0p}} = 1 + kc\theta \tag{3.17}$$

或

$$T_{0m} = T_{0p}\frac{1 + kc\theta}{1 + kc} \tag{3.18}$$

假定引射器的混合段足够长,引射气体与被引射气体在混合段出口已充分混合,在入口气流物性参数总温比 θ、比热比为 c、引射系数 k 已知的情况下,引射器混合段出口的流体物性参数定压比热 C_{pm}、气体常数 R_m、比热比 γ_m 也可以根据第 2 章中式(2.28)、式(2.31)、式(2.32)进行确定。

根据理想气体流量关系式以及总压定义式可得:

$$m_p = C(R_p,\gamma_p)\frac{p_p\pi(\lambda_p,\gamma_p)A_p}{\sqrt{T_{0p}}}q(\lambda_p,\gamma_p) \tag{3.19}$$

$$m_s = C(R_s,\gamma_s)\frac{p_{0s}A_s}{\sqrt{T_{0s}}}q(\lambda_s,\gamma_s) \tag{3.20}$$

$$m_m = C(R_m,\gamma_m)\frac{p_m\pi(\lambda_m,\gamma_m)A_m}{\sqrt{T_{0m}}}q(\lambda_m,\gamma_m) \tag{3.21}$$

在引射器混合段入口,假定引射气流与被引射气流满足静压匹配,有:

$$p_p = p_s \tag{3.22}$$

$$p_{0p}\pi(\lambda_p,\gamma_p) = p_{0s}\pi(\lambda_s,\gamma_s) \tag{3.23}$$

因此,式(3.19)可改写为

$$m_p = C(R_p,\gamma_p)\frac{p_{0s}\pi(\lambda_s,\gamma_s)A_p}{\pi(\lambda_p,\gamma_p)\sqrt{T_{0p}}}q(\lambda_p,\gamma_p) \tag{3.24}$$

对于等面积引射器,在引射器混合段出口,排气引射器的混合段出口截面积 A_m 可表示为

$$A_m = A_p + A_s \tag{3.25}$$

根据质量守恒可得:

$$m_m = (1 + k)m_p \tag{3.26}$$

联合式(3.21)、式(3.25)、式(3.26),可得:

$$(1 + k)m_p = C(R_m,\gamma_m)\frac{p_m\pi(\lambda_m,\gamma_m)(A_p + A_s)}{\sqrt{T_{0m}}}q(\lambda_m,\gamma_m) \tag{3.27}$$

根据引射器内流场的动量守恒关系式,忽略引射器混合室壁面的摩擦损失,可得冲量函数表示的动量守恒方程:

$$c_{\gamma m}(m_p + m_s)Z(\lambda_m) = (c_{\gamma p}m_p Z(\lambda_p) + c_{\gamma s}m_s Z(\lambda_s)) \quad (3.28)$$

即

$$c_{\gamma m}(m_p + m_s)Z(\lambda_m) - (c_{\gamma p}m_p Z(\lambda_p) + c_{\gamma s}m_s Z(\lambda_s)) = 0 \quad (3.29)$$

在式(3.20)中 A_s、λ_s 为未知量,式(3.27)中 A_s、λ_m 为未知量,式(3.24)中 λ_p、λ_s 为未知量,式(3.29)中 λ_p、λ_s、λ_m 为未知量,四个方程共包含四个未知量。因此,式(3.20)、式(3.24)、式(3.25)、式(3.27)以及能量守恒方程(3.17)组成的方程组即可完整表述该种类型引射器设计问题。

对于方程组的求解,一般很难得到解析解,工程上一般采用数值求解的方法,具体的求解流程图如图3-3所示。

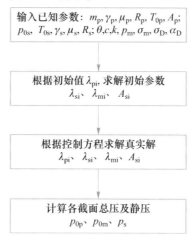

图3-3 基于流动掺混的引射器设计流程

首先,根据引射器的实际运行特性,初步给定多个引射器入口处引射气流的速度系数 λ_{pi},对于每个给定的速度系数 λ_{pi},可根据式(3.24)确定一个正的速度系数 λ_{si},对于每个给定的速度系数 λ_{si},可根据式(3.20)确定唯一的被引射气流通道截面积 A_{si},对于每个给定的被引射气流通道截面积 A_{si},可根据式(3.29)确定混合段出口处的气流速度系数 λ_{mi},式(3.29)的解不唯一,因此需要根据实际运行工况进行取舍。然后,将得到的值 λ_{pi}、λ_{si}、λ_{mi}、A_{si} 代入式(3.27),满足式(3.27)的即为速度系数 λ_{pi} 的真实解,对应的速度系数 λ_{si}、λ_{mi} 以及通道截面积 A_{si} 即为引射器的设计值。

最后,根据气动函数的定义式,可求得混合段出口气流总压 p_{0m}、被引射气流的静压 p_s、引射气流的气流总压 p_{0p} 等参数。

$$p_{0m} = p_m / \pi(\lambda_m, \gamma_m) \tag{3.30}$$

$$p_s = p_{0s} \pi(\lambda_s, \gamma_s) \tag{3.31}$$

$$p_{0p} = m_p \Big/ \left(C(R_p, \gamma_p) \frac{A_p}{\sqrt{T_{0p}}} q(\lambda_p, \gamma_p) \right) \tag{3.32}$$

至此,需要确定的引射气流入口总压 p_{0p}、混合段气流出口总压 p_{0m}、被引射气流的流通面积 A_s 及混合室出口气流参数都已完全获得。

3.3 引射器性能分析

从引射器的设计分析可以看出,对于一维引射器设计理论,尽管对等面积引射器理论模型做了大量简化,得出的计算公式仍然较复杂,影响因素也很多,本节结合等面积引射器实际设计问题,探讨其性能和影响因素。

为全面探讨各种设计输入参数对引射器性能的影响,计算中选取一组基本参数,作为引射器性能参考点,再逐渐改变各个输入参数,研究引射器性能的变化规律。假设引射气流与被引射气流的分子量、比热比和总温相同, $\mu_p = \mu_s = 29$, $\gamma_p = \gamma_s = 1.4$, $\theta = 1$,亚扩段面积比为2,不考虑亚扩段的总压损失,引射气流马赫数为 $Ma_p = 4.0$,被引射气流马赫数 $Ma_s = 0.3$,引射系数在大范围内变化 $k = 0.01 \sim 1$。

3.3.1 引射系数和引射马赫数对引射器性能的影响

在保持基准输入参数不变的情况下,考查在不同引射系数 k 下的引射马赫数的变化对引射器性能的影响。图 3-4 分别给出了不同引射系数下压缩比 CR、总压比 $\overline{P_{0p}} = P_{0p}/P_{0s}$ 和面积比 α 随 Ma_p 的变化曲线,可以看出,在给定 k 的情况下,随着 Ma_p 从1开始不断增大,总压比 $\overline{P_{0p}}$ 迅速上升,面积比 α 不断减小,而引射器压缩比 CR 不断增大。在高引射马赫数下,引射气流总压高,混合室入口引射气流动能大,混合过程中传递给被引射气流的动能大,因此压缩比 CR 较大。同时,面积比 α 小,混合室入口引射气流所占通道面积小,这使得引射器体积效率增加。还可以看出,随着引射系数 k 的增大, Ma_p 增大带来的压缩比 CR 增长幅度逐渐减小,因此,当需要达到较高压缩比时,应该采用高引射马赫数、低引射系数的引射器设计方案。

同时,还应该看到,引射马赫数的提高不是随意的,它受到引射气流气源压力和引射气流超声速膨胀凝结的限制。从图 3-4(b)可以看出,当 Ma_p 较高时,总压比 $\overline{P_{0p}}$ 随 Ma_p 增长非常迅速, Ma_p 过大导致较高的引射气流总压,这将给供应气源和引射器的结构设计带来困难。另一方面,由于引射气流总温有限,而且引射气流常含有水蒸气组分,当 Ma_p 过大时,在引射气流超声速膨胀过程中将发生气流凝结现象,这使得总压损失增加,引射效率下降。

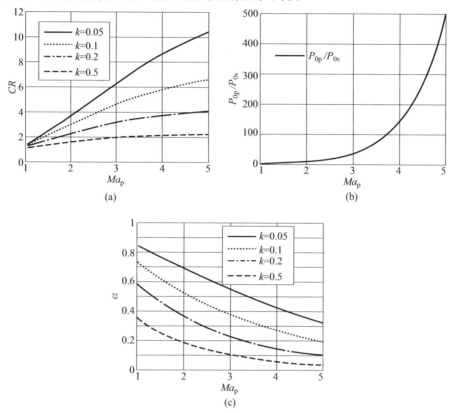

图 3 - 4　等面积引射器性能随引射气流马赫数的变化情况

(a) CR 随引射马赫数的变化情况;(b) 总压比 $\overline{P_{0P}}$ 随引射马赫数的变化情况;

(c) 面积比 α 随引射马赫数的变化情况。

3.3.2　总温比、分子量和比热比的影响

图 3 - 5(a) 给出了在 $k\sqrt{\theta} = \text{Constant}$ 的条件下,引射器压缩比 CR 随 k 的变化关系曲线。可以看出,不论引射气流与被引射气流的比热比、分子量等物性参数是否相同,在 $k\sqrt{\theta} = \text{Constant}$ 的条件下,当 k 在较大范围($k = 0.05 \sim 2$)变化时,引射器压缩比 CR 几乎保持为常数,这与第 2 章中理论分析给出的结论是一致的。这也说明,在给定引射器压缩比情况下,当其他设计参数不变时,依据 k 与 θ 的变化关系,当要提高引射器的压缩比时,既可以通过降低引射系数来实现,也可以通过减小总温比 θ 来实现。

图 3 - 5(b) 给出了 $k\sqrt{\mu_p/\mu_s} = \text{Constant}$ 条件下 CR 随 k 的变化情况,可以看

出,在引射气流和被引射气流其他物性参数给定、保持 $k\sqrt{\mu_p/\mu_s}=\text{Constant}$ 的条件下,无论是采用减小 μ_p 的方法或是采用增大 μ_s 的方法,引射器压缩比 CR 随引射系数 k 几乎保持为常数,而且减小 μ_p 与增大 μ_s 所得到两条曲线重合,改变比热比 γ_s 后 CR 曲线无明显变化。这表明,给定引射器压缩比情况下,k 与 μ_p、μ_s 的变化关系为 $k=\text{Constant}\sqrt{\mu_s/\mu_p}$。

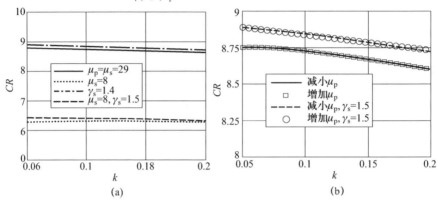

图 3 - 5　等面积引射器性能随总温比 θ 和分子量比 μ_p/μ_s 的变化情况

(a)在 $k\sqrt{\theta}=\text{Constant}$ 条件下,CR 随引射系数 k 的变化情况;

(b)在 $k\sqrt{\mu_p/\mu_s}=\text{Constant}$ 条件下,CR 随引射系数 k 的变化情况。

综上所述,在给定引射器压缩比 CR 情况下,k 与 μ_p、μ_s、θ 有如下近似关系:

$$k\sqrt{\theta\mu_p/\mu_s}=\text{Constant} \tag{3.33}$$

$$k\sqrt{\frac{\mu_p}{\mu_s}\frac{T_{0s}}{T_{0p}}}=\text{Constant} \tag{3.34}$$

根据这一关系式,由已知的引射器性能参数,可以近似地推断出采用不同引射工质时,引射器引射能力的变化情况。假设在引射气流和被引射气流物性参数相同的情况下,某引射器在给定 CR 下,引射系数为 k,则在引射工质不同时,要达到相同的压缩比,其引射系数为

$$k_{ps}=k_{pp}\sqrt{\frac{\mu_s}{\mu_p}\frac{T_{0p}}{T_{0s}}} \tag{3.35}$$

从式(3.35)中可以看出,被引射气流参数不变的情况下,引射气流的分子量越小、总温越高,则引射器的引射效率越高。

图 3 - 6(a)给出了其他输入参数不变情况下,引射器压缩比 CR、面积比 α 和总压比 $\overline{P_{0p}}$ 随比热比 γ_p 的变化情况。计算表明,随着 γ_p 的不断增大,总压比 $\overline{P_{0p}}$ 大幅度下降,面积比 A 有一定幅度的减小,而引射器压缩比 CR 降低较少。相同引射马赫数下,比热比 γ_p 越大,总压比 $\overline{P_{0p}}$ 越小,引射气流的动能就越低,这使得

引射器压缩比 CR 降低。另一方面，γ_p 越大则达到相同引射马赫数所要求的喷管面积比越小，因此 α 就越小，这使得引射器的体积效率提高，压缩比 CR 增大，两方面相互抵消的结果，引射器压缩比 CR 变化不大。考虑到低 γ_p 时引射气流总压高、引射器喷嘴面积大、引射气流占混合室入口面积比大等不利因素，高 γ_p 引射工质优于低 γ_p 引射工质。

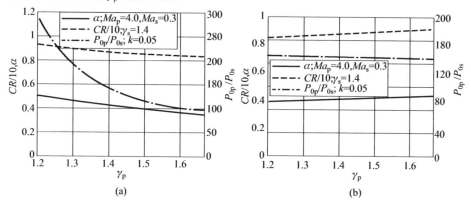

图 3-6　等面积引射器性能随比热比 γ_p、γ_s 的变化情况

(a)压缩比 CR 随 γ_p 的变化情况；(b)压缩比 CR 随 γ_s 的变化情况。

图 3-6(b)给出了其他输入参数不变情况下 γ_s 对引射器性能的影响。计算结果表明，随着 γ_s 的逐渐增大，面积比 α 和压缩比 CR 略微增加，总压比 $\overline{P_{0p}}$ 略微降低，γ_s 对引射器性能的影响不明显。

3.3.3　被引射气流马赫数的影响

在进行超声速引射器设计时，Ma_s 的选取至关重要，它对超声速引射器引射效率的高低、体积的大小、设计方案的可靠性等都有直接的影响，因此 Ma_s 的确定应慎重。

图 3-7(a)给出了引射器性能随被引射气流马赫数 Ma_s 的变化情况，计算结果表明，随着被引射气流从低马赫数逐渐增大，引射器压缩比 CR 先是不断增大，当 Ma_s 等于某一优化值 $Ma_{s,opt}$ 时，CR 达到最大值，随后 CR 随 Ma_s 的增大逐渐减小。该图还表明，随着 Ma_s 的逐渐增加，总压比 $\overline{P_{0p}}$ 逐渐降低，它使得引射喷管出口面积增大，引射能力降低。另一方面，Ma_s 的增大使被引射气流通道面积减小，这使得引射器引射效率提高，当 Ma_s 较小时第二种因素起主要作用，因此，CR 随 Ma_s 的增大逐渐降低，中间存在一个最大压缩比所对应的最佳值 $Ma_{s,opt}$。图 3-7(b)表明，$Ma_{s,opt}$ 的值与引射系数相关，k 越大，$Ma_{s,opt}$ 越接近 1.0。

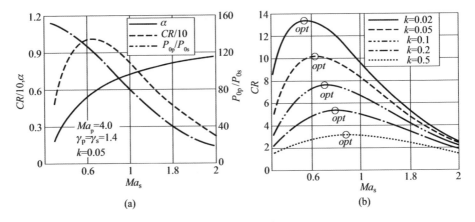

图 3 - 7 被引射气流入口马赫数 Ma_s 对等面积引射器性能影响

（a）压缩比 CR、面积比 α 和总压比 $\overline{P_{0p}}$ 随 Ma_s 的变化情况；

（b）不同引射系数下引射器压缩比随 Ma_s 的变化情况。

3.3.4 取超声速解或亚声速解的影响

图 3 - 8 给出了 λ_m 取超声速解情况下的计算结果，可以看出，当引射系数较小时（ $k = 0.01$ ），引射器压缩比 CR 较大，混合气流的静压 p_m、总压 p_{0m} 和马赫数 Ma_m 接近引射气流的入口参数，面积比 α 也接近 1，说明被引射气流流量非常小，引射气流在混合过程中动能损失很少，混合气流为超声速气流，具有较好的动能，经过扩压后可以恢复到较高的环境大气压，因此，引射器压缩比较高。随着引射系数的不断增加，混合室出口气流马赫数增大，静压 p_m 和面积比 α 减小，总压 p_{0m} 降低，混合气流经过正激波的总压恢复系数 σ_m 降低，引射器压缩比 CR 减小。当引射系数 k 大于某值后，随着 k 的进一步增大，混合气流总压不再下降，而是不断上升，在 $k > 0.2$ 后甚至得到 $p_{0m} > p_{0p}$，在实际的气流混合过程中，k 增大意味着低动能的被引射气流增加，气流完全混合后的混合气流动能必然下降，因此，$p_{0m} > p_{0p}$ 的情况是不可能出现的。这说明，当引射系数 k 较大时，λ_m 取超声速解是不合适的，此时应该取 $\lambda_m < 1$ 的亚声速解。

图 3 - 9 给出了 λ_m 分别取超声速解和亚声速解时所得引射器压缩比 CR，可以看出在两种情况下 CR 随 k 的变化曲线完全重合，因此在等面积混合超声速引射器的性能计算中，可以将其混合过程和扩压过程合二为一，λ_m 直接取亚声速解即可。一般来说，λ_m 取超声速解的情况只有在引射系数较小、压缩比 CR 较大、混合室长径比比较大时，才与实际物理过程一致。由于 λ_m 的选取不影响最终计算结果，在后面等面积混合超声速引射器的性能计算中，直接取 $\lambda_m < 1$ 的解。

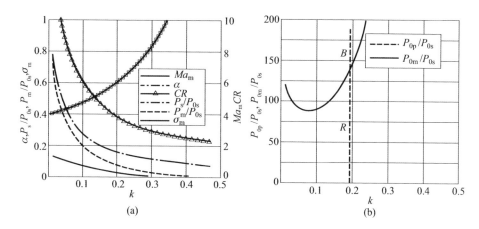

(a)

图 3 - 8　λ_m 取超声速条件下，等面积引射器性能参数随 k 的变化情况

（a）$\lambda_m > 1$ 条件下等面积引射器各参数随 k 的变化情况；（b）$\lambda_m > 1$ 条件下 p_{0p}、p_{0m} 随 k 的变化情况。

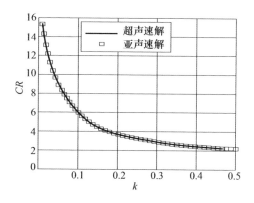

图 3 - 9　λ_m 分别取超声速解和亚声速解条件下，等面积引射器压缩

比 CR 随 k 的变化情况

前面的计算结果表明，当压缩比要求较高时，等面积引射器的引射系数较小，引射效率低。但由于其混合室为等面积通道，当混合过程与扩压过程分离时，在混合过程中被引射气流感受的反压低（$p_m < p_p$），引射气流对被引射气流的堵塞作用较弱，因此混合室设计可靠性较高。

3.3.5　非设计点状态引射器性能

对于结构参数已固化的引射器，在引射气流和被引射气流参数偏离设计点的情况下，引射器也能正常工作，但引射器的性能参数会有所变化，此即为引射器的非设计点工作状态。

在假定引射器结构参数已固化的情况下，引射器主引射气流面积和被引射气流面积将保持不变，通过改变来流的总压，进而改变主引射气流的流量，由此可分析等面积引射器的引射系数以及增压比变化情况。本节通过两个工程实例,来分析等面积引射器非设计点状态的工作性能。

1. 低温设备排气引射系统

某低温设备主要通过喷入液氮换热降温来维持低温运行,由于排出的低温氮气流量大,温度低,直接排入大气可能形成较大范围的雾团,影响周边环境,并威胁人员安全。为此,需设计一套排气引射系统,将外界常温空气引入排气塔中与低温氮气混合,进而提高排气塔内混合气体的含氧量和温度。

引射器采用中心单喷嘴等面积混合引射器形式。主引射气流入口直径为 D_p,被引射气流入口外直径为 D_{s1},被引射气流入口内直径为 D_{s2},引射器混合段长度为 L。排气引射器结构示意图如图 3 – 10 所示。其中,备用通道主要用于被引射气流仍无法满足设计需求时,主动引入高温气体,以进一步提高排气塔内混合气体的含氧量和温度。

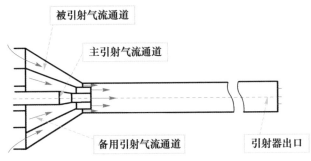

图 3 – 10　排气引射器结构示意图

考虑到排气系统实际运行过程中,主引射气流的流量是 m_p 变化的,引射器设计的一个基本要求就是,主引射气流流量在较大范围内变化时,排气引射系统的增压比及引射系数等性能指标不会发生太大变化。

按照实际设计需求设计的等面积排气引射器,在非设计点状态的性能变化曲线如图 3 – 11 所示。从等面积引射器的设计结果看,在引射器结构参数已固化的情况下,相对于设计点流量 m_p',主引射气流流量的相对值在(0.4 ~ 1.6)范围内变化时,排气引射系统的增压比及引射系数基本保持不变。因此,该排气引射系统不仅能够满足设计点状态的技术指标需求,在非设计点状态,排气引射系统的性能指标仍能得到保持。

2. 2m 超声速风洞引射器设计

根据 2m 超声速风洞的总体设计方案,在马赫数 $Ma_t = 2.0$、2.5、3.0 的降速压运行状态,需采用排气引射器,为风洞运行提供所需压力比。在风洞常压状态 $Ma_t = 3.5$ 和 4.0 时,为降低启动压力,需要在启动阶段使用引射器,风洞启动完成后,再关闭引射器。在某些特殊情况下,为保护测力天平,需要风洞降速压启

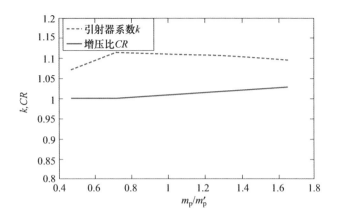

图 3 – 11   排气引射器增压比及引射系数随主引射气流流量的变化

动和关车时,也需要启动引射器以提供必要的压力比,引射器的运行工况比较多。考虑到风洞常压和降速压的多个实验马赫数的运行条件,同时,引射器设计增压比(2.1 ~ 2.7)较低,设计采用多喷嘴等面积混合引射器型式,轮廓图如图 3 – 12所示。

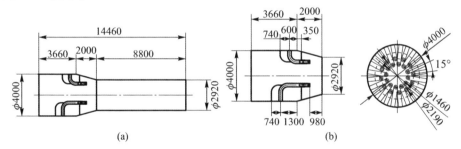

图 3 – 12   2m 超声速风洞引射器气动轮廓图

(a)引射器气动布局;(b)喷嘴布置。

根据3.3节的等面积引射器性能分析可知,当引射器增压比、面积比和引射马赫数一定时,引射系数随被引射马赫数 Ma_s 的增大而增加。M_2 较小时,增加较迅速,Ma_s 较大时,增加略平缓,且随着 Ma_s 的增大,引射器膨胀比基本保持不变。限制 Ma_s 的因素是引射器不要达到临界状态。因此,设计时应使 Ma_s 接近临界状态值并留有一定的安全裕度。

在一定的增压比和被引射马赫数条件下,面积比减小或引射马赫数增大,引射系数都将增加,但膨胀比会迅速增加,气源使用终止压力就会提高,气源一次持续运行时间会大大减少。因此,引射器面积比和引射马赫数的选取必须与风洞一次持续运行时间相协调。

结合 2m × 2m 超声速风洞引射器设计要求及气源条件,确定引射器设计点状态以及非设计点状态的主要参数见表 3 - 1。

表 3 - 1　引射器设计点状态以及非设计点状态参数

设计状态	压缩比 CR	引射系数 k	面积比 α	膨胀比 σ	被引射气流马赫数 Ma_s	主引射气流马赫数 Ma_p
$Ma=2.0$ 降速压	2.2	0.641	0.235	14.7	0.60	2.5
$Ma=2.5$ 降速压	2.5	0.502	0.235	17.6	0.54	2.5
$Ma=3.0$ 降速压	2.7	0.392	0.235	20.0	0.46	2.5
$Ma=3.5$ 常压启动	2.1	0.651	0.235	13.6	0.54	2.5
$Ma=4.0$ 常压启动	2.1	0.589	0.235	13.6	0.47	2.5

注：表中的设计状态，主要是指风洞实验段的实际运行状态。被引射气流马赫数主要是指被引射气流经过风洞实验段、二喉道、扩压段以后的气流状态。其中，$Ma=2.0$ 的降速压状态为引射器的设计点状态

为检验引射器主要设计参数是否合理、引射器在各运行状态下的性能能否达到设计指标，制作了一台 1:13 缩比的引射器实验件，如图 3 - 13 所示。在引射器入口前通过模拟进气装置控制被引射气体流量，调节引射压力到设计值，测量不同状态下引射器入口和出口截面气流总压，计算出每种状态下的增压比和引射系数。

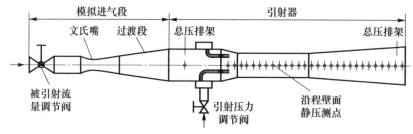

图 3 - 13　引射器实验件气动轮廓图

不同状态下引射器入口截面总压分布如图 3 - 14 所示。从实验结果可以看出，在被引射流量较小时（$Ma=2.5$ 降速压和 $Ma=3.0$ 降速压状态），总压排架上 7 个测点值基本一致，随着被引射流量的增大，截面总压分布逐渐表现为中心略高的形态。实验得出的引射器实际增压比与设计值的比较见表 3 - 2，在保持引射压力与引射系数与设计值相同的条件下，5 种状态下的实验增压比均略高于设计增压比。

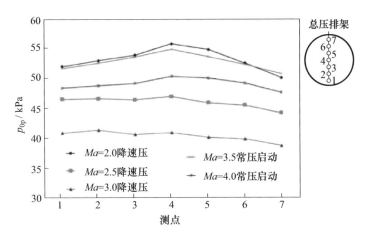

图 3 - 14 引射器实验件入口截面总压分布

表 3 - 2 引射器实际增压比与设计值比较

设计状态	k	p_{0p}/MPa	CR	
			设计值	实验值
Ma = 2.0 降速压	0.641	0.235	2.2	2.3
Ma = 2.5 降速压	0.502	0.235	2.5	2.6
Ma = 3.0 降速压	0.392	0.235	2.7	3.0
Ma = 3.5 常压启动	0.651	0.235	2.1	2.3
Ma = 4.0 常压启动	0.589	0.235	0.47	2.4

引射器壁面静压分布曲线如图 3 - 15 所示,随着主、被动气流的不断掺混,沿混合室壁面的静压逐渐升高,在混合室末端静压曲线有一个小平台,可以认为主、被动气流已完成掺混,静压不再上升,表明选取的混合室长度是合适的。在混合室后的扩散段内,混合后的亚声速气流通过减速获得进一步的静压恢复。

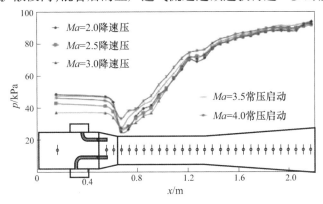

图 3 - 15 引射器实验件沿程壁面静压分布

从上面的两个工程设计实例可以看出,对于等面积引射器,在引射器工程设计完成,结构参数固定的情况下,来流状态处于非设计点工况时,引射器的增压比以及引射系数等性能参数仍能保持较好的稳定性。因此,在增压比变化不大、非设计点运行工况较多的引射器设计中,采用等面积引射器设计会比较可靠。

3.4 增强混合引射技术

引射器的作用是通过引射气流与被引射气流的混合来实现的,气流的混合效果成为关系到引射器总体性能的关键因素。增强主(引射)、次(被引射)气流的混合效果能够有效减小引射器混合室长度,进而减小系统整体尺寸;另外增强混合往往能够提高引射效率,减小噪声。因此在有限的长度内实现良好的混合效果是引射器设计的一个重点,也是一个难点。

在普通引射器设计中,为取得较好的引射器性能,长径比为 6~8(混合室长度与直径的比值)的混合室是必须的,但如此大的长径比,导致引射器的尺寸非常大,给工程应用带来了很多不便。为此,人们提出了基于多喷嘴引射的增强混合技术。实践证明,采用多喷嘴引射方法可以有效地增强混合效果,降低噪声。从理论上讲如果选择足够多的喷嘴数目,就能够在较短的混合室内实现很好的混合效果。有这样一条常用的准则:如果希望多喷嘴引射器的混合室长度等于一倍其直径,则喷嘴数目将等于单喷嘴长径比的平方。但是多喷嘴引射有一个缺陷,就是随着喷嘴数目的增加,喷嘴与被引射气流接触面积也增加,将使阻力损失增加,严重时将影响引射效率,这样就不能希望太多地增加引射器喷嘴的数目。

除了基于多喷嘴引射的增强混合技术,对于亚声速和超声速情况下,如何增强引射器的混合效果,国内外也进行了大量的理论和实验研究工作。通常认为,对于亚声速和具有低可压缩性的超声速混合层,在二维流动中的大尺度展向结构和在轴对称流动中的环状涡环结构对其混合过程具有重要作用。但是在具有高可压缩性的超声速混合层流动中,这些结构的组织性变弱。另外通过激发斜向大尺度来增加混合效果的方法也没有成功。因此,在高可压缩性情况下,由于展向结构和环状涡环结构的缺乏组织性和它们的三维效应,很难控制混合过程。而相比之下,流向涡结构受压缩性的影响比较小,在亚声速和超声速流动中都能够有效地增强混合效果并抑制噪声。因此,在混合流场中激励流向涡的各种方法得到了尝试。扰流片是一种有效的方法。但是由于它的堵塞效应,采用这种方法会造成一定的引射推力损失。另外有两种方法经实验证明也能产生流向涡,并且相比之下推力损失较小。一种是对引射喷嘴的后缘形状进行修改,将其后缘开缝,称为后缘开缝喷嘴;另一种是具有强迫混合效果的花瓣状喷嘴。这几种方法都能够有效增强气流的混合。本节主要对多喷嘴、波瓣喷嘴、后缘开缝喷嘴这三种增强混合引射技术进行分析。

3.4.1 多喷嘴引射技术

多喷嘴引射器是指将尺寸较大的引射喷嘴分成当量面积的多个尺寸较小的喷嘴,大大增加了引射气流和被引射气流的接触面积,缩短了两股气流掺混所需的混合室长度,提高了引射效率,同时,由于喷嘴尺寸的减小,喷流噪声声压级也较小。多喷嘴引射器由于其独特的优点,在风洞设计和压力恢复系统设计中已得到了成功应用。

为分析多喷嘴引射技术对引射器性能的因素,中国空气动力研究与发展中心对多喷嘴引射技术开展了详细的实验研究。实验在相同的风洞运转条件下进行,每次实验风洞均采用常压非节流的运转方式,引射器的面积比 $\alpha = 0.045$,喷嘴马赫数 $Ma = 2.0$。

1. 喷嘴出口至混合室入口距离对引射性能的影响

喷嘴出口至混合室入口距离 S 对引射性能的影响实验选取了四个 S 的变化量,分别为 0mm、66mm、96mm、133mm,混合室直径为 $D = 266$mm,相应的 S/D 值为 0、0.25、0.36、0.5。图 3 – 16 表明了不同距离 S 对引射效率的影响情况。当 S/D 值为 0.36 时,引射效率最佳,得到了最大的引射系数。经过分析实验数据发现,距离 S 对引射效率的影响包含了两方面的因素。一是距离 S 对引射效率的直接效应。二是距离 S 对风洞运转压缩比产生很大影响,进而风洞运转压缩比又反过来影响引射器本身的效率。距离 S 的增加,使同样实验的马赫数 Ma 的压缩比 CR 减小,这一间接效应使引射效率提高,如图 3 – 17 所示。但是,随距离 S 的增加,产生同样增压比的引射压力比却增大,这一直接效应又使引射效率降低,如图 3 – 18 所示。两种效应的综合结果是,当 S/D 为 0.36 时,引射器获得最佳的效率。

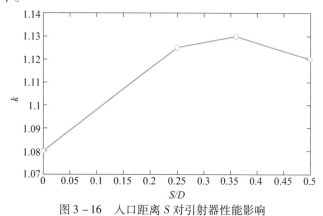

图 3 – 16 入口距离 S 对引射器性能影响

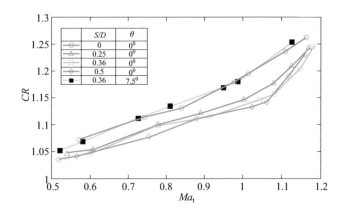

图 3 - 17 喷管位置对风洞运转压缩比的影响

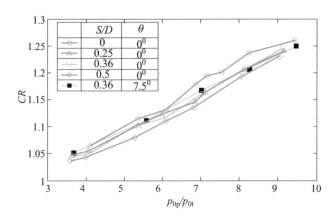

图 3 - 18 喷管位置对引射效率的直接影响

关于距离 S 的变化对风洞运转压缩比的影响机制,主要是当距离 S 增加时,混合室出口的速度分布更趋于均匀(图 3 - 19),第二扩散段的压力损失也相应减小,从而使压缩比 CR 下降。这说明距离 S 有利于主引射气流和被引射气流的混合作用。因此,当距离 S 增加时,主要是主引射气流和被引射气流接触时,被引射气流速度的减小引起了这种促进混合作用。图 3 - 20 说明了当被引射气流速度减小时,混合室出口确实可得到更加均匀的气流速度分布。

以上分析说明,距离 S 对引射效率的影响包含了直接效应和对混合、扩散效率影响所引起的间接效应。不同的实验设备具有不同的混合室和扩散等情况,因而两种效应对引射效率的影响程度也各自不同。

图 3 - 21 为不同距离 S 对引射器气流噪声声压级的影响。可见,除 S 为 0 时,噪声稍高外,其余三个 S/D 值对声压级无明显影响。

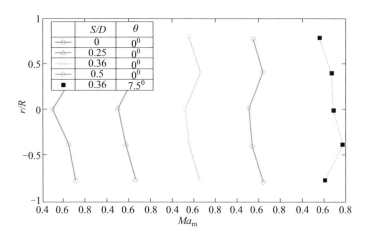

图 3 - 19 喷管位置对混合室出口速度分布的影响

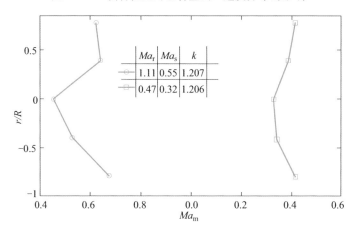

图 3 - 20 被引射气流马赫数对混合的影响

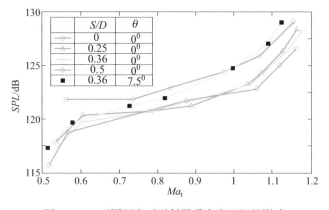

图 3 - 21 不同距离对引射器噪声声压级的影响

2. 喷嘴和混合室轴线间夹角对引射性能的影响

为分析引射喷嘴角度对引射器性能的影响,实验中引射喷嘴角度选取 0°和 7.5°两种。从实验结果可以看出,角度 θ 等于 7.5°时的引射效率比 θ 等于 0°时的引射效率要差得多,这是由于在 θ 等于 7.5°时,风洞的运转压缩比有了明显增加(图 3 – 17)。

从图 3 – 19 的混合室出口速度分布看,喷嘴轴线间设置 7.5°的角度后,主引射气流和被引射气流间的混合效率并未明显得到改善。但混合室出口的速度分布形式却发生了根本性的变化,由 θ 等于 0°时的尾迹型分布(四周高,中心低)变成了 7.5°时的尖帽型速度分布(中心高,四周低)。这是引起风洞运转压缩比增加的直接原因。因为,尖帽型的速度分布形式与尾迹形的速度分布形式相比,更容易引起下游扩散段中的气体分离,从而造成扩压性能的恶化。由上可见,喷嘴与混合室轴线间设置夹角时,若在混合室出口速度未均匀一致时,很可能反而造成引射效率的下降。

两种不同角度时,引射器气流的噪声声压级见图 3 – 21。在 θ 等于 7.5°时,引射器气流噪声要比 θ 等于 0°时大 2dB 左右,这可能主要是由于在相同实验段马赫数下,θ 为 7.5°时需要更高的引射压力比造成的(图 3 – 17、图 3 – 18)。

3. 喷嘴个数对引射性能的影响

为分析喷嘴个数 N 对引射性能的影响,实验采用了两组喷嘴,一组为八个喷嘴,另一组为四个喷嘴。两种情况下引射器的参数相同,面积比 α 为 0.04,引射马赫数为 1.5,实验在 S/D 等于 0.36,θ 等于 0°的条件下进行。图 3 – 22 表明了不同喷嘴个数引射时,混合室出口的速度分布情况。在四个喷嘴引射时,混合室出口的速度分布既不均匀,又不对称。在此情况,要提高引射器的引射效率必须加长混合室长度,提高混合室出口的速度分布均匀性。

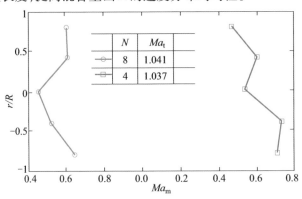

图 3 – 22　喷嘴个数 N 对引射性能的影响

3.4.2　波瓣喷嘴引射技术

对于常规的引射混合器,主要依赖于主气流黏性剪切力的作用,抽吸被引射气流,并与之混合。引射混合的速率较慢,需要有很长的混合室才能充分混合,抽吸所需要的被引射气流流量。较长的混合室会导致较高的壁面摩擦损失和较大的重量代价。因而,这种常规形状的喷管,在引射混合器中的应用,受到了很大的限制。于是,改变喷管的形状,在主次流之间使用横向环流,增强混合的概念便应运而生。

把主喷管尾部的薄壁,曲折成周期波瓣的形状而形成的波瓣喷管,改变了引射混合的流场,如图 3 − 23 所示。在波瓣喷管的出口截面,以波瓣的轮廓线为界,主引射气流速度有一个沿波峰向外的横向分量,被引射气流速度则有一个沿波谷向内的环流,其环流的尺度与波瓣的高度有关。这样产生的大尺度的相互逆转的漩涡是非黏性的,具有对流性质。漩涡的指向与流动方向一致,称为流向涡。

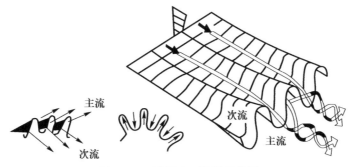

图 3 − 23　波瓣出口流场示意图

这种形状的波瓣喷管,不仅有流向涡加强主次流之间的混合,而且在同一个出口截面的条件下,波瓣喷嘴还有出口边界周长增加,使主次流之间的黏性剪切混合增强作用。因而,它可以在较短的混合室内,实现流体的充分混合。Prez 等人的研究结果表明,波瓣喷嘴引射器与常规喷嘴引射器相比,前者不仅尺寸短、重量轻,而且前者的引射流量比几乎是后者的 2 倍以上。

为了比较常规喷管与波瓣喷管的引射能力,以及研究波瓣喷管中流向涡与边界周长增加,这两项因素各自对提高引射能力的贡献,姜卫星等人专门设计了 3 种出口截面 A_p 相同的喷管:A,常规矩形喷管;B,波瓣扩张角为 30°,瓣高为 106mm 的拱门形波瓣喷嘴;C,瓣形完全与 B 相同。但后面加接一段沿出口瓣形平行延伸 125mm 的折卷板型喷管,如图 3 − 24 所示。根据 Eliott 的分析,为了保证折卷板型喷管出口速度中消除横向分量,波瓣形状平行延伸段的长度大于波瓣的瓣高即可。

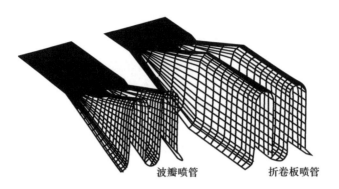

波瓣喷管　　　　折卷板喷管

图 3 - 24　波瓣喷管与折卷板喷管

设计折卷板喷管 C 的目的在于：抑制波瓣后的横向速度消除流向涡，而其出口周长却与波瓣喷管 B 的相同。这样，B、C 喷管的引射特性实验比较，即可显示流向涡在强化引射混合中的贡献；A、C 喷管的引射特性实验比较，即可显示剪切周长增加的贡献。

使用如图 3 - 25 所示的设备，对这三种喷管，在改变矩形混合室截面积 A_m，组成不同的截面比 A_m/A_p 条件下，完成了一系列的冷态引射特性实验。根据主次流流量测定获得的引射流量比，可把实验数据汇总见表 3 - 3。也可把这些实验数据用相关的曲线表示出来。

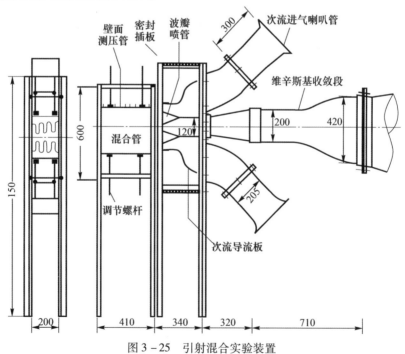

图 3 - 25　引射混合实验装置

从图 3 - 26 可见,波瓣喷管 B 的引射流量比 m_s/m_p,要比常规矩形喷管 A 的高出许多。且在不同的截面积比 A_m/A_p 下,引射流量比提高的数值是不同的。流量比 m_s/m_p 提高部分,由流向涡的贡献和黏性剪切的周长增加的贡献两部分组成。

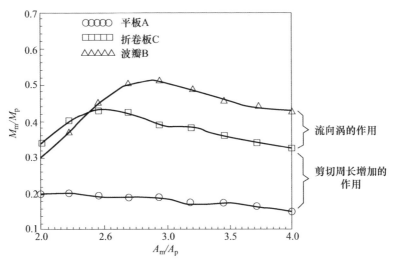

图 3 - 26　3 种喷管的引射实验结果

与常规矩形喷管 A 相比,量得折卷板喷管 C 出口边界的周长是矩形喷管的 4.4 倍,实验测出的折卷板喷管 C 的引射流量比的相对增加量都在 80% 以上,且增加量随截面积比 A_m/A_p 而变化。在所实验的截面比范围内,增加的流量比最大可达 130%,即折卷板喷管因剪切边界周长增加所获得的引射流量比,最大可为常规矩形喷管的 2.3 倍。

从波瓣喷管 B 与折卷板喷管 C 的引射流量比的比较,可以看出流向涡在提高引射流量比上的贡献。由表 3 - 3 中的数据可见,在较大的截面比时,波瓣喷管的引射流量比,均大于折卷喷管的数值,最大可把引射流量比提高 31.5%。但在截面比较小时,曲线与表列数据均出现了折卷喷管 C 的引射流量比波瓣喷管 B 的还高的现象。这主要是因为在 A_m/A_p 较小时,波瓣喷管出口横向向外的速度分量很快冲击到了混合室壁面,并反射回来,不仅破坏了流向涡的形成与发展,而且还破坏了喷管周边的分流与黏性剪切层作用。由此可见:引射流量比不仅与喷管形状有关,还决定于与之相配合的混合室的几何尺寸和形状,只有在最佳的组合下,才能发挥出最大的引射能力。

Waitz 等人对这三种喷管的引射混合作用也做了详细的研究,用一个无因次的标量混合度 M 概念比较了这三者沿流向的变化规律,结果如图 3 - 27 所示。

表 3-3　3种喷管改变截面比对引射器性能影响的实验数据

A_m/A_p		2.00	2.25	2.50	2.75	3.00	3.25	3.50	3.75	4.00
瓣高/mm	瓣角/(°)	引射流量比 m_s/m_p								
106	0	0.340	0.417	0.457	0.453	0.422	0.418	0.400	0.384	0.370
106	30	0.299	0.381	0.475	0.541	0.555	0.532	0.504	0.489	0.477
普通喷管		0.185	0.197	0.198	0.202	0.207	0.202	0.208	0.201	0.195
A_m/A_p		2.00	2.25	2.50	2.75	3.00	3.25	3.50	3.75	4.00
瓣高/mm	瓣角/(°)	折卷板喷管引射流量比较平板式喷管的提高量/%								
106	0	83.8	111.7	130.8	124.3	103.9	106.9	92.3	91.0	89.7
A_m/A_p		2.00	2.25	2.50	2.75	3.00	3.25	3.50	3.75	4.00
瓣高/mm	瓣角/(°)	波瓣喷管引射流量比较折卷板喷管的提高量/%								
106	30	−12	−8.6	4	19.4	31.5	27.3	26	27.3	29
A_m/A_p		2.00	2.25	2.50	2.75	3.00	3.25	3.50	3.75	4.00
		剪切混合长度和流向涡在强化喷管引射能力中的作用份额/%								
流向涡		—	—	6.5	26	38.2	34.5	35.1	36.5	37.9
剪切混合长度		—	—	93.5	74	61.8	65.5	64.9	63.5	62.1

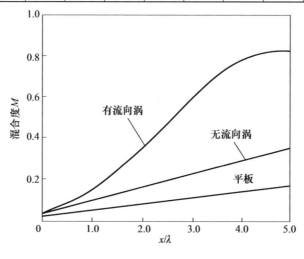

图 3-27　混合度比较

从混合度 M 的数值可见,波瓣喷管可在较短的流向距离内很快达到充分的混合。从 $x/\lambda=2\sim5$ 范围的曲线变化间距可见,流向涡对充分混合的贡献要比剪切周长增加的贡献大得多。关于波瓣喷管有无平行延伸段的无因被引射气流向环量 $\Gamma^*=\Gamma/u\lambda$(Γ 为速度环量,u 为平均速度,λ 为波瓣周长)沿流程 $X^*=X/\lambda$ 的变化规律,计算结果如图 3-28 所示,从图中可以看出,波瓣喷管出口的

流向环量 Γ 可达 $0.7 \sim 0.8$，而有了平行延伸段的折卷喷管，其出口的 Γ^* 为 $0.02 \sim 0.03$，是波瓣喷管的 $2\% \sim 3\%$，可见，流向涡残流作用是很小的，相比之下可以忽略不计。

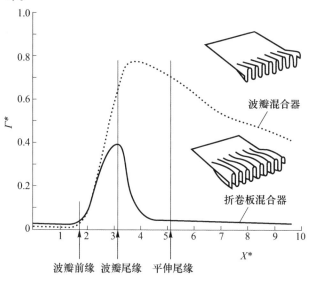

图 3-28　流向环比较

1. 波瓣喷嘴出口混合流场中的几种涡

波瓣喷管强化引射混合的原因，除了喷管出口边界周长增加使主、被引射气流之间的黏性剪切作用加大之外，就是旋涡引起对流混合作用的增强，这些旋涡包括流向涡、正交涡和马蹄涡等。

1）流向涡

流向涡是由特殊的波瓣几何形状在波瓣的谷、峰处，向内、向外各存在一定的扩张角，使在主次流中产生互为相反方向的横向分速度，从而才能在波瓣的两侧壁产生一对互相逆转，但方向与流动方向一致的旋涡，即流向涡或叫轴向涡。这种涡旋是非黏性的，在主次流之间产生对流性质的混合。流向涡的强度，可用计算域边界的封闭曲线积分 Γ 表示，即

$$\Gamma = \int_C V \mathrm{d}s \tag{3.36}$$

式中：C 为计算域边界的封闭曲线；V 为与曲线相切的速度向量。

根据 Stokes 定理，这个环量也等于所论计算域面积 A 之内旋涡流向分量的面积分，即

$$\Gamma = \int_C V \mathrm{d}s = \int_A \overline{W_s} \mathrm{d}A \tag{3.37}$$

显然,这种流向涡是随流向距离改变的,是沿着波瓣的两侧成正负交替的排列的。

正如图 3 – 29 所示的波瓣混合流动情况,假设波瓣的谷、峰位置各自从原来的喷管壁面向内、向外的扩张角分别为 α_p 和 α_s,波瓣的高度为 h,主、次流的速度为 V_p 和 V_s,波瓣的周长为 λ,那么对波瓣出口的封闭曲线,即可写出一个速度环量的估计值,即

$$\Gamma V_p h \tan\alpha_p + V_s h \tan\alpha_s \tag{3.38}$$

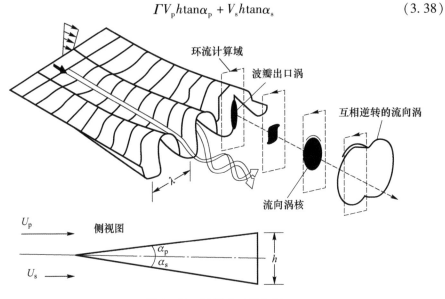

图 3 – 29　波瓣出口流向涡

如果取 $\bar{V} = \dfrac{1}{2}(V_P + V_s)$,$\alpha_p = \alpha_s = \alpha$,则上式可以简化为

$$\Gamma 2\bar{V} h \tan\alpha \tag{3.39}$$

或写成等式:

$$\Gamma = C\bar{V} h \tan\alpha \tag{3.40}$$

由此可见,流向涡的强度不仅与流动速度有关,而且与波瓣的几何参数有密切关系。常数取决于波瓣的几何形状,随波瓣出口下游位置变化。根据 Skebe 等人提出的理论模型的分析,得出波瓣喷管出口平面的环量有以下关系,即

$$\frac{\bar{\Gamma}}{Vh\tan\alpha} = 4 \tag{3.41}$$

这个理论值基本上跟由实验测量的环量数据相一致。图列举出了当流动为层流与湍流时,沿波瓣出口下游测量的 6 组环量值绘出的曲线。从图 3 – 30 可见,在流动方向流向涡的衰减是很快的,在 10 倍的瓣高下游,几乎衰减为 0。层流与湍流的环量值几乎相同。

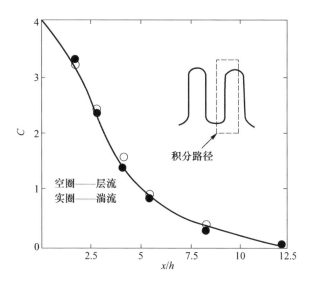

图 3 - 30　波瓣出口流向涡

2）正交涡

近 10 余年来,对波瓣喷管出口的混合流场进行了许多的测试与理论分析,观察到新的涡系。Manning 在麻省理工学院完成的博士论文中,为了研究具有流向涡的混合室中两种流体分子混合情况,在两种流体中分别投入活性酚酞和氢氧化钠溶液,当混合时在水中发生 pH 值的可视化反应,显示出鲜艳的红色,从而观察到在波瓣喷口出口存在有不稳定的 Kelvin Helmholtg 旋涡结构,他把这种旋涡称为正交于流向的涡,即正交涡。也有人把它称为方位涡、横向涡或者展向涡。这种旋涡是由于波瓣界面内外两种流体的速度差,在黏性剪切力的作用下,沿着边界线卷绕生成的,旋涡的指向与界面的走向一致,如图 3 - 31 所示。正交涡的初始尺寸与界面尾缘剪切层的厚度相当,所以它的作用尺度比流向涡要小得多。

图 3 - 31　正交涡和流向涡

3）马蹄涡

实际上,在波瓣喷管出口的每一对大尺度的相互逆转的流向涡之中,都表现出了来自马蹄涡的一部分。这种涡是包绕着波峰顶部突起的部分生成的。

Paterson 根据波瓣混合器的流量测量,提出了马蹄涡的观测结果,并且指出它是一项客观存在的事实。但是,在典型的波瓣几何参数下,它所产生的环量,在数值上要比流向涡和正交涡小得多。对于整个混合过程所起的作用是很小的,几乎可以忽略不计。图3-32表示的是这几种涡的结构示意图。从图中可以看出,正交涡相对于波瓣出口平面斜交了一个角度,从垂直于瓣谷低处高速流的方向脱体流出。而作用在正交涡顶部的一支马蹄涡,只能对正交涡的编组,给予少量的变形和拉伸。但是流向涡的作用就比较大了,它会使正交涡在波瓣的谷底膨胀起来,甚至跟随邻瓣的侧壁挤压。而且由于高低速流经过波瓣时边界层的厚度变化不同,使得高速流谷底处的正交涡有向主喷管中心偏移的现象。

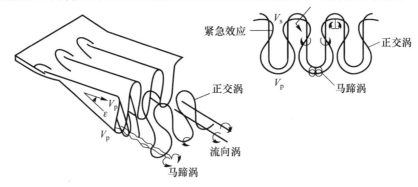

图3-32 波瓣喷口几种涡的结构示意图

2. 波瓣型面对引射器性能影响

波瓣曲折的型面可以呈正弦形或拱门形。Skebe 等人的实验表明,拱门形波瓣有效地减少了在波瓣谷底处低动量边界层流体的储积,使流体分布在谷底较宽的表面之上,并通过两侧平行的壁面避免了边界层的汇合。对于这两种型面的波瓣进行近似分析的结果表明,在波瓣出口的相对速度环量值,拱门形波瓣环量为

$$C = \frac{\Gamma}{Vh\tan\alpha} = 4 \tag{3.42}$$

正弦形波瓣环量为

$$C = \frac{\Gamma}{Vh\tan\alpha} = 2.4 \sim 3.3 \tag{3.43}$$

由此可见,在拱门形波瓣出口,可以产生较强的流向涡,具有较强的引射混合能力。实验观测结果表明,把壁面曲折成矩形的波瓣型面,会在棱角处产生小的二次旋涡,干扰大尺度流向涡的形成,不利于引射混合能力的提升。

3. 波瓣扩张角对引射器性能影响

相对于波瓣之前壁面的延伸线而言,有波瓣的外扩张角 α_{out} 和内扩张角 α_{in}

之分。于是总的扩张角 $\alpha = \alpha_{out} + \alpha_{in}$。已有文献对相同的拱门形波瓣,在保持同一瓣高和同一个瓣宽的情况下,改变波瓣的扩张角为 $\alpha = 25°,30°,34°,50°$ 和 $0°$ 五种角度,进行了一系列的不同截面比 A_m/A_p 下的冷态引射实验,根据主、次流量的测量数据,整理获得表 3 – 4 所列的结果。将测试结果绘制成曲线,如图 3 – 33 所示。从图 3 – 33 和表 3 – 4 可见,波瓣扩张角对引射流量比的影响很大。在 $A_m/A_p = 2.0 \sim 4.0$ 范围内,对于不同的波瓣扩张角,引射流量比峰值出现在不同的值之下,随着波瓣扩张角从 $0°$ 增加到 $50°$,引射流量比的峰值从 0.457 增加到 0.617,且与这峰值所对应的 A_m/A_p 也由 2.5 增加到 3.25。

表 3 – 4　波瓣角改变对引射特性影响的实验数据

A_m/A_p		2.00	2.25	2.50	2.75	3.00	3.25	3.50	3.75	4.00
瓣高/mm	瓣角/(°)	\multicolumn{9}{c}{引射流量比(m_s/m_p)}								
106	0	0.340	0.417	0.457	0.453	0.422	0.418	0.400	0.384	0.370
106	25	0.303	0.400	0.467	0.510	0.511	0.487	0.453	0.443	0.436
106	30	0.299	0.381	0.475	0.541	0.555	0.532	0.504	0.489	0.477
106	34	0.354	0.436	0.530	0.599	0.622	0.602	0.583	0.547	0.516
106	50	0.309	0.385	0.467	0.540	0.603	0.617	0.612	0.576	0.566

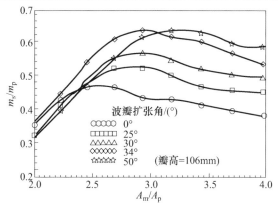

图 3 – 33　波瓣扩张角对引射流量比影响

4. 波瓣高度对引射器性能影响

文献对于扩张角 α 都是 $30°$,但是瓣高分别为 106mm 和 61mm 的两种波瓣喷管,在 $A_m/A_p = 2.5 \sim 4.0$ 范围内,进行了一系列的引射流量比 m_s/m_p 测量。结果如表 3 – 5 所列和图 3 – 34 所示。

从图 3 – 34 和表 3 – 5 可见,两种瓣高喷管的引射特性都有一个峰值存在,在 $h = 61$mm 和 $A_m/A_p = 2.5$ 时,峰值为 $m_s/m_p = 0.467$,在 $h = 106$mm 和 $A_m/A_p = 3.0$ 时,峰值为 $m_s/m_p = 0.555$。由此可见,增加瓣高与适当的 A_m/A_p 相配合可以

提高引射能力。在 $A_m/A_p < 2.5$ 时，瓣高小的引射流量比反而大于瓣高大的引射流量比。这是因为 A_m/A_p 较小时，瓣高大的喷管，波峰更靠近混合室的内壁面，主引射气流较早地冲击到壁面上，并且反射回来破坏了流向涡的强化混合作用。而在 $A_m/A_p > 2.5$ 时，由于瓣高为 $h = 106mm$ 的喷管，出口流向涡的尺度较大，而且比瓣高 $h = 61mm$ 的出口边界周长要大 58% ，所以瓣高大者一直有较高的引射流量比。

表 3 – 5   波瓣高度改变对引射特性影响的实验数据

A_m/A_p		2.00	2.25	2.50	2.75	3.00	3.25	3.50	3.75	4.00
瓣高/mm	瓣角/(°)	\multicolumn{9}{c}{引射流量比(m_s/m_p)}								
106	30	0.299	0.381	0.475	0.541	0.555	0.532	0.504	0.489	0.477
61	30	0.360	0.424	0.467	0.466	0.439	0.417	0.401	0.386	0.383
提高量/%		− 16.9	− 10.1	1.7	16.1	26.4	27.6	25.7	26.7	24.5

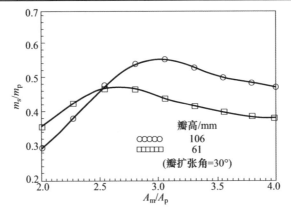

图 3 – 34   波瓣高度对引射流量比影响

5. 波瓣排列方式对引射器性能影响

Presz 等人就提出了两对边直排的波瓣喷嘴，波瓣成对开的排列，与错开的排列时，喷管出口流向涡的构成模式如图 3 – 35 所示。胡晖等人对这两种排列方式的喷管用同一个混合室进行了相应的比较实验（图 3 – 36）。结果表明，对开排列的波瓣引射流量比为 0.98，总压损失系数为 1.245。错开排列波瓣的数值分别为 1.02 和 1.342。由此可见，两对边的波瓣成错开排列方式时，因在出口产生了比较大尺寸的流向涡，因而取得了较大的引射流量比，但同时也付出了较大的总压损失。

6. 混合室几何参数对波瓣引射器性能影响

混合室必须与波瓣喷管形成良好的配合关系，才能获得优良的引射混合特性，此时主引射气流付出的损失代价最小。

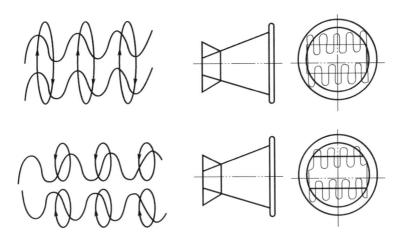

图 3-35　两种排列的流向涡　　图 3-36　两种排列的比较实验

　　Skebe 提出了一个最佳主次流截面比的概念。他认为除了波瓣的型面与几何参数之外波瓣喷管的性能与混合室的几何尺寸,特别是与主次流的截面比及混合室的长径比有着极为密切的关系。根据分析提出了如图 3-37 所示的性能特性示意图,表达了混合室的 A_s/A_p 和 L/D 这两个参数对引射流量比的影响,图中曲线的峰值代表了引射器系统的最佳性能。当或从这个最佳值改变时,引射器性能则迅速下降。由此可见,对某一个 A_s/A_p,只有唯一的一个 L/D 与之相对应,获得最佳的引射器性能。为了试图解释这种现象,用主引射气流与混合室壁面之间的接触情况做了示意说明,结果如图 3-38 所示。

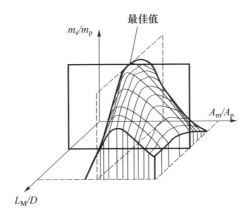

图 3-37　混合室与波瓣喷管的组合

　　图 3-38(a)表示引射系统的值小于最佳值的情况。此时,可以认为"主引射气流未充分得到利用(欠利用)"。高动量的主引射气流离开主喷管之后,过

早的碰到了混合室壁面,限制了它潜在的卷吸次流的作用空间,并使它从壁面反射回来,与自身混合,带来了高的黏性损失,降低了引射流量比。

图3-38(b)表示引射系统的值处在它的最佳状态,也就是主引射气流获得"充分得到利用"的状态。此时,主引射气流高动量的卷吸作用得到了充分发挥之后,才与混合室尾端的壁面相接触,从而获得了最大的引射流量比。

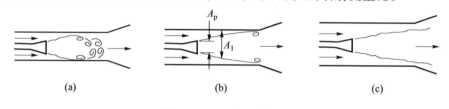

图3-38　三种配合情况

(a)欠利用状态($A_s/A_p <$ 最佳值);(b)充分利用状态($A_s/A_p =$ 最佳值);

(c)过度膨胀状态($A_s/A_p >$ 最佳值)。

图3-38(c)表示引射系统的值大于最佳值的状态,称为主引射气流"过度膨胀"状态。此时,主引射气流高动量的主引射气流,不能到达管壁面,不可能使整个混合室内的流动加速,管壁的压力恢复不良,造成引射流量比下降。而且混合室的截面积越是扩张,性能越是下降。

显然,如果对于小于最佳值的等截面混合室,在其尾部设计成扩张的扩压器形状,也可获得最佳的引射流量比,这已被许多研究所证实。

3.4.3　后缘开缝喷嘴引射技术

后缘开缝喷嘴有V形槽、垛形突起(沿流向)、方形槽等多种形式。其主要原理可以初步描述为开缝处主次气流间存在压力差,从而产生流向涡。因此,这种增混方式在超声速主气流欠膨胀的情形中效果更明显。同时由于开缝附件基本都平行于主气流流向,因此几乎没有主气流动量损失。

1. 圆形开槽喷嘴引射技术

为分析影响后缘开缝喷嘴引射器性能的引射,提高引射器混合效率。中国空气动力研究与发展中心在多喷嘴引射和多模块引射增混技术研究的基础上,又开展了基于单通道增混的后缘开缝喷嘴和波瓣喷嘴引射器设计研究。

实验所用引射器系统由三级等面积引射器构成,其主要参数见表3-6。三级引射器都采用12个喷嘴的多喷嘴空气引射方式。考虑到第一级引射器中喷嘴口径太小,增强混合喷嘴加工难度较大,而第三级引射器中来流不均匀性增加,将不便于对比研究,因此,基于增强混合的喷嘴放置在第二级引射器中。喷嘴的基本型是常规圆锥型喷嘴,在圆锥喷嘴后缘沿气流方向延长并开缝,由此形成后缘开缝喷嘴,如图 3-39 所示。

表 3-6　引射系统实验装置引射器设计参数

引射器	面积比	混合室长径比	引射马赫数	引射压力/MPa	增压比
第一级引射器	0.15	4.0	3.8	0.28	3.0
第二级引射器	0.20	4.0	3.8	0.83	3.0
第三级引射器	0.30	4.0	3.1	1.38	3.0

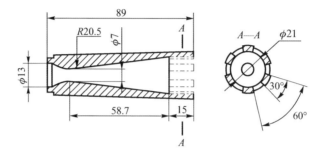

图 3-39　后缘开缝喷嘴结构示意图

根据开缝数目分别为 3 缝和 6 缝,一共有 2 套后缘开缝喷嘴。为便于分析比较,还设计瓣状喷嘴引射器,基本形式如图 3-40 所示。对两种喷嘴类型引射器,基于喷管喉道与出口面积比的马赫数是相等的。所有改型喷嘴的喉道尺寸都与常规圆锥喷嘴相同。

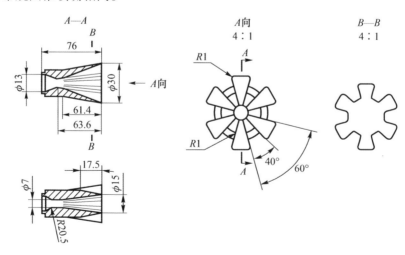

图 3-40　瓣状喷嘴结构示意图

实验测试了第一级引射器来流状态分别为 63.5g/s、40g/s、0g/s 种情况下的引射器性能。其中,63.5g/s 对应于设计点状态;0g/s 对应于整个引射器系统的零引射状态。这 3 种流量状态下共进行了 6 个工况的实验,列于表 3 - 7。

表 3 - 7　引射系统实验装置引射器设计参数

序号	m_s/(g/s)	p_{0s}/kPa	p_{0I}/MPa	p_{0II}/MPa	p_{0III}/MPa	实验状态
1	63.5	2.49	0.65	0.84	1.40	p_{0I} 对应设计点,p_{0II}、p_{0III} 对应三级引射器总体最佳性能点
2	63.5	2.40	0.42	1.09	1.46	p_{0I}、p_{0II}、p_{0III} 均对应引射器总体最佳性能点
3	40	4.87	0.60	0.84	1.41	p_{0I} 对应设计点,p_{0II}、p_{0III} 对应三级引射器总体最佳性能点
4	40	1.93	0.42	1.09	1.46	p_{0I}、p_{0II}、p_{0III} 均对应引射器总体最佳性能点
5	0	3.83	0.28	0.84	1.38	p_{0I}、p_{0II}、p_{0III} 均对应设计点
6	0	0.88	0.53	0.86	1.43	p_{0I}、p_{0II}、p_{0III} 均对应引射器总体最佳性能点

1) 不同引射喷嘴的总体引射性能比较

在第二级等面积引射器采用不同引射喷嘴时,引射器的增压比随引射效率的变化如图 3 - 41 所示。从图中可以看到,增强混合喷嘴普遍具有比基本型圆锥喷嘴更好的引射性能。其中性能最好的是 6 缝喷嘴,3 缝喷嘴次之。在 $k <$ 0.45 范围内,瓣状喷嘴的综合性能与 3 缝喷嘴接近;在 $k > 0.45$ 范围中,瓣状喷嘴逐渐接近圆锥喷嘴。瓣状喷嘴的这些表现可能与其动量损失性能有关。为了更为清晰地分析引射器性能随喷嘴形式的变化规律,对不同流量状态下的静压分布进行了测量分析。

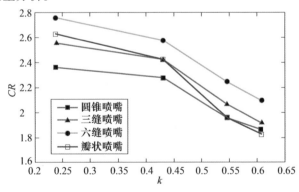

图 3 - 41　引射器的增压比随引射效率的变化

2) 设计点流量状态的引射压力分布

工况 1 和 2 对应于引射器设计点状态,相应的一级来流流量为 63.5g/s。工况 1 中各种喷嘴引射时对应的混合室侧壁静压分布与出口总压分布分别见图 3 - 42(a),(b)(其中 d_i 为混合室入口直径,R 为混合室出口半径)。

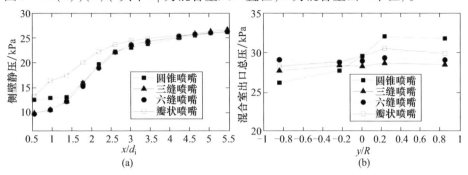

图 3 - 42 工况 1 引射器混合室压力分布
(a)混合室侧壁静压;(b)混合室出口总压。

从混合室侧壁上静压全程分布趋势来看,后缘开缝喷嘴与圆锥喷嘴的分布性能基本一致。而在混合室前半段,瓣状喷嘴的分布明显比圆锥喷嘴的分布要高些;在混合室后半段,两者间的差别逐渐减小,到混合室出口截面上所有喷嘴静压趋于一致。对于总压分布来讲,三缝喷嘴和六缝喷嘴对应的混合室出口截面总压分布最均匀,瓣状喷嘴情形次之。而所有增强混合喷嘴对应情形均比圆锥喷嘴好得多。侧壁静压和出口总压都可用于评价气流混合效果,因为引射器增压比定义为引射器出口和入口气流总压比,所以出口总压分布具有更重要的影响。综合总、静压分布性能,工况 1 中所有增强混合喷嘴都表现出明显的混合效果增强现象,而后缘开缝喷嘴效果比瓣状喷嘴效果更好,瓣状喷嘴静压分布明显较高,初步分析可能是喷嘴瓣片顶端对应的较大的径向气流速度影响结果。

工况 2 中各喷嘴引射对应的混合室侧壁静压分布与出口总压分布分别见图 3 - 43(a),(b)。从侧壁静压分布来看:紧靠喷嘴下游位置上,增强混合喷嘴的压力梯度依然比圆锥喷嘴大;瓣状喷嘴依然比圆锥喷嘴的静压分布高,但是其幅度比工况 1 中小;三缝、六缝喷嘴在混合初始段的差别不大,但三缝喷嘴在后期的侧壁静压增加最快,压力增加程度也最大。从总压分布来看,所有增强混合喷嘴均匀程度差距不大,而且都比圆锥喷嘴均匀程度好,都具有明显的增混效果。工况 2 对应引射器整体性能最佳点,其中第二级引射压力比设计点压力更大,引射气流欠膨胀效应更明显,因此三缝喷嘴表现出比在工况 1 中更好的增混效果与其增混原理是一致的;而六缝喷嘴的效果与三缝喷嘴效果有一定区别,这说明喷嘴改型的几何参数与引射气动参数之间存在优化问题,瓣状喷嘴的结果也表明了这一点。

3）非设计点流量状态的引射压力分布

实验工况 3 和 6 对应的非设计点状态,其值分别为 40g/s 和 0g/s,典型的第

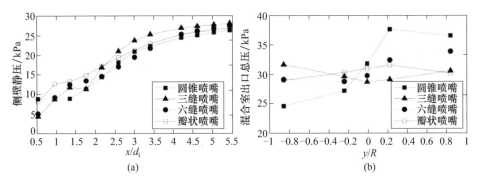

图 3－43　工况 2 引射器混合室压力分布

（a）混合室侧壁静压；（b）混合室出口总压。

二级引射器混合室侧壁静压和混合室出口总压分布见图 3－44（a）、（b）和 3－45（a）、（b）。这些压力分布的主要规律与设计点状态类似，即在混合初期，增强混合喷嘴对应更大的侧壁静压梯度，以及更均匀的混合室出口总压分布。这些分布规律都表明增强混合喷嘴具有更好的引射混合特性。

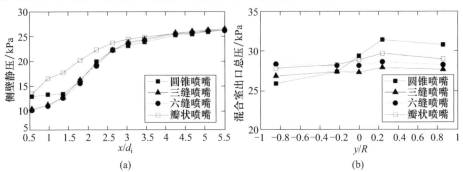

图 3－44　工况 3 引射器混合室压力分布

（a）混合室侧壁静压；（b）混合室出口总压。

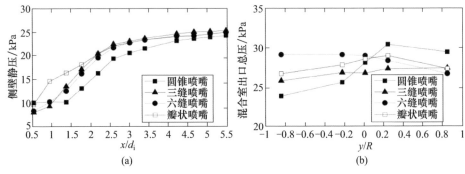

图 3－45　工况 6 引射器混合室压力分布

（a）混合室侧壁静压；（b）混合室出口总压。

综合比较不同喷嘴的引射性能及压力分布特性可以看出,即使在较高引射马赫数和增压比的情况下,后缘开缝喷嘴和花瓣喷嘴能够在多喷嘴引射的基础上进一步有效地增强主、被动气流的混合效果,加快混合过程,提高混合室出口截面总压分布均匀性。从实验结果也可以看出,六缝喷嘴的引射性能最好,三缝喷嘴次之;而且随着引射效率的增加,花瓣状喷嘴从与三缝喷嘴接近逐渐向圆锥喷嘴接近。

2. 矩形开槽喷嘴引射技术

关于后缘开槽的喷嘴引射技术,国外也做了大量研究工作。Marten 等人测试了欠膨胀情形下的引射器性能,研究表明,修改喷嘴后缘形状可以明显的增强超声速矩形射流的混合。M. Samimy 等人进一步开展了一系列对比实验。实验中采用一个长宽比为3.0,设计马赫数为2.0 的矩形喷嘴作为原型喷嘴,首先在这个喷嘴的一条长边上开缝,如图3-46 所示。

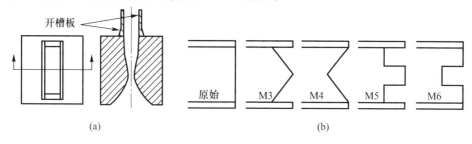

图3-46　后缘开槽喷嘴
(a) 原型喷嘴;(b) 单边开缝形式。

实验中干冷的射流气体与周围温暖潮湿的空气混合和会形成若干小冰粒或小水珠。再利用激光片光源垂直于主流方向照射,空气中的这些小微粒会散射,而且只有这些小微粒才会散射,这样就可以显示出气流的混合情况。对不同截面下不同喷嘴的混合照片的亮度进行分析,可以对其混合效果得出定量结果。实验结果表明在压比对应于名义马赫数1.5、1.75 的欠膨胀情形下,和压比对应于名义马赫数2.2、2.5 的过膨胀情形下不同开缝形式都具有不同程度的增强混合的效果(图3-47);而且直缝的效果强于斜缝。在压比对应于设计马赫数2.0 的完全膨胀情形下,几乎没有增强混合的效果。同时发现在欠膨胀和过膨胀情形下都可以降低波系噪声。这些都被认为是与喷嘴形状改变而产生的流向涡有关。关于流向涡的产生机制,通过对实验结果的分析认为,在流体的斜压性、由喷嘴上游来的与边界层相联系的涡层以及沿喷嘴开缝处的展向压力梯度这几个可能产生流向涡的机制中展向压力梯度是被认为是最主要的因素。其原理示意图见图3-48。

为了探索在两边开缝的情形下处于喷嘴对边的流向涡是否会相互影响,以

069

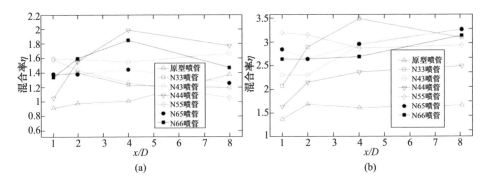

图 3 - 47　不同开缝形式的混合效果

（a）来流马赫数为 1.75；（b）来流马赫数为 2.50。

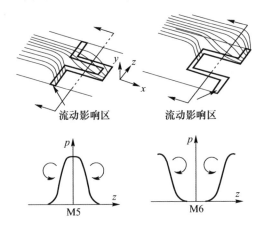

图 3 - 48　开缝喷嘴诱导流向涡的原理示意图

及这种开缝形式是否会造成引射气流的推力损失。M. Samimy 等人利用同样的原型喷嘴在喷嘴的两个长边上都开了缝,开缝形式如图 3 - 49 所示。

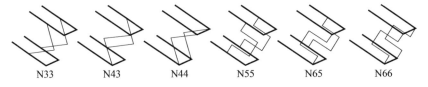

图 3 - 49　喷嘴双边开缝的方式

　　测试结果表明,在欠膨胀情形下,引射气体流出喷嘴后继续膨胀,旋涡之间的距离变大,这样喷嘴对边的流向涡之间的影响不明显;在过膨胀情形下,引射气体流出喷嘴后被压缩,旋涡之间距离变小,相互有一定影响;但也有明显的增混效果。与以往的实验一样,在完全膨胀情形下,没有展向压力梯度,因而没有明显的增混效果。对于这种喷嘴后缘修改形式,由于在修改的部分喷嘴的型面是平行于主流方向的,可以预测应该几乎没有推力损失。实验结果也证实了这个结论,见图 3 – 50。

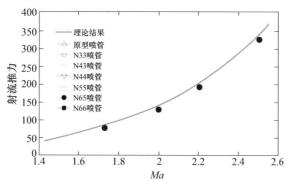

图 3 – 50   喷嘴后缘开缝对射流推力的影响

第4章　等压混合引射器

4.1　等压混合引射器工作原理

通过第3章的分析可以看出,等面积引射器的混合室为一等截面的部段,随着主被动气流的混合,沿混合室的轴线方向气流静压不断升高,在混合室出口得到均匀的混合气流。这种引射器目前应用最广泛,技术比较成熟。它的特点是尺寸较短,但效率一般,主要用于增压比不高的场合。

等压混合引射器的混合室由收缩段和平直段构成。在收缩段中,主被动气流在等静压条件下混合,沿轴线方向气流的静压基本保持不变。在平直段中,混合后的气流逐渐由超声速变为亚声速,沿轴线方向气流的静压不断升高。这种引射器的特点是引射效率高,但尺寸长。当引射器的增压比较高时,它和等截面混合引射器相比,在引射效率上具有明显的优势。

等压混合引射器的"等压混合过程"实际上是一种理论假设,假定通过一定的型面设计,使得在引射器混合室中实现主、被动气流的等压混合,即主动气流和被动气流的静压匹配(相等),并且等于混合后气流的静压。等压混合引射器设计中一个重要的问题是如何确定混合室的形状以保证实现"等压混合",Keenan等人在提出等压混合引射器理论时忽略了这个问题,至今也未见有人给出对等压混合过程的理论证明。但在实际应用中,采用等压混合理论获得的分析结果与实验结果是比较相符的。实验结果表明,采用收缩型的混合室,其混合室壁面静压基本上保持不变,即基本符合等压混合条件。

等压混合引射器的组成部分主要包括引射喷嘴(主动气流通道)、吸入室(被动气流通道)、混合室(收缩段)、第二喉道(等直段)和扩压段等,如图4-1所示。高压引射气体经喷嘴加速后进入吸入室,将吸入室内低压气体引射带入混合室,两种气流在混合室内进行动量交换和充分混合后,经第二喉道和扩压段减速增压排入大气或进入下一级系统。吸入室内被引射气体被大量带走,压力下降,于是不断有被引射气体补充进来,从而完成了输送和加压的功能。

类似于等面积引射器设计,一维等压引射器的设计理论,同样是建立在一系列基本假设基础之上,具体的假设条件同第2章中一维引射器设计理论采用的假设条件一致。等压引射器与等面积引射器的不同之处在于,等面积引射器假

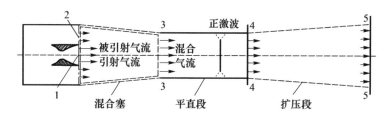

图 4 - 1　等压混合引射器示意图

设混合段的面积不变,而等压引射器的混合段面积是变化的,但等压引射器混合段内的静压是不变的。因此,在满足理想气体、静压匹配、等熵流等基本假设的基础上,等压引射器的一维设计理论也可由质量守恒方程、动量守恒方程、能量守恒方程和理想气体流量关系式完整描述。

描述等压引射器的质量守恒方程可表示为

$$m_p + m_s = m_m \tag{4.1}$$

描述等压引射器的能量守恒方程可表示为

$$m_p C_{pp} T_{0p} + m_s C_{ps} T_{0s} = m_m C_{pm} T_{0m} \tag{4.2}$$

忽略引射器混合室壁面的摩擦损失情况下,等压引射器内流场的动量守恒方程可表示为

$$m_m V_m - (m_p V_p + m_s V_s) = p_p A_p + p_s A_s - p_m A_m + \int p ds \tag{4.3}$$

式中: $\int p ds$ 为混合段侧壁面施加给流体的冲量。

根据等压引射器混合段的等压近似可知,引射气流入口静压 p_p、被引射气流入口静压 p_s 以及混合段出口的静压 p_m 满足:

$$p_p = p_s = p_m = p \tag{4.4}$$

关于侧壁面冲量对等压引射器内流场动量守恒关系的影响,考虑到等压引射器混合段内静压不变,则由等压关系可知:

$$\int p ds = - p (A_p + A_s - A_m) \tag{4.5}$$

因此,等压引射器内流场的动量守恒方程可简化为

$$m_m V_m - (m_p V_p + m_s V_s) = 0 \tag{4.6}$$

式(4.1)、式(4.2)、式(4.6)组成了等压引射器设计的基本方程组,结合理想气体流量关系、气动函数及静压匹配关系,可以对等压引射器开展设计和性能分析。

4.2 等压混合引射器设计计算

从前面的分析可以看出,尽管等面积引射器和等压引射器设计所需要的方程是相似的,但由于两种引射器的结构形式不同,使得等面积引射器和等压引射器的动量方程有较大差别。因此,在进行引射器设计计算时,设计方法也须作相应的调整。本节同样依据实际工程应用中常用的两类引射器设计问题,从一维引射器设计理论出发,对等压引射器的设计计算开展详细的分析。等压引射器的结构形式如图 4-1 所示,引射器也采用中心引射器方式。

4.2.1 基于压力恢复的等压引射器参数设计

类似于等面积引射器的设计计算,本节首先针对基于压力恢复的引射系统,对等压引射器的参数设计进行分析。对于该类型引射器,混合室入口引射气流和被引射气流参数的配置方式与等面积引射器一致。

不同于等面积引射器的等面积混合段设计,等压引射器混合室为一个面积收缩的锥形设计布局,为此需要给出混合室的收缩比 $\phi = \dfrac{A_m}{A_p + A_s}$。

在已知部分被引射气流参数(p_{0s}、T_{0s}、γ_s、μ_s、λ_s)和引射气流参数(T_{0p}、γ_p、μ_p、λ_p)的情况下,假定气流在混合室内完全充分混合,混合室出口混合气流的物性参数可以由混合室入口气流的物性参数得出,其计算公式与等面积引射器设计理论中的公式相同。

在等压引射器混合室入口,假定引射气流与被引射气流满足静压匹配,有

$$p_p = p_s \tag{4.7}$$

$$p_{0p}\pi(\lambda_p, \gamma_p) = p_{0s}\pi(\lambda_s, \gamma_s) \tag{4.8}$$

由此可求得引射气流的入口总压 p_{0p}。

根据理想气体流量关系式以及总压定义式可得

$$
\begin{aligned}
k = \frac{m_s}{m_p} &= \frac{C(R_s, \gamma_s)p_{0s}q(\lambda_s, \gamma_s)A_s}{C(R_p, \gamma_p)p_{0p}q(\lambda_p, \gamma_p)A_p}\sqrt{\frac{T_{0p}}{T_{0s}}} \\
&= \frac{C(R_s, \gamma_s)q(\lambda_s, \gamma_s)}{C(R_p, \gamma_p)p_{0p}q(\lambda_p, \gamma_p)}\frac{1}{\sqrt{\theta}}\frac{1-\alpha}{\alpha}
\end{aligned} \tag{4.9}
$$

在给定引射器引射系数 k 的情况下,由式可求得引射器面积比 α。

根据动量守恒方程(4.6),并引入速度系数 λ,可得速度系数表示的等压引射器动量守恒方程:

$$(1+k)\lambda_m\sqrt{\frac{2\gamma_m}{\gamma_m+1}R_mT_{0m}}=\lambda_p\sqrt{\frac{2\gamma_p}{\gamma_p+1}R_pT_{0p}}+k\lambda_s\sqrt{\frac{2\gamma_s}{\gamma_s+1}R_sT_{0s}} \quad (4.10)$$

在已知混合室出口气流物性参数的情况下,由式(4.10)可以得到混合室出口速度系数 λ_m。

然后,根据等压引射器混合室的等压条件,有:

$$p_m=p_p \quad\quad\quad\quad (4.11)$$

$$p_{0m}\pi(\lambda_m,\gamma_m)=p_{0p}\pi(\lambda_p,\gamma_p) \quad\quad (4.12)$$

由此可得:

$$p_{0m}=\frac{p_{0p}\pi(\lambda_p,\gamma_p)}{\pi(\lambda_m,\gamma_m)} \quad\quad\quad (4.13)$$

根据质量守恒可得:

$$m_m=m_p(1+k) \quad\quad\quad (4.14)$$

即

$$C(R_m,\gamma_m)p_{0m}q(\lambda_m,\gamma_m)=(1+k)C(R_p,\gamma_p)p_{0p}q(\lambda_p,\gamma_p)\sqrt{\frac{1+kc\theta}{1+kc}\frac{\alpha}{\phi}}$$

$$(4.15)$$

由式(4.15)可得等压引射器混合室收缩比 ϕ。

在等压引射器扩压段,若混合室出口气流为超声速气流,混合气流经过一道正激波或者激波串变成亚声速气流,假定混合气流经过正激波或激波串的总压恢复系数 σ_m 已知,亚扩段内的总压恢复系数 σ_D 已知,令 $\sigma_T=\sigma_m\sigma_D$;如果混合室出口气流为亚声速气流,则 $\sigma_T=\sigma_D$。至此,等压引射器的喉道、扩压段的内流场同样可由流量守恒关系及理想气体状态方程求得:

$$q(\lambda_m,\gamma_m)=\psi\sigma_m\sigma_Dq(\lambda_D,\gamma_m) \quad\quad (4.16)$$

式中:ψ 为引射器亚扩段的扩张比。

由式(4.16)可求得速度系数 λ_D,进而求得扩压段出口气流总压 p_{0D} 以及静压 p_D:

$$p_{0D}=p_{0m}\sigma_m\sigma_D \quad\quad\quad (4.17)$$

$$p_D=p_{0D}\pi(\lambda_D,\gamma_m) \quad\quad\quad (4.18)$$

则等压引射器的总压恢复系数可表示为

$$CR=\frac{p_D}{p_{0s}}=\frac{p_{0m}}{p_{0s}}\sigma_m\sigma_D\pi(\lambda_D,\gamma_m) \quad\quad (4.19)$$

至此,描述等压引射器性能的流动控制方程已经全部给出。在给定主引射气流和被引射气流状态参数、部分引射器结构参数的情况下,可根据预先给定的等压引射器性能参数,对部分引射器结构参数进行设计,具体的设计流程图如图 4-2 所示。

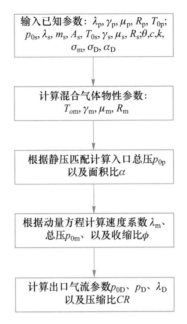

图 4-2　基于压力恢复的等压引射器设计流程

　　类似于等面积引射器的设计计算,在实际引射器设计中,有些类型的等压引射器压比是已知的,在进行设计计算时,引射器设计所需的控制方程基本不变,但求解和设计方法有较大的改变。

4.2.2　基于流动掺混的等压引射器参数设计

　　本节同样是针对某低温系统的排气引射器,对基于流动掺混的等压引射器参数设计问题进行分析。对于该类型等压引射器,引射器出口一般设置一个扩压段,等压引射器扩压段的出口静压为一个大气压,即 p_D 为已知量。被引射的环境空气总压 p_{0s} 也为一个大气压,也就是说,引射器压比 $CR=1$。对于给定的低温设备运行状态,排出的低温氮气流量 m_p、总温 T_{0p}、比热比 γ_p、分子量 μ_p、气体常数 R_p 也是已知量,但是排出低温氮气的最低运行总压 p_{0p} 与引射器的设计密切相关。另外,为保证排出气体的氧含量,被引射环境空气的质量 m_s 往往也是确定的,因此,排气引射器的引射系数 k 也是已知量,而且被引射气体为环境空气,气体的物性参数总温 T_{0s}、比热比 γ_s、分子量 μ_s、气体常数 R_s 也是已知量。为降低引射器的压损,引射气流的马赫数一般控制在不大于 0.7,因此,引射气流的流通面积 A_p 需要根据排气参数进行初步确定,也假定为已知量。需要确定的量主要为引射气流的入口总压 p_{0p}、速度系数 λ_p,被引射气流的流通面积 A_s、速度系数 λ_s,等压引射器混合段的出口总压 p_{0m} 以及混合室出口气流参数总温 T_{0m}、比热比 γ_m、分子量 μ_m、气体常数 R_m、速度系数 λ_m,等压引射器扩压段的

出口总压 p_{0D}、速度系数 λ_D。对于等压引射器,由于混合室为一个面积收缩的锥形设计布局,因此,混合室的收缩比 ϕ 也是一个待求解的量。

类似于等面积引射器的设计计算,在已知部分被引射气流参数(T_{0s}、γ_s、μ_s、R_s 和引射气流参数(T_{0p}、γ_p、μ_p、R_p)的情况下,假定气流在混合室内完全充分混合,混合室出口以及扩压段内混合气流的物性参数(T_{0m}、γ_m、μ_m、R_m、T_{0D}、γ_D、μ_D、R_D)可以由混合室入口气流的物性参数得出,其计算公式与等面积引射器设计理论中的公式相同。

根据理想气体流量关系式以及总压定义式可得:

$$m_p = C(R_p, \gamma_p) \frac{p_{0p} A_p}{\sqrt{T_{0p}}} q(\lambda_p, \gamma_p) \tag{4.20}$$

$$m_s = C(R_s, \gamma_s) \frac{p_{0s} A_s}{\sqrt{T_{0s}}} q(\lambda_s, \gamma_s) \tag{4.21}$$

$$m_m = C(R_m, \gamma_m) \frac{p_{0m} A_m}{\sqrt{T_{0m}}} q(\lambda_m, \gamma_m) \tag{4.22}$$

在等压引射器混合段内,由静压匹配关系可得:

$$p_p = p_s = p_m \tag{4.23}$$

$$p_{0p} \pi(\lambda_p, \gamma_p) = p_{0s} \pi(\lambda_s, \gamma_s) = p_{0m} \pi(\lambda_m, \gamma_m) \tag{4.24}$$

因此,式(4 – 20)可改写为

$$m_p = C(R_p, \gamma_p) \frac{p_{0s} \pi(\lambda_s, \gamma_s) A_p}{\pi(\lambda_p, \gamma_p) \sqrt{T_{0p}}} q(\lambda_p, \gamma_p) \tag{4.25}$$

对于等压引射器,在引射器混合段出口,排气引射器的混合段出口截面积 A_m 可表示为

$$A_m = \phi(A_p + A_s) \tag{4.26}$$

式中:ϕ 为等压引射器混合室收缩比。

根据质量守恒可得:

$$m_m = (1 + k) m_p \tag{4.27}$$

联合式(4 – 24)、式(4 – 26)、式(4 – 27),可得:

$$(1 + k) m_p = C(R_m, \gamma_m) \frac{p_s \pi(\lambda_s, \gamma_s) \phi(A_p + A_s)}{\pi(\lambda_m, \gamma_m) \sqrt{T_{0m}}} q(\lambda_m, \gamma_m) \tag{4.28}$$

根据等压引射器内流场的动量守恒关系式,忽略引射器混合室壁面的摩擦损失,可得速度系数表征的动量守恒方程:

$$(1 + k) \lambda_m \sqrt{\frac{2\gamma_m}{\gamma_m + 1} R_m T_{0m}} = \lambda_p \sqrt{\frac{2\gamma_p}{\gamma_p + 1} R_p T_{0p}} + k \lambda_s \sqrt{\frac{2\gamma_s}{\gamma_s + 1} R_s T_{0s}} \tag{4.29}$$

对于等压引射器,引射气流与被引射气流经过混合室后进入扩压段,这时混

合室出口气流为亚声速气流,假定亚扩段内的总压恢复系数 σ_D 为已知量。至此,等压引射器的喉道、扩压段的内流场同样可由流量守恒关系及理想气体状态方程求得:

$$q(\lambda_m,\gamma_m)=\psi\sigma_D q(\lambda_D,\gamma_m) \tag{4.30}$$

式中:ψ 为引射器亚扩段的扩张比。

由式(4.30)可求得速度系数 λ_D,进而求得扩压段出口气流总压 p_{0D} 以及静压 p_D:

$$p_{0D}=p_{0m}\sigma_D \tag{4.31}$$

$$p_D=p_{0D}\pi(\lambda_D,\gamma_m)=\sigma_D\pi(\lambda_D,\gamma_m)p_{0s}\pi(\lambda_s,\gamma_s)/\pi(\lambda_m,\gamma_m) \tag{4.32}$$

在式(4.21)中 A_s、λ_s 为未知量,式(4.28)中 A_s、λ_m、α 为未知量,式(4.25)中 λ_p、λ_s 为未知量,式(4.29)中 λ_p、λ_s、λ_m 为未知量,式(4.30)中 λ_m、λ_D 为未知量,式(4.32)中 λ_s、λ_m、λ_D 为未知量,6 个方程共包含 6 个未知量。因此,式(4.21)、式(4.25)、式(4.28)、式(4.29)、式(4.30)、式(4.32)组成的方程组即可完整表述该种类型等压引射器的参数设计问题。

对于方程组的求解,一般很难得到解析解,工程上一般采用数值求解的方法,具体的求解流程图如图 4-3 所示。

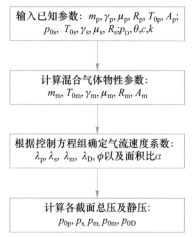

图 4-3　基于流动掺混的引射器设计流程

首先,根据引射器的实际运行特性,初步给定多个引射器入口处引射气流的速度系数 λ_{pi},对于每个给定的速度系数 λ_{pi},可根据式(4.25)确定一个正的速度系数 λ_{si};对于每个给定的速度系数 λ_{si},可根据式(4.29)确定唯一个混合段出口处的气流速度系数 λ_{mi};对于每个给定的速度系数 λ_{si},可根据式(4.21)确定唯一个的被引射气流通道截面积 A_{si};对于每一个给定的 λ_{si}、λ_{mi}、A_{si},可根据式(4.28)确定等压引射器混合室收缩比 ϕ。然后,将得到的值 λ_{mi} 代入式(4.30),

在已知扩压段总压恢复系数的情况下,可求得扩压段出口速度系数 λ_{Di}。

最后,将得到的值 λ_{si}、λ_{mi}、λ_{Di} 代入式(4.32),得到满足式(4.32)的即为速度系数 λ_{pi} 的真实解,对应的速度系数 λ_{si}、λ_{mi}、λ_{Di}、ϕ 以及通道截面积 A_{si} 即为引射器的设计值。

最后,根据气动函数的定义式,可求得混合段出口气流总压 $p_{0\mathrm{m}}$、被引射气流的静压 p_{s}、引射气流的气流总压 $p_{0\mathrm{p}}$ 等参数。

$$p_{0\mathrm{m}} = p_{\mathrm{m}}/\pi(\lambda_{\mathrm{m}},\gamma_{\mathrm{m}}) \tag{4.33}$$

$$p_{\mathrm{s}} = p_{0\mathrm{s}}\pi(\lambda_{\mathrm{s}},\gamma_{\mathrm{s}}) \tag{4.34}$$

$$p_{0\mathrm{p}} = m_{\mathrm{p}}/\left(C(R_{\mathrm{p}},\gamma_{\mathrm{p}})\frac{A_{\mathrm{p}}}{\sqrt{T_{0\mathrm{p}}}}q(\lambda_{\mathrm{p}},\gamma_{\mathrm{p}})\right) \tag{4.35}$$

至此,需要确定的引射气流入口总压 $p_{0\mathrm{p}}$、混合段气流出口总压 $p_{0\mathrm{m}}$、混合室收缩比 ϕ、被引射气流的流通面积 A_{s} 及混合室出口气流参数都已完全获得。

4.3 引射器性能分析

与等面积引射器的分析方法类似,本节依据基于压力恢复的引射器设计思路,对等压混合引射器的性能及其影响因素进行探讨。

4.3.1 引射马赫数和引射系数的影响

首先,考查引射系数 k 对等压引射混合器性能的影响,图 4-4 给出了等压混合引射器性能随引射系数的变化情况,同时还给出了相同参数下等面积混合引射器的计算结果。可以看出,当引射系数 k 较小时,等压混合引射器的压缩比远远高于等面积引射器,当 k 较大时,随着 k 的逐渐增大,两种引射器的压缩比逐渐趋近。从面积比 α、混合室收缩比 ϕ、混合室出口马赫数 Ma_{m} 及总压比 $\overline{p_{0\mathrm{m}}}$ 随 k 的变化曲线可以看出,当 $k \to 0$ 或者 k 很大时,ϕ 均接近 1,在这些情况下等压混合引射器的压缩比与等面积引射器接近;而当 k 较小时,混合室收缩比 ϕ 远小于 1,此时等压混合室的性能明显高于等面积引射器;在等压混合情况下,混合室出口马赫数 Ma_{m} 的大小直接反映了混合气流的总压高低及其压力恢复能力,随着 k 不断增大,Ma_{m} 逐渐由超声速值变成亚声速值,从而使压缩比 CR 不断下降。

图 4-5 给出了其他输入参数不变情况下,等压混合引射器性能随引射马赫数 Ma_{p} 的变化情况。可以看出,随着 Ma_{p} 的不断增大,等压混合引射器混合室收缩比 ϕ 不断减小,Ma_{m} 不断增大,其压缩比迅速增高。在相同 Ma_{p} 下,等压混合引射器压缩比高于等面积引射器,Ma_{p} 越大,两者的差别越大。

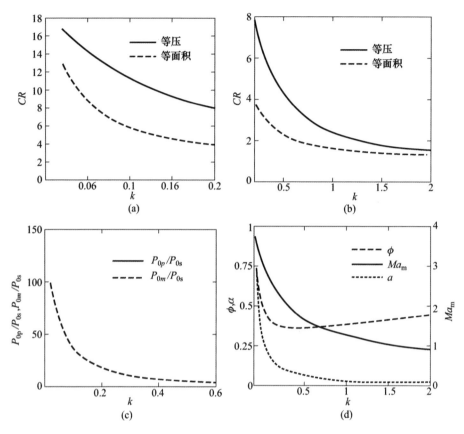

图 4-4　等压混合引射器性能随引射系数的变化情况
（a）低引射系数下压缩比的变化；（b）高引射系数下压缩比的变化；
（c）低引射系数下引射压比的变化；（d）高引射系数下收缩比及面积比的变化。

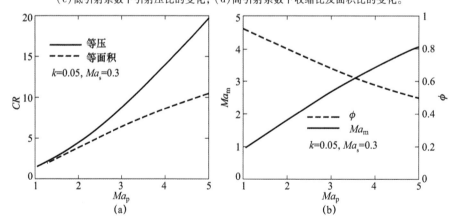

图 4-5　等压混合引射器性能随引射马赫数的变化情况
（a）压比随引射马赫数的变化；（b）出口马赫数及收缩比随引射马赫数的变化。

综上所述,当引射系数 k 较小、引射马赫数 Ma_p 较大时,等压混合引射器的压缩比远高于等面积引射器,此时等压混合引射器收缩比 ϕ 较小。

4.3.2 总温比分子量的影响

在探讨等面积引射器性能时已发现,在维持 $k\sqrt{\mu_\mathrm{p}/\mu_\mathrm{s}}=\mathrm{Constant}$ 的情况下,当 k 在较大范围内变化时,引射器的压缩比 CR 几乎保持不变,它体现了总温比分子量之比对等面积引射器性能的影响,下面在探讨总温比和分子量之比对等压混合引射器性能的影响时借用这一研究方法。

图 4-6(a)给出了在维持 $k\sqrt{\theta}=\mathrm{Constant}$ 的情况下,等压混合引射器性能随 k 的变化情况。可以看出,当 k 在较大范围内变化时,面积比 α 保持不变,这与一维流量公式是一致的;混合室收缩比 ϕ 略有上升,引射器压缩比 CR 有一定程度的下降。但考虑到 k 有 4 倍的变化幅度,而总温比 θ 有 16 倍的变化幅度,这在实际应用中是不可能出现的,当实际应用中的 θ 仅在几倍范围内变化时,在 $k\sqrt{\theta}=\mathrm{Constant}$ 维持的情况下,CR 变化很小,在近似评估 θ 的影响时,可以认为 CR 保持不变。

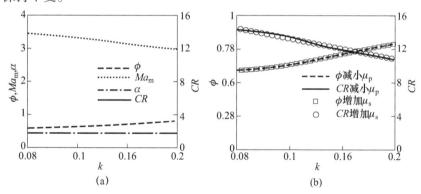

图 4-6 总温比与分子量之比对等压混合引射器性能的影响

(a)维持 $k\sqrt{\theta}=\mathrm{Constant}$ 情况下,等压混合引射器性能随 k 的变化;

(b)维持 $k\sqrt{\mu_\mathrm{p}/\mu_\mathrm{s}}=\mathrm{Constant}$ 情况下,等压混合引射器压缩比 CR 随 k 的变化。

图 4-6(b)给出了维持 $k\sqrt{\mu_\mathrm{p}/\mu_\mathrm{s}}=\mathrm{Constant}$ 的情况下,等压混合引射器压缩比 CR 随 k 的变化情况。计算表明,当 k 在较大范围内变化时,CR 有一定程度的下降,而当 k 增加时,通过减小 μ_p 或者增大 μ_s 的办法得到随 k 变化曲线是重合的,这说明压缩比的影响因素不是引射气流和被引射气流的绝对分子量,而是分子量之比。应当说明的是,这里 k 有 4 倍的变化范围,而 $\mu_\mathrm{p}/\mu_\mathrm{s}$ 的变化范围达到 16 倍,这在实际应用中也是不可能的,当实际应用中 $\mu_\mathrm{p}/\mu_\mathrm{s}$ 在较小范围内变化时,在维持 $k\sqrt{\mu_\mathrm{p}/\mu_\mathrm{s}}=\mathrm{Constant}$ 的条件下,可以认为 CR 维持不变。

综上所述,在维持 $k\sqrt{\mu_p/\mu_s} = \text{Constant}$ 的条件下,当 k 在较大范围内变化时,等压混合引射器的压缩比 CR 有一定程度的下降,但在实际应用中,当 k 的变化范围不大时,可以近似认为 CR 保持不变。

4.3.3 被引射气流马赫数的影响

图 4 - 7 表明,随着 Ma_s 的增大,一方面总压比 $\overline{P_{0P}}$ 减小,这使得压缩比 CR 下降;另一方面,被引射气流入口通道面积减小,α 增大,这使得引射器体积效率提高,压缩比 CR 增大。当 k 较小时,第一种因素其主要作用,因此,CR 在较小的最佳 Ma_s 情况下获得最大值;当 k 较大时,第二种情况其主要作用,最佳 Ma_s 的值较大。

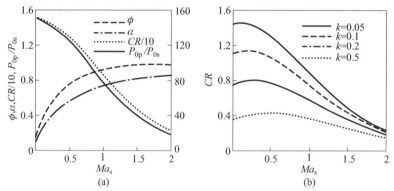

图 4 - 7 被引射气流马赫数对等压混合引射器性能的影响
（a）$k = 0.05$ 时等压引射器性能随被引射气流马赫数的变化；
（b）不同 k 情况下等压引射器压缩比随被引射气流马赫数的变化。

这里是在保持被引射气流总压 p_{0s} 不变情况下探讨 Ma_s 的变化对引射器性能的影响的,它没有考虑 Ma_s 调整过程中 p_{0s} 的损失,实际进行等压引射器设计时,Ma_s 优化值的选取要充分考虑多种因素的限制。

4.3.4 比热比的影响

图 4 - 8(a)给出了其他输入参数不变的情况下,等压混合引射器性能随比热比 γ_p 的变化情况。计算表明,随着 γ_p 的增大,在 Ma_p、Ma_s 保持不变的情况下,总压比 $\overline{P_{0P}}$ 下降,面积比 α 减小,混合室收缩比 ϕ 变化不大,而压缩比 CR 仅略有下降。在总压比 $\overline{P_{0P}}$ 大幅度下降的情况下,压缩比 CR 仅略有下降,面积比 α 反而减小,这使得引射器的体积效率提高,因此,在设计引射器时选取 γ_p 较大的引射器工质是有利的,γ_p 的选取对引射器的设计影响较大。

图 4 - 8(b)给出了其他输入参数不变的情况下,等压混合引射器性能随比热比 γ_s 的变化情况。计算显示,γ_s 对引射器的性能影响不大。

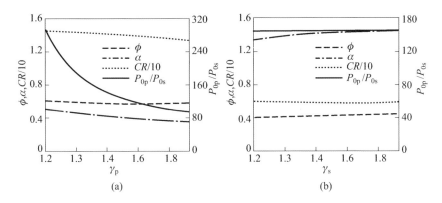

图 4 - 8 比热比对等压混合引射器性能的影响
（a）比热比 γ_p 对等压混合引射器性能的影响；（b）比热比 γ_s 对等压混合引射器性能的影响。

4.4 引射器启动特性

引射器主要是借助主引射气流的引射作用,带动被引射气流达到预定的状态。因此,在引射器开始工作之前,首先需要在引射管道内建立起稳定的流场之后才具备一定的引射能力。对于主引射气流为亚声速的引射器,引射通道内流场的建立并不复杂,但对于主引射气流为超声速的引射器,引射通道内流场的建立则复杂得多。因此,讨论引射器的启动性能,主要是指超声速引射器。

超声速引射器启动工况的流动过程是一个典型的非定常过程,并包含了主动流与被动流之间的湍流混合,其流动机理非常复杂,至今未得到清晰的认识。然而,启动工况是超声速引射器能够正常工作所必须经历的过程,启动后引射器能正常工作的工况不一定能保证引射器在此工况下启动,设计不适当的超声速引射器,其启动压力过高,受气源压力的限制,引射器往往无法正常启动,因此,超声速引射器的启动研究是超声速引射器研究的重要组成部分。

等压混合引射器中引入了第二喉道,可以大大提高引射扩压系统压力恢复能力,但第二喉道的存在使得超声速引射器的启动问题更加复杂。第二喉道的参数设计不当的话,将导致超声速引射器的启动压力过高,甚至无法实现启动。因此,对超声速引射器第二喉道的极限收缩比和引射器最小启动压力的确定相当关键。

4.4.1 引射器启动过程

超声速引射器启动是一个非常复杂的非定常过程,启动主要包括两个过程,即零引射启动、带负荷引射启动,零引射启动主要是指被引射气流入口端关闭,被引射气流流量为零;带负荷引射启动主要是指在引射器的零引射启动完成后,开启被引射气流入口端,被引射气流在主引射气流作用下建立起预定流场的过程。零引射启动过程主要包括主引射喷管的超声速流场启动、混合室内超声速流场建立、平直段内流场减速增压、扩压段内流场经正激波后边为亚声速。关于带负荷引射启动过程,按照被引射气流的亚声速或超声速,又分为两种情况。对于被引射气流为亚声速的情况,带负荷引射启动过程比较简单;而对于被引射气流为超声速的情况,带负荷引射启动过程则比零引射启动过程更为复杂,目前还没有系统的理论进行分析。

本节借助一典型超声速等压引射器内流场的建立,分析超声速引射器零引射启动所经历的不同阶段。首先,在主引射喷管入口总压的作用下,主引射喷管内的超声速流场初步建立起来,同时在出口背压作用下,使得主引射气流经一激波串变为亚声速。随着来流总压的不断增加,激波串逐渐向下游移动,当总压达到一定值时,激波串完全退出主引射喷管,此时,主引射喷管完成启动,如图4-9所示。该过程类似于超声速风洞的启动过程,启动压力主要受喷管出口气流马赫数的影响,马赫数越高,启动压力也越大。

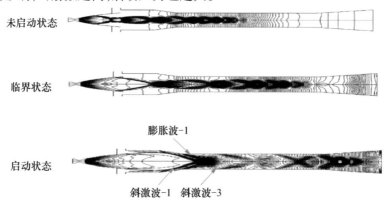

图4-9 引射器不同启动状态下的马赫数等值线分布

超声速等压引射器启动的第二个阶段是混合室内超声速流场的建立,在主引射喷管完成启动后,随着来流总压的继续增加,混合室静压低于喷管出口静压,在喷管出口,气流继续膨胀加速,气流静压沿流向不断降低,总压不变,膨胀气流沿着自由边界撞击在混合室壁面,在撞击点处形成一道斜激波(称为斜激波1),斜激波1在中心轴上与它的对称激波相交,然后反射为斜激波2,强度变弱,经过该激波相交点之后,静压产生阶跃升高,总压损失巨大。之后,斜激波2与由平直段入口处产生的膨胀波1相交产生强度更弱的激波3和膨胀波2;经过膨胀波2,静压值回落,并且在遇到下一个激波相交点时,静压再次升高,总压值再次降低。激波3撞击在平直段壁面处并反射,形成新的激波相交点,静压再次升高,总压值再次降低。经过一系列激波结构后,总压不断损失,气流速度不断降低,静压也逐渐升高。最后,在平直段出口附近,由于出口背压的存在,激波与壁面附面层相遇时,激波形成很高的逆压梯度会导致附面层分离,附面层分离又产生新的分离激波,如此循环,就形成了复杂的激波串结构,称为拟激波串结构。气流在这种激波串结构中,总压不断损失,速度逐渐由超声速变为亚声速,静压在不断波动过程中升高至出口背压。至此,引射器的零引射启动完成,引射器混合室、平直段内充满超声速气流,扩压段出口为亚声速气流,被引射气流出口端的静压很低,且不受扩压段出口背压的影响。

超声速等压引射器启动的第二个阶段是混合室内超声速流场的建立,在主引射喷管完成启动后,随着来流总压的继续增加,混合室静压低于喷管出口静压,在喷管出口,气流继续膨胀加速,气流静压沿流向不断降低,总压不变,膨胀气流沿着自由边界撞击在混合室壁面,在撞击点处形成一道斜激波(称为斜激波 1),斜激波 1 在中心轴上与它的对称激波相交,然后反射为斜激波 2,强度变弱,经过该激波相交点之后,静压产生阶跃升高,总压损失巨大。之后,斜激波 2 与由平直段入口处产生的膨胀波 1 相交产生强度更弱的激波 3 和膨胀波 2;经过膨胀波 2,静压值回落,并且在遇到下一个激波相交点时,静压再次升高,总压值再次降低。激波 3 撞击在平直段壁面处并反射,形成新的激波相交点,静压再次升高,总压值再次降低。经过一系列激波结构后,总压不断损失,气流速度不断降低,静压也逐渐升高。最后,在平直段出口附近,由于出口背压的存在,激波与壁面附面层相遇时,激波形成很高的逆压梯度会导致附面层分离,附面层分离又产生新的分离激波,如此循环,就形成了复杂的激波串结构,称为拟激波串结构。气流在这种激波串结构中,总压不断损失,速度逐渐由超声速变为亚声速,静压在不断波动过程中升高至出口背压。至此,引射器的零引射启动完成,引射器混合室、平直段内充满超声速气流,扩压段出口为亚声速气流,被引射气流入口处的静压很低,且不受扩压段出口背压的影响。

在等压引射器的零引射启动完成后,开启被引射气流入口端,开始带负载(被引射气流)的引射器启动。由于被引射气流出口端的静压很低,在开启被引射气流入口端以后,被引射气流在来流总压的作用下,进入等压引射器混合室内,与主引射气流进行掺混。之后,主引射气流与被引射气流相互挤压,主引射气流的斜激波减弱,且位置向下游移动;被引射气流在混合室以及平直段内的加速、增压。在引射器平直段出口,主引射气流与被引射气流完成掺混。最后,在引射器扩压段内,超声速气流经过一正激波或激波串完成带负载的引射器启动。

从引射器的启动过程可以看出,引射器的启动过程,就是超声速气流经过复杂激波系,总压不断减小,静压不断增加的过程。引射器启动总压的大小,决定了引射器的启动性能。为降低引射器的启动总压,减小超声速气流的压损,引射器一般都设置一个面积较小的平直段,充当二喉道的作用,使得混合气流在平直段的马赫数进一步减小,低马赫数超声速气流在扩压段内经过一道正激波,变为亚声速气流,可进一步降低总压损失。

4.4.2 引射器启动特性理论

从引射器的启动过程分析可以看出,超声速气流从喷管喉道经过一道启动正激波向下游推进的过程中,波前马赫数是逐渐增加的,高马赫数激波引起的压损也会急剧增加,最终导致来流总压必须相应增加,才能推动启动激波向下游移动。马赫数最高的位置,也就是压损最大的位置。但随着启动激波的继续移动,由于混合室径向尺寸的不断减小,马赫数是逐渐减小的,这也使得压损逐渐减小,直至引射器的平直段,压损最小。对于设置了收缩段和平直段的超声速引射器,引射器一旦启动后,其运行压力是小于启动压力的。但如果收缩段的收缩比设置的过小,引射气流在减速增压的过程中,在未进入平直段入口处已变为亚声速气流,来流总压不足以维持启动激波进一步向下游推进,引射器将无法正常启动。因此,对于等压引射器收缩段设计,类似于二喉道设计,是影响引射器启动特性的重要因素,其中重要的参数就是引射器处于临界启动状态的收缩段收缩比,即极限收缩比。

1. 基于一维控制体的启动性能分析方法

类似于二喉道的超声速引射器平直段设计,对超声速引射器性能的提高具有非常重要的作用,但同时也给引射器的启动带来了诸多问题。目前,关于引射器启动的理论较少,普遍采用的是类似于超声速风洞启动性能分析的一维控制体理论分析方法。

根据高速可压缩流的激波损失理论,高速气流经过一道正激波后的总压比可表示为

$$\sigma = \frac{p_{02}}{p_{01}} = \left(\frac{2\gamma}{\gamma+1} Ma_1^2 - \frac{\gamma-1}{\gamma+1} \right)^{-\frac{1}{\gamma-1}} \left(\frac{(\gamma+1)Ma_1^2}{(\gamma-1)Ma_1^2+2} \right)^{\frac{\gamma}{\gamma-1}} \tag{4.36}$$

式中:下标 1 代表激波前的状态参数,下标 2 代表激波后的状态参数。

在引射器启动过程中,当启动激波到达混合室入口端时,对应的马赫数是最高的,对应的激波损失也是最严重的。在估算引射器启动压比时,可大致认为最高马赫数对应的压比即为启动压比,并作适当修正。影响引射器启动压比修正量的因素主要包括扩压段损失和壁面摩擦损失。

对于亚声速扩压段中的流动,气流参数的变化可表示为

$$\frac{p}{\rho^{\frac{\eta\gamma}{\eta\gamma-\gamma+1}}} = C \tag{4.37}$$

若 $\eta = 1$，即为等熵过程；若 $\eta = 0$ 则 $p = C$，表示在扩压段中流动时，压力没有任何恢复而保持不变。

设扩压段出口截面的流场参数以 m 为脚注，并近似认为是处于滞止状态，不考虑热交换，在绝热流近似下，有

$$\frac{p_m}{p_2} = \left(1 + \frac{\gamma - 1}{2}Ma_2^2\right)^{-\frac{\eta\gamma}{\gamma - 1}} \tag{4.38}$$

结合混合室内马赫数的正激波损失，可得引射器的启动压比为

$$\frac{p_1}{p_m} = \frac{p_1}{p_{02}}\frac{p_{02}}{p_2}\frac{p_2}{p_m}$$

$$= \left(\frac{2\gamma Ma_1^2 - (\gamma - 1)}{\gamma + 1}\right)^{-\frac{1}{\gamma - 1}}\left(\frac{(\gamma - 1)Ma_1^2 + 2}{(\gamma + 1)Ma_1^2}\right)^{\frac{\gamma}{\gamma - 1}}\left(1 + \frac{\gamma - 1}{2}Ma_2^2\right)^{\frac{(1 - \eta)\gamma}{\gamma - 1}} \tag{4.39}$$

其中，$Ma_2^2 = \dfrac{(\gamma - 1)Ma_1^2 + 2}{2\gamma Ma_1^2 - (\gamma - 1)}$

对于一般亚声速扩压器，η 值最高可达 0.9。在推导以上公式时，没有考虑黏性影响，尤其是正激波后可能出现的流体分离，所以在一般计算时可取 0.75。

2. 基于特征线的启动性能分析方法

上述分析方法并没有考虑被引射气流入口区域静压的影响，而以往的研究表明，盲腔静压对引射器的启动性能也有非常重要的影响。为此，Chow 等人采用特征线方法（MOC）结合 Korst 再压缩判据（KRC）对引射器的零被引射气流和较小被引射气流流场进行了分析。吴继平等人将 MOC - KRC 分析方法与一维控制体分析方法结合起来，对带第二喉道的引射器启动性能进行了建模分析。下面详细介绍该类描述引射器启动性能的分析方法。

1）流动模型

如图 4 - 10 所示，假定超声速主引射气流膨胀到一个压力为 p_c 的区域中。在此过程中满足以下假设：直到射流与引射管道壁面相交之前的区域均为常压；在交点 R 处，气流与壁面相交产生一道斜激波。

首先，假设主引射气流与静止气流沿着射流边界由于混合而引起的卷吸发生在常压下。这样就可以采用均一气流与静止气流之间的二维湍流混合来模拟引射、被引射气流的混合分量（图 4 - 11）。在此基础之上，通过射流边界的流动条件来定义混合区，并将混合区置于无黏射流边界上的当地坐标系内。这样定义的混合区在此坐标系内以二维的形式叠加在射流边界上，并满足连续方程和动量守恒关系式。

通过 Korst 再压缩机制以及尾迹区的质量与能量守恒可以将无黏流场与混合区联系起来。而"再压缩判据"则被用来识别混合区内哪一条流线拥有足够的机械能能够被压缩到主引射气流射流与引射管道壁面交点 R 下游的高压区。

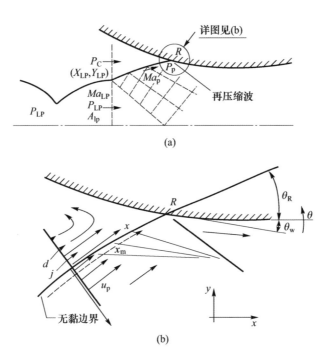

(a)

(b)

图 4 - 10　零被引射气流流动模型

（a）流动模型；（b）局部区域。

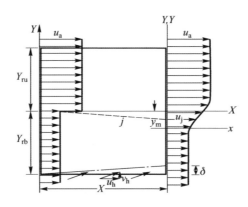

图 4 - 11　两气流常压湍流混合模型

2）主引射气流流场

主引射气流流场采用无旋轴对称超声速流动特征线分析方法进行分析。假设沿着引射喷管出口角点(x_{1p},y_{1p})发出的右行特征线上各点流动状态已知，气流膨胀到压力p_c，这个反压p_c沿射流边界为常数。有了这些条件，就足够求解后面的流场。详细的特征线计算方法在此不再赘述。

Korst 二维常压湍流混合理论是分析混合分量的基础。已有文献中给出了详细的描述,在此仅简要给出其中比较重要的关系式。

首先,如图 4-11 所示,假设混合区的无因次速度型具有以下形式:

$$\varphi = \frac{u}{u_a} = \frac{1+\varphi_a}{2} + \frac{1+\varphi_b}{2} erf(\eta) \tag{4.40}$$

其中,$\eta = \sigma_1 \zeta/\tau$,$(\zeta, \tau)$ 为当地坐标系中的坐标,$\varphi_b = 1$。对于零被引射气流情况,$\varphi_b = 0$,σ_1 是单股气流引射静止气流的混合相似参数,该参数为气流马赫数的函数,一般取为 $\sigma_1 = 12 + 2.758Ma$。

$$erf(\eta) = \int_0^\eta e^{-\xi^2} d\xi \tag{4.41}$$

流线 j 的物理意义是将混合区中两股气流分隔开的流线,称为"射流边界流线"。对于流线 j 有

$$I_1(\eta_j) = (I_1(\eta_{Ra}) - I_2(\eta_{Ra}))/(1 - \varphi_b) \tag{4.42}$$

其中,$I_1(\eta)$、$I_2(\eta)$ 为两个积分式,分别为

$$I_1(\eta) = \frac{(1 - C_a^2)\varphi_b \eta_{Rb}}{T_{tb}/T_{ta} - C_a^2 \varphi_b^2} + \int_{\eta_{Rb}}^\eta \frac{(1 - C_a^2)\varphi}{\Lambda - C_a^2 \varphi^2} d\varphi \tag{4.43}$$

$$I_2(\eta) = \frac{(1 - C_a^2)\varphi_b^2 \eta_{Rb}}{T_{tb}/T_{ta} - C_a^2 \varphi_b^2} + \int_{\eta_{Rb}}^\eta \frac{(1 - C_a^2)\varphi^2}{\Lambda - C_a^2 \varphi^2} d\varphi \tag{4.44}$$

式中,C 为克罗克数:

$$C = \frac{Ma^2}{2/(\gamma - 1) + Ma^2} \tag{4.45}$$

Λ 为整个混合区中与速度场相关联的滞止温度分布:

$$\Lambda = \frac{T_t}{T_{ta}} = \frac{T_{tb}}{T_{ta}} \left[\frac{1-\varphi}{1-\varphi_b} \right] + \frac{\varphi - \varphi_b}{1 - \varphi_b} \tag{4.46}$$

如果考虑由无黏射流和引射管道定义的整个尾迹区,则该区域的质量守恒要求在该区域卷入的净流量为零。如果流线 d 恰好拥有足够的机械能能够从尾迹区逸出,但是流线 d 与射流边界流线 j 不重合,即 $y_d = y_j$,则问题最终归结为寻找一个合适的 p_c,使得流线 d 与流线 j 重合。

3. Korst 再压缩判据

只需对混合区应用守恒方程就可以识别出流线 j。然而,流线 d 的确认只能将混合现象与无黏流场联立求解,这就要用到"再压缩判据"。

Korst 等人的再压缩判据中将那条恰好有足够机械能将尾迹区压力 p_c 压缩到激波后的高压区 p_{shk} 的流线确定为流线 d。流线 d 经过压缩后的转折角为

$$\theta = \theta_R - \theta_w \tag{4.47}$$

对于假定的 p_c 值，射流边界上的马赫数 Ma_p，可由特征线方法求解无黏流场得到。由此，采用数值方法由斜激波关系式可迭代求解激波角 β：

$$\tan\theta = \frac{Ma_p^2\sin^2\beta - 1}{\left[Ma_p^2\left(\frac{\gamma+1}{2} - \sin^2\beta\right) + 1\right]\tan\beta} \tag{4.48}$$

在激波角 β 已知后，即可求得斜激波前后压比：

$$\frac{p_{shk}}{p_c} = \frac{2\gamma}{\gamma+1}Ma_p^2\sin^2\beta - \frac{\gamma-1}{\gamma+1} \tag{4.49}$$

这样，根据流线 d 的定义：

$$\frac{p_{td}}{p_d} = \frac{p_{shk}}{p_c} \tag{4.50}$$

则流线 d 的速度系数为

$$\lambda_d = \left(\frac{\gamma+1}{\gamma-1}\right)^{\frac{1}{2}}\left[1 - (p_{td}/p_d)^{-\frac{\gamma-1}{\gamma}}\right]^{\frac{1}{2}} \tag{4.51}$$

对于等熵问题，流线 d 的速度比为

$$\varphi_d = \frac{\lambda_d}{\lambda_p} \tag{4.52}$$

若对于任意小的量 E 有：

$$|\varphi_d - \varphi_j| \leqslant E \tag{4.53}$$

则认为找到了合适的 p_c。

一般来说，如果 $[\varphi_d - \varphi_j]_k > 0$，则下一个 $(p_c)_{k+1}$ 值选择为 $(p_c)_{k+1} > (p_c)_k$，反之则取 $(p_c)_{k+1} < (p_c)_k$。

4. 第二喉道极限收缩比与最小启动压比

采用特征线方法对引射器出口处的流场进行分析，计算出 R 点 $(x_R, y_R, \lambda_R, \theta_R)$ 所在截面上各点的流场参数。若考虑任一微元气流经过一道斜激波压缩后，再经过正激波压缩至亚声速并最终流经第二喉道，如图 4-12 所示。在这里，斜激波产生在收缩的管道中，且在启动时刻，激波前后的压比较大，应该取强激波解。

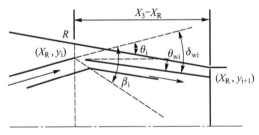

图 4-12　引射喷管出口气流经过强斜激波示意图

将该截面划分为 N 个微元 $[(x_R, y_i), (x_R, y_{i+1})]$。对第 i 个微元采用点 $(x_R, y_i, \lambda_i, \theta_i)$ 的流动参数,则面积微元:

$$dA_i = \pi(y_{i+1}^2 - y_i^2) \tag{4.54}$$

微元气流经过斜激波后偏转角度:

$$\delta_i = \theta_i + \theta_{wi} \tag{4.55}$$

式中,θ_{wi} 为第 $(i-1)$ 微元气流形成的虚拟壁面的壁面角:

$$\theta_{wi} = \tan^{-1}\frac{(y_3)_i - y_i}{x_3 - x_R} \tag{4.56}$$

由斜激波关系式:

$$\tan\delta_i = \frac{Ma_i^2\sin^2\beta_i - 1}{\left[Ma_i^2\left(\dfrac{\gamma+1}{2} - \sin^2\beta_i\right) + 1\right]\tan\beta_i} \tag{4.57}$$

式中:Ma_i 为点 (x_R, y_i) 处的马赫数。采用数值迭代方法求解方程(4.57),可以求得对应的强激波解 β_i。进而可以求得强激波后的总压 p_{ti}'。

$$p_{ti}' = \frac{\left[\dfrac{(\gamma+1)Ma_i^2\sin^2\beta_i}{2+(\gamma-1)Ma_i^2\sin^2\beta_i}\right]^{\frac{\gamma}{\gamma-1}}}{\left(\dfrac{2\gamma}{\gamma+1}Ma_i^2 - \dfrac{\gamma-1}{\gamma+1}\right)^{\frac{1}{\gamma-1}}}p_{ti}' \tag{4.58}$$

假设斜激波后的气流经过等熵压缩到达第二喉道,则第二喉道处总压为

$$p_{t3} = p_{ti}' \tag{4.59}$$

面积微元 dA_i 经过压缩后流经第二喉道所需流通面积为

$$d(A_3)_i = \frac{p_{ti}}{p_{ti}'}q(\gamma, \lambda_i)dA_i\cos\theta_i \tag{4.60}$$

计算下一微元虚拟壁面角 $\theta_{w(i+1)}$ 需要的参数:

$$(y_3)_{i+1} = \sqrt{\frac{\pi(y_3)_i^2 - d(A_3)_i}{\pi}} \tag{4.61}$$

最后,第二喉道极限收缩比为

$$\phi_{limit} = \frac{1}{A_d}\sum_i \frac{p_{ti}}{p_{ti}'}q(\gamma, \lambda_i)dA_i\cos\theta_i \tag{4.62}$$

由于第二喉道收缩比未知,第二喉道的直径 $(y_3)_0$ 无法直接获得,需要迭代求解。

$$p_{t4} = p_{t3} = \sum_i^N p_{ti}'\frac{d(A_3)_i}{A_3} \tag{4.63}$$

根据引射器出口边界条件 $p_{t4} = p_{amb}$，可以确定最小启动压比 CR_{limit}：

$$CR_{limit} = \frac{p_{tp}}{p_{amb}} \tag{4.64}$$

5. 引射器启动性能分析流程

采用上述 MOC – KRC 分析方法结合一维分析理论对带第二喉道引射器进行分析计算，其分析流程如图 4 – 13 所示。其中，ε_1、ε_2 均为小量，可以根据计算精度的需要选取，这里取 $\varepsilon_1 = 10^{-6}$，$\varepsilon_2 = 10^{-5}$。

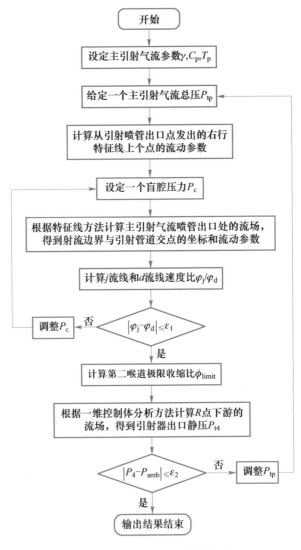

图 4 – 13　引射器启动性能分析流程

首先,对于一个给定的主引射气流总压 p_{tp},采用特征线方法对主引射气流引射喷管的流场进行计算,并得到从喷管出口唇口点发出的右行特征线上各点的流动参数。对于一个给定的盲腔压力初值,应用特征线分析方法计算主引射气流引射喷管出口处的流场,并得到无黏射流边界与引射管道壁面的交点 R 的坐标和流动参数。由此,计算流线 j 和流线 d 的速度比,根据二者的插值结果调整引射器的盲腔压力。在得到稳定的盲腔压力之后,根据一维控制体分析方法对 R 点下游的流场进行分析。根据引射器出口的压力边界条件来调整主引射气流总压,当引射器出口压力边界条件恰好满足时($p_{t4} = p_{amb}$),就完成了对引射器启动性能分析的全过程。需要指出的是,对于每一个主引射气流总压 p_{tp},都必须重新计算盲腔压力 p_c。

4.4.3　引射器启动影响因素

采用 MOC – KRC 方法结合一维控制体分析方法求解引射器的启动问题具有非常大的灵活性,可以研究诸如引射喷管出口马赫数、出口角度,混合室入口面积比、混合室收缩角度、喷管出口与混合室入口距离等几何参数对引射器启动状态参数的影响。

表 4 – 1 给出了可选的设计参数及其基准值,在进行参数研究时,其他参数在未特别声明时均取基准值。其他相关参数还包括亚扩段面积比 $\psi = 2$,总压恢复系数 $\sigma_T = 1$。

表 4 – 1　可选设计参数与基准值

可选设计参数	符号	基本状态
引射气流比热比	γ	1.4
引射马赫数	Ma_n	4
引射喷管出口角度	θ_n	0
混合室入口面积比	A_p/A_s	4
混合室收缩角	α	3°
喷管出口到混合室入口距离	L	0

1. 引射喷管出口马赫数和混合室入口面积比的影响

多喷管超声速引射器采用可换喉道喷管,可以方便地调整引射喷管出口马赫数、混合室入口面积比等参数。

1）引射喷管出口马赫数一定,混合室入口面积比的影响

在引射喷管出口马赫数一定的情况下,混合室入口面积比 A_p/A_s 越大,则被引射气流混合面积增加,引射系数有增加的潜力;但同时也导致面积比 A_p/A^* 增加,其中,A^* 为引射喷管喉道面积,管道马赫数增大,引射器启动难度也可能增加。图 4 – 14 给出了 $Ma_p = 4$ 的情况下,引射器启动参数随混合室入口面积比

变化的情况。

从图 4 - 14(a)中可以看到,随着 A_p/A_s 的增加,面积比 A_p/A^* 线性增加,第二喉道极限收缩比呈双曲线型降低。最小启动压比和最小运行压比以及对应的盲腔压力均随着混合室入口面积比的增加而增大,如图 4 - 14(b)所示。也就是说,当混合室入口面积比一定时,通过减少引射喷管出口面积并保持喷管马赫数不变的方法可以降低第二喉道极限收缩比,但需要付出的代价就是更高的最小启动压比和盲腔压力。

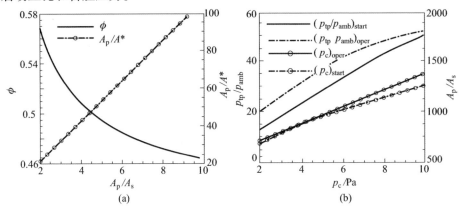

图 4 - 14　Ma_p 固定,混合室入口面积比 A_p/A_s 对引射器启动性能的影响

(a)极限收缩比随面积比变化;(b)最小启动压比、运行压比及对应盲腔压力的变化。

2) 混合室入口面积比一定,引射喷管出口马赫数的影响

在混合室入口面积比 A_p/A_s 一定的情况下,引射喷管出口马赫数增大可能出现两种可能的结果:主引射气流马赫数的增加会降低引射喷管出口静压,有可能获得更低的盲腔压力;但同时,由于引射喷管出口马赫数的增加也会导致最小启动压比和运行压比的增加,使得引射器的盲腔压力有增加的趋势。当然,最终的结果只有一种,图 4 - 15 给出了混合室入口面积比 $A_p/A_s = 4$ 时,引射喷管出口马赫数对引射器启动参数的影响。

3) 面积比 A_p/A^* 一定,引射喷管出口马赫数对启动性能的影响

在面积比 A_p/A^* 一定的情况下,引射喷管马赫数与混合室入口面积比 A_p/A_s 不再是独立变量。一方面,引射喷管出口马赫数增加会导致最小启动压比升高,盲腔压力降低;另一方面,由于面积比 A_p/A^* 固定,主引射气流马赫数增加的同时,混合室入口面积比 A_p/A_s 降低,而当 A_p/A_s 降低时,会导致最小启动压比升高,对应的盲腔压力降低。两方面综合作用的结果会使最小启动压比的增幅降低,而盲腔压力降低速度加快。图 4 - 16 给出了这种情况下引射喷管出口马赫数对引射器启动性能的影响。

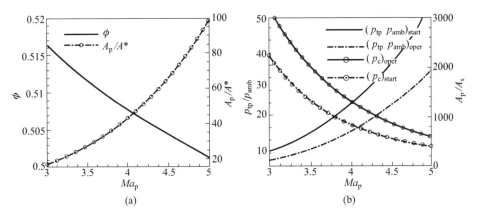

(a)　　　　　　　　　　　　　(b)

图 4 - 15　A_p/A_s 固定，Ma_p 对引射器启动性能的影响

（a）极限收缩比随引射马赫数的变化；

（b）最小启动压比、运行压比及对应盲腔压力随引射马赫数的变化。

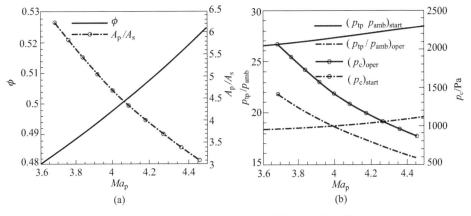

(a)　　　　　　　　　　　　　(b)

图 4 - 16　A_p/A^* 固定，MA_p 引射器启动性能的影响

（a）极限收缩比随引射马赫数的变化；

（b）最小启动压比、运行压比及对应盲腔压力随引射马赫数的变化。

　　从图 4 - 16(a) 中可以看到，随着引射喷管出口马赫数 Ma_p 的增加，混合室入口面积比 A_p/A_s 减小，极限收缩比升高。单纯的引射喷管出口马赫数增加，会降低第二喉道极限收缩比；单纯的混合室入口面积比 A_p/A_s 减小会增加第二喉道极限收缩比。而两者的综合作用仍然使得第二喉道极限收缩比逐渐增加，说明混合室入口面积比 A_p/A_s 对第二喉道极限收缩比的影响要明显高于引射喷管出口马赫数的影响。

　　图 4 -16(b) 中给出了最小启动压比和最小运行压比及其对应的盲腔压力随引射喷管出口马赫数的变化规律。在面积比 A_p/A^* 一定的情况下，随着引射喷管出口马赫数的增加，最小启动压比和最小运行压比缓慢上升，而盲腔压力则

逐渐下降。

2. 引射喷管出口角度的影响

为了计算喷管出口角度对启动性能的影响,首先要建立喷管出口马赫数为 Ma_p 时,不同喷管出口角度 θ_n 对应的喷管出口流场。喷管壁面型线采用截断特征线喷管的方法获得。具体求解步骤如下:

(1) 假定一个大于 Ma_p 的马赫数 Ma_p',采用特征线方法计算喷管壁面型线。

(2) 沿喷管壁面计算壁面型线的角度,当该角度与预设的 θ_n 相等时,得到该壁面点的坐标,根据该截面的面积与喷管喉部面积之比计算喷管出口处的马赫数 Ma_p''。

(3) 若 $Ma_p'' \neq Ma_p$,改变 Ma_p',重复步骤(1)~(3)直到根据面积比计算得到的喷管出口马赫数 Ma_p'' 等于 Ma_p。在得到出口马赫数为 Ma_p、出口角度为 θ_n 的喷管壁面型线之后,喷管出口处的流场也同时得到了。在此基础之上就可以根据前面的流动模型计算喷管出口角度对引射器启动性能的影响。

图 4-17 给出了引射喷管出口角度对零被引射气流引射器工作参数的影响。在固定喷管出口马赫数的情况下($A_p/A_s=4$),如图 4-17(a)所示,随着 A_p/A^* 增大,ϕ 增加,$\theta_n=0$ 相对于 $\theta_n=5$ 对应的极限收缩比低 1%~2%,最小启动压比在大部分区域差距非常小,但最小启动压比和最小运行压比对应的盲腔压力低 15%~45%。

从上面的分析看,引射喷管出口角度对引射器盲腔压力影响非常大,而且较小的引射喷管出口角度对应的最小启动压比和最小运行压比均有降低的趋势,总的说来较小的引射喷管出口角度对引射器的启动有好处。但要制造气流出口角度小的喷管,对应的喷管长度较长,费用较高。因此,在实际工程应用中,应综合权衡费用与效率的平衡,选取出口角度较小的引射喷管。采用多喷管引射器相对于单个引射喷管可以大幅降低引射喷管的尺寸和制造费用,可以在不增加引射系统尺寸的前提下降低喷管出口角度。

3. 主引射气流比热比的影响

比热比对气流的可压缩性有较大影响,图 4-18 给出了不同主引射气流比热比情况下引射器在零被引射气流状态下的工作参数的对比。

如图 4-18(a)所示,随着面积比 A_p/A^* 的增加,$\gamma=1.3$ 的情况下主引射气流的管道马赫数要比 $\gamma=1.4$ 的情况低 11%~16%,极限收缩比低 5.8%。从图 4-18(b)中可以看到,最小启动压比和最小运行压比对应的盲腔压力基本相等。最小启动压比和最小运行压比差距较小,$\gamma=1.3$ 的情况下分别低 5.5%~6.1% 和 7.2%~9.5%,如图 4-18(c)所示。

在 $A_p/A_s=4$ 时,不同比热比情况下最小启动压比和最小运行压比对应的盲腔压力基本相等这一点似乎有些费解。实际上,这只是看问题的角度不同,达到

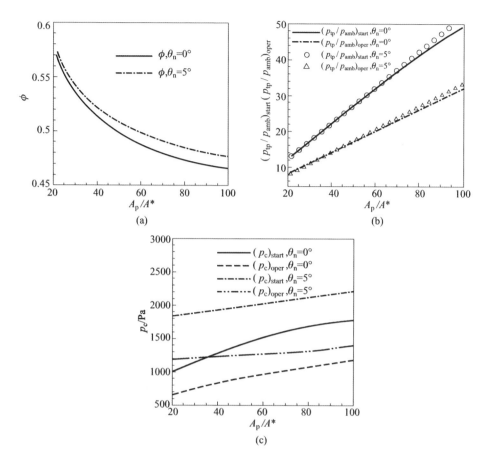

图 4 – 17　引射喷管出口角度对零被引射气流引射器工作参数的影响
(a)第二喉道极限收缩比随面积比的变化；(b) 最小运行压比随面积比的变化；
(c) 最小启动压比与最小运行压比对应的盲腔压力随面积比的变化。

同样的盲腔压力所需的最小启动压比有一定差距。为了更清楚地理解这一点，将图中的横坐标改为管道马赫数，并重绘于图 4 – 19 中。从图 4 – 19(a)中可以看到，对于同样的喷管马赫数，$\gamma = 1.3$ 的情况下，对应的面积比 A_p/A^* 相差非常大，而且，随着管道马赫数的增加，其差距不断增大。在管道马赫数从 4.5 增加到 7.0 的过程中，$\gamma = 1.3$ 的情况下，A_p/A^* 的值相对要高 68% ~ 174%，极限收缩比的差值稳定在 7% 左右，最小启动压比高 55% ~ 143%，最小运行压比高 47% ~ 136%，对应的盲腔压力分别低 39.5% ~ 62% 和 42.8% ~ 64.6%。这样看来，比热比低的引射器最小启动压比要高得多，似乎应该选用比热比较高的主引射气流工质。然而，对于同样达到盲腔压力 $(p_\mathrm{c})_\mathrm{oper} = 1\mathrm{kPa}$ 的情况下，$\gamma = 1.3$ 对应的最小启动压比相对低 8.8%，最小运行压比相对低 10.9%。而且，随着盲腔压力 $(p_\mathrm{c})_\mathrm{oper} = 1\mathrm{kPa}$ 的降低，其差距迅速增加。

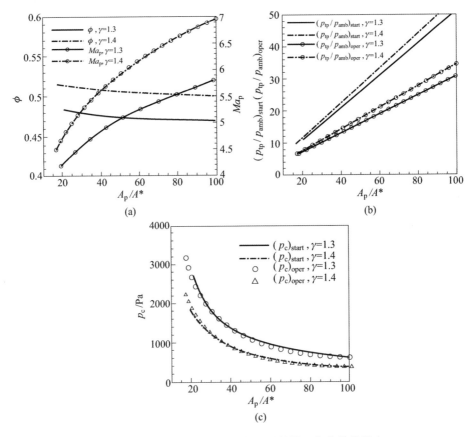

图 4-18 比热比对零被引射气流引射器工作参数的影响
(a) 极限收缩比与管道马赫数随面积比变化；
(b) 最小运行压比随面积比变化；(c) 最小启动压比随面积比变化。

综上所述,采用燃气($\gamma = 1.3$)作为主引射气流工质比采用空气($\gamma = 1.4$)作为主引射气流工质可以获得更低的盲腔压力。而且,采用燃气作为主引射气流工质可以工作在更高的马赫数下而不发生冷凝。因此,对于大增压比的引射器来说,采用燃气作为主引射气流工质更有优势。

4. 混合室收缩角度的影响

引射器第二喉道的收缩角度一方面决定了混合室的长度,另一方面对射流边界与管道壁面的交角有较大影响,不但影响了第一道激波的强度,也改变了主引射气流所能膨胀到的最大管道面积和管道马赫数。第二喉道收缩角度对固定第二喉道引射器启动参数及零被引射气流情况下的运行参数的影响在图 4-20 中给出。其中,R 为主引射气流射流边界与引射管道壁面交点,图 4-20(a)中 Φ_R 为第二喉道面积与 R 截面面积之比,图 4-20(b)中 δ_R 为主引射气流射流边

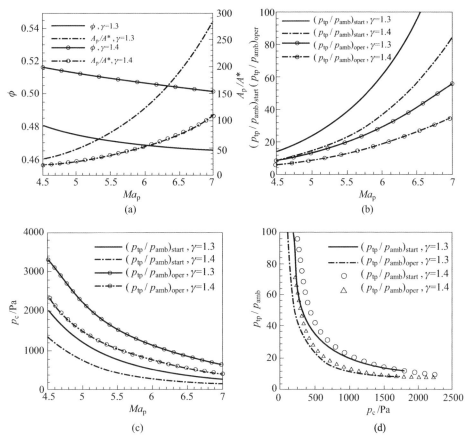

图 4 - 19 $A_p/A_S = 4$,不同比热比情况下零被引射气流引射器工作参数的对比

(a)极限收缩比与面积比随引射马赫数的变化;

(b)最小启动压比与最小运行压比随引射马赫数的变化;

(c)盲腔压力随引射马赫数的变化;(d) 最小启动压比随引射马赫数的变化。

界与引射管道壁面交点处气流偏转角度。

从图 4 - 20(a)中可以看到,随着引射器混合室收缩角度 α 的增加,极限收缩比下降,而 Φ_R 却逐渐升高。这是由于在混合室收缩角度增加时,主引射气流射流边界与引射管道交点 R 处气流偏转角度增加(图 4 - 20(b)),激波损失加大,因而面积比 Φ_R 逐渐增加;但同时,R 点处的面积减小,面积比 A_R/A_p 减小,而且,A_R/A_p 减小的幅度比 Φ_R 增加的幅度要大,所以第二喉道极限收缩比 ϕ_{limit} 反而降低。

随着混合室收缩角度的增加,由于极限收缩比逐渐降低,主引射气流所能膨胀到的马赫数降低,引射器的最小启动压比和最小运行压比降低;又由于 R 点处气流偏转角度增加,因此盲腔压力逐渐增加,如图 4 - 20(c)所示。

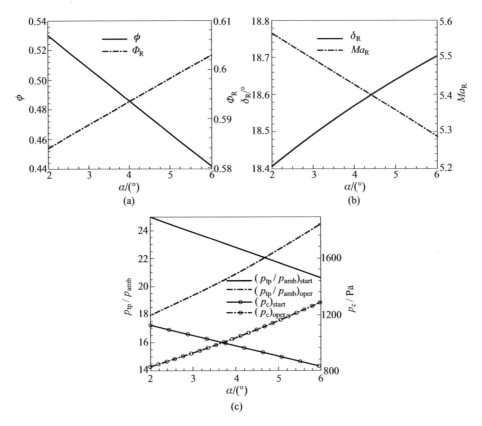

图 4 – 20　混合室收缩角度对引射器启动性能的影响

（a）极限收缩比和第二喉道面积与 R 截面面积之比；

（b）R 点处气流偏转角度和主引射气流马赫数；

（c）最小启动压比、最小运行压比及对应的盲腔压力。

第5章 引射器流场结构的数值分析

流体力学研究主要有三种方法,即实验研究、理论分析和流场数值模拟。实验研究真实可靠,是发现流动规律,检验理论和提供数据的基本手段,但实验有局限性,实验周期长,费用高。理论分析方法利用简化流动模型假设,给出所研究问题的解析解,但只能对一些非常简单的流动问题进行求解。而计算流体力学是以流体力学为基础,以数值计算为工具,通过求解三大控制方程或附加方程,即连续方程,动量方程、能量方程来获得相关数据,对流动问题进行分析的方法。

近三四十年来,由于流体力学、数值方法和计算机的迅速发展,以及航空、航天飞行器气动设计等方面的迫切需要,计算流体力学(CFD)的基本理论、计算方法都取得了瞩目的成就,在流体力学、空气动力学和其他工程学科中发挥着越来越大的作用,求解 Euler 方程和 Navier – Stokes 方程(简称为 N – S 方程)的 CFD 技术已是解决实际问题的重要手段。

相比实验流体力学和理论流体力学,计算流体力学的主要优点是:

(1) 费用低,周期短,成本低;

(2) 实验受实验条件的限制,只能使用较小模型在一定参数范围内开展,而计算流体力学可以在宽广的范围内考察整体性能,可以考察流动的细微结构以及发展过程;

(3) 可以模拟多种重要状态,如黏性效应,化学反应和非平衡状态等;

(4) 限制假设少,应用范围广,可以模拟复杂流场;

(5) 可以给出流体运动区域内的离散解,定量给出各个物理量的流动参数,细致描述局部或总体的流场,定量刻画流动的时间变化,任意进行流场重构和诊断分析。

但计算流体力学也存在如下一些问题:

(1) N – S 方程是多维非线性偏微分方程,对其数值解的数学理论的研究尚不够充分,如严格的稳定性分析、误差估计、收敛性和唯一性等理论的发展还不能提供完全可靠的数值解,还须进行验证确认等进一步的研究;

(2) 一些复杂的流动问题还缺乏可靠、有效的模型,如湍流、燃烧流动、气体效应等;

(3) 一些情况下,如复杂非定常流动计算、直接数值模拟等,CFD 的计算量巨大,超过了目前计算机所能达到的水平。

5.1 计算流体力学概述

流体的运动学和动力学行为服从质量、动量和能量三大守恒定律,并由这三大守恒定律定量确定。经典流体动力学给出了这三大守恒定律的严格数学形式——控制方程,如经典的 Euler 方程和 N－S 方程。遗憾的是,这些控制方程绝大多数无解析解,只能采用各种数学手段求其近似解。

计算流体动力学,就是在计算机上数值求解流体与气体动力学基本方程的学科, 它的基本思想可以归结为:把在时间域及空间域上连续的物理量的场,如速度场和压力场,用一系列有限个离散点上的变量值的集合来代替,通过一定的原则和方式建立起关于这些离散点上场变量关系的代数方程组,然后求解代数方程组,得到场变量的近似值,获取各种条件下流动的数据和作用在绕流物体上的力、力矩、流动图像和热量等。

计算流体力学的发展进程分为四个阶段:求解线性无黏流方程,如小扰动位势流方程;求解非线性无黏流方程,如全位势流方程、Euler 方程;求解雷诺平均 NS 方程;求解非定常全 NS 方程。

5.1.1 计算流体力学的基本方法

目前,流动的数值计算研究一般有三种方法:直接数值模拟(DNS)方法、大涡模拟(LES)方法和雷诺平均 N－S 方程(RANS)方法。

1. 直接数值模拟方法

通过直接求解流体运动的 N－S 方程,得到流动的瞬时流场,即各种尺度的随机运动,从而获得流动的全部信息。随着现代计算机的发展和先进的数值方法的研究,DNS 方法已经成为解决流动问题的一种有效方法。但由于计算机条件的约束,目前只能限于一些低雷诺数的简单流动和非常简单的流动外形,还不能用于较复杂的流动研究和工程应用。

2. 大涡模拟方法

这是一种折中的方法,即将 N－S 方程在一个小空间域内进行平均,以使从流场中去掉小尺度涡而导出大涡所满足的方程。小涡对大涡的影响会出现在大涡方程中,再通过建立模型(亚格子尺度模型)来模拟小涡的影响。但受计算机条件等的限制,要使之成为解决大量复杂流动问题和工程问题的成熟方法仍有很长的路要走。

3. 雷诺平均 N－S 方程方法

目前,解决流体动力学及空气动力学流动问题和工程实际问题的方法主要采用雷诺平均方法,即首先将满足动力学方程的瞬时运动分解为平均运动和脉动运动两部分,脉动部分对平均运动的贡献通过雷诺应力项来模化,然后依据湍流的理论知识、实验数据或直接数值模拟结果,对雷诺应力做出各种假设,假设各种经验的和半经验的本构关系,从而使湍流的平均雷诺方程封闭。按照对雷诺应力的不同模化方式,一般又分为两类:雷诺应力模式和涡黏性模式。同样受计算条件的约束,由于雷诺应力模式计算量很大,应用范围受到限制,因此,在工程湍流问题中得到广泛应用的模式是涡黏性模式。

目前,常用的 CFD 方法主要有有限差分法、有限元分析法、有限体积法和谱方法等。其中常用的是有限差分法和有限体积法。

计算流体力学的步骤,一般说来分为三步:

(1) 前处理:输入所要研究的物体几何外形,选定包含所要研究物体的流动区域,即计算区域;对计算区域进行网格划分,即将计算区域离散成一个个的网格点或网格单元,并给出边界条件、初始条件和流动条件。

(2) 流场计算:在离散的网格上,构造逼近流动控制方程的近似离散方程;通过计算机和 CFD 计算软件,求解这些近似离散方程,得到网格点上物理量的近似解,如压力、密度、速度等的近似解。

(3) 后处理:对这些近似解进行处理,得到所关心的计算结果,画出流动图像(如压力等值线图),积分出气动力和力矩等流动参数。

5.1.2　计算流体力学的发展

CFD 的发展主要是围绕流体力学计算方法或称计算格式这条主线不断进步的。在计算流体力学的研究中,对计算方法的研究是指研究流体运动学方程的求解方法以及定解条件的处理方法。

目前,计算流体力学中广泛应用时间相关法(又称时间推进法)数值求解 Euler/N-S 方程,其数值计算方法的发展,大体上可分为空间离散格式、时间离散格式、各种加速收敛技术以及数值边界条件处理方法四个方面。

一般可以将求解 Euler 方程和 NS 方程的计算格式分为两个大类:上风格式和中心格式。其中考虑了流动信息传播特征的上风格式及其变种,是今天 CFD 中应用最广、最受欢迎的计算格式。

1952 年,Courant 等人首先开展了 Euler 方程的数值计算研究,提出了一阶显式上风格式。1959 年,Godunov 提出了 Godunov 一阶上风格式。这些计算格式在一定程度上解决了当时的流动模拟问题,但是一阶格式耗散太大,精度较差,对激波抹平较大,约束了 CFD 的发展。

时间推进法的 Euler 方程的数值计算是目前 CFD 的主要内容。这方面的里程碑式的工作是 Lax 和 Lax 与 Wendroff 开拓的,后来,Richtmyer 和 Morton 等人丰富了其内涵。二阶精度、中心差分的显式 Lax – Wendroff 格式的提出形成了现在 CFD 的雏形,其最著名的变种就是 1969 年的 Maccormack 格式,这里一个中心差分的两步二阶精度格式。

1976 年,Beam 和 Warming 提出的二阶精度隐式中心差分取得成功。他们通过局部线化方法构造的,被称为近似因子分解(Approximate Factorization,AF)的隐式方法成为现在隐式格式的模板。1979 年,Van Leer 创造性地提出了 MUSCL(Monotone Upstream – centered Schemes for Conservation Laws)方法,将 Godunov 格式等一阶格式通过单调插值推广到二阶精度,这种后来被称为"限制器"的插值方法几乎是目前高分辨率格式的通用方法。

Steger 和 Warming 及 Van Leer 分别提出了以他们名字命名的一类新的上风格式——矢通量分裂(Flux Vector Splitting,FVS)格式。两种格式的不同之处是,Steger – Warming 格式是将无黏通量矢量按其特征值的符号进行分裂,而 Van Leer 格式则改进了分裂方式,按当地的马赫数进行分裂。Van Leer 格式的突出优点是通量矢量的一阶导数在声速处是连续的,而 Steger – Warming 格式在该处的不连续性则会导致非物理膨胀激波的产生。

几乎与此同时,Roe 和 Osher 分别提出了以他们名字命名的另一类上风格式——通量差分分裂(Flux Difference Splitting,FDS)格式,这类上风格式属于 Godnunov 方法,也就是 Riemman 间断分解类方法。所不同的是,Roe 和 Osher 分别提出了不同的近似 Riemann 问题解法,同需要精确求解 Riemann 问题的原始 Godunov 方法相比,FDS 格式的计算量大大减小了。FDS 格式和 FVS 格式今天已成为 CFD 的主要计算方法。

在上风格式日新月异的同时,中心格式也取得了重大突破。1981 年,Jameson,Schmidt 和 Turkel 提出了二阶精度的显式有限体积中心格式,该格式结合多步 Runge – Kutta 法,获得了高效、可靠的计算性能,取得了很大成功。

1983 年,是 CFD 的又一个里程碑。对于激波附近产生非物理振荡的问题,Harten、Hyman 和 Lax 等人认为其主要原因是格式的不保单调性,因此他们提出了保单调格式的概念。1983 年,Harten 经过分析传统差分格式在激波附近产生非物理振荡的原因之后,提出了总变差减小的差分格式(Total Variation Diminishing,TVD)的概念,并具体构造了具有二阶精度的高分辨率的 TVD 格式,由此可以证明单调格式一定是 TVD 格式,而 TVD 格式是保单调的。这种格式具有精度高,捕捉激波无波动且分辨率高的优点,著名的有 Osher – Chakravarthy TVD、Harten – Yee TVD、Roe – Sweby 和 Van Leer TVD 等 TVD 格式。

TVD 格式在工程应用中虽然取得了很大成功,但存在在局部极值点降阶等缺陷。为了改进 TVD 格式,1987 年,Harten 又提出了一致高阶精度的基本无振荡(Essentially Non – Oscillatory,ENO)格式,但 ENO 格式在向多维推广的过程中遇到了很大困难,后来,Liu,Oshert 和 Chan 提出了有显著改进的 WENO 格式。

20 世纪 90 年代,出现的计算格式的代表是 Liu 于 1993 年构造的 AUSM (Advection Upstream Splitting Method)格式及其一系列发展。AUSM 格式理论上将流动对流特征中的线性场(与特征速度 u 有关)与非线性场(与特征速度 $u \pm a$ 有关)相区别,并且压力项与对流通量分别分裂。从格式构造来讲,AUSM 格式是 Van Leer 格式的一种发展改进,但从其耗散项来分析,这是一种 FVS 和 FDS 的复合格式。AUSM 格式兼有 Roe 格式的间断高分辨率和 Van Leer 格式的计算效率,克服了二者的部分缺点。

同一时期在国内,张涵信经过分析差分解在激波附近出现波动的物理原因之后发现,要得到符合物理实际的差分解,必须满足热力学第二定律给出的熵增原理。通过适当控制差分格式修正方程中的三阶色散项在激波前、后应满足的一定关系,构造出满足熵增条件的、能够自动捕捉激波的、二阶精度的、无波动、无自由参数的耗散差分格式——NND,这也是 TVD 格式。另外,李松波提出了耗散守恒格式,傅德薰、马延文构造了耗散比拟上风紧致格式,沈孟育等将有限谱方法与解析离散方法相结合构造了一系列一致高阶精度的格式。国内 CFD 学者的贡献推动了 CFD 的发展,开拓了我国的 CFD 研究及应用。

5.1.3 流动控制方程

流体运动所遵循的规律是由物理学三大守恒定律,即质量守恒定律、动量守恒定律、能量守恒定律所规定的。这三大定律对流体运动的数学描述就构成了流体力学的基本方程组——N - S 方程组。将 N - S 方程组中的黏性项去掉,就是描述无黏流动的控制方程——Euler 方程。现代流体力学研究的主要内容就是研究 N - S 方程和 Euler 方程的数值计算。

1. 微分形式的 N - S 方程

不考虑体积力和外部热源,笛卡儿坐标系下的三维非定常可压 N - S 方程为

$$\frac{\partial Q}{\partial t} + \frac{\partial(F_\mathrm{I} - F_\mathrm{V})}{\partial x} + \frac{\partial(G_\mathrm{I} - G_\mathrm{V})}{\partial y} + \frac{\partial(H_\mathrm{I} - H_\mathrm{V})}{\partial z} = 0 \tag{5.1}$$

式中:Q 为守恒变矢量;F_I,G_I,H_I、F_V,G_V,H_V 分别为三个坐标方向的无黏通量和黏性通量,可表示为

$$Q = \begin{bmatrix} \rho \\ \rho u \\ \rho v \\ \rho w \\ \rho e \end{bmatrix} \tag{5.2}$$

$$F_1 = \begin{bmatrix} \rho u \\ \rho u^2 + p \\ \rho uv \\ \rho uw \\ (\rho e + p)u \end{bmatrix}, F_v = \begin{bmatrix} 0 \\ \tau_{xx} \\ \tau_{xy} \\ \tau_{xz} \\ u\tau_{xx} + v\tau_{xy} + w\tau_{xz} - q_x \end{bmatrix}$$

$$G_1 = \begin{bmatrix} \rho v \\ \rho uv \\ \rho v^2 + p \\ \rho vw \\ (\rho e + p)v \end{bmatrix}, G_v = \begin{bmatrix} 0 \\ \tau_{xy} \\ \tau_{yy} \\ \tau_{yz} \\ u\tau_{xy} + v\tau_{yy} + w\tau_{yz} - q_y \end{bmatrix} \qquad (5.3)$$

$$H_1 = \begin{bmatrix} \rho w \\ \rho uw \\ \rho vw \\ \rho w^2 + p \\ (\rho e + p)w \end{bmatrix}, H_v = \begin{bmatrix} 0 \\ \tau_{xz} \\ \tau_{yz} \\ \tau_{zz} \\ u\tau_{xz} + v\tau_{yz} + w\tau_{zz} - q_z \end{bmatrix}$$

其中，应力项为

$$\begin{cases} \tau_{xx} = \dfrac{2}{3}\mu\left(2\dfrac{\partial u}{\partial x} - \dfrac{\partial v}{\partial y} - \dfrac{\partial w}{\partial z}\right) \\[2mm] \tau_{yy} = \dfrac{2}{3}\mu\left(2\dfrac{\partial v}{\partial y} - \dfrac{\partial u}{\partial x} - \dfrac{\partial w}{\partial z}\right) \\[2mm] \tau_{zz} = \dfrac{2}{3}\mu\left(2\dfrac{\partial w}{\partial z} - \dfrac{\partial u}{\partial x} - \dfrac{\partial v}{\partial y}\right) \\[2mm] \tau_{xy} = \mu\left(\dfrac{\partial u}{\partial y} + \dfrac{\partial v}{\partial x}\right) = \tau_{yx} \\[2mm] \tau_{xz} = \mu\left(\dfrac{\partial u}{\partial z} + \dfrac{\partial w}{\partial x}\right) = \tau_{zx} \\[2mm] \tau_{yz} = \mu\left(\dfrac{\partial v}{\partial z} + \dfrac{\partial w}{\partial y}\right) = \tau_{zy} \end{cases} \qquad (5.4)$$

热流量与温度梯度的关系遵循 Fourier 定律，即

$$q_x = -k\frac{\partial T}{\partial x}, q_y = -k\frac{\partial T}{\partial y}, q_z = -k\frac{\partial T}{\partial z} \qquad (5.5)$$

为了使 N - S 方程封闭，还需要补充一些物理关系式。

对于完全气体,有状态方程:

$$p = \rho R T, h = c_{\mathrm{p}} T \tag{5.6}$$

单位质量气体的总能量为

$$e = \frac{p}{(\gamma - 1)\rho} + \frac{u^2 + v^2 + w^2}{2} \tag{5.7}$$

动力黏性系数 μ 是温度和压力的函数,在层流状态下可通过 Sutherland 公式计算,即

$$\frac{\mu}{\mu_0} \approx \left(\frac{T}{T_0}\right)^{1.5} \left(\frac{T_0 + T_{\mathrm{s}}}{T + T_{\mathrm{s}}}\right) \tag{5.8}$$

式中: $T_0 = 288.15\mathrm{K}$,对于空气,有 $\mu_0 = 1.7894 \times 10^{-5}\mathrm{Pa \cdot s}$, $T_{\mathrm{s}} = 110.4\mathrm{K}$。

对于各向同性流体,导热系数 k 无方向特性,仅随温度和压力变化,一般通过引入 Pr 数来确定,即

$$k = \frac{\mu c_{\mathrm{p}}}{Pr} = \frac{\mu \gamma R}{(\gamma - 1) Pr} \tag{5.9}$$

对于空气,在层流状态下可取 $Pr = 0.72$, c_{p} 和 R 分别为质量定压热容和气体常数。

2. 一般曲线坐标系下的 N - S 方程

在笛卡儿坐标系下,使用规则的矩形划分网格进行复杂外形计算时不易控制网格分布,而且因网格线方向或水平或竖直与物面不一致,难于给定壁面边界条件。曲线坐标则采用贴体划分网格,并按当地流动梯度来控制网格的疏密分布,从而提高网格的利用率,减小总体网格数。另外,可将曲线坐标变换到等距划分的计算坐标上,这样边界表面就成为计算坐标的边界,边界条件处理的几何困难也能迎刃而解。

将 N - S 方程转换到一般曲线坐标下,得:

$$\begin{cases} \xi = \xi(x, y, z, t) \\ \eta = \eta(x, y, z, t) \\ \zeta = \zeta(x, y, z, t) \end{cases} \tag{5.10}$$

根据链式求导法则,有:

$$\begin{cases} \dfrac{\partial}{\partial x} = \xi_x \dfrac{\partial}{\partial \xi} + \eta_x \dfrac{\partial}{\partial \eta} + \zeta_x \dfrac{\partial}{\partial \zeta} + t_x \dfrac{\partial}{\partial t} \\[2mm] \dfrac{\partial}{\partial y} = \xi_y \dfrac{\partial}{\partial \xi} + \eta_y \dfrac{\partial}{\partial \eta} + \zeta_y \dfrac{\partial}{\partial \zeta} + t_y \dfrac{\partial}{\partial t} \\[2mm] \dfrac{\partial}{\partial z} = \xi_z \dfrac{\partial}{\partial \xi} + \eta_z \dfrac{\partial}{\partial \eta} + \zeta_z \dfrac{\partial}{\partial \zeta} + t_z \dfrac{\partial}{\partial t} \\[2mm] \dfrac{\partial}{\partial t} = \xi_t \dfrac{\partial}{\partial \xi} + \eta_t \dfrac{\partial}{\partial \eta} + \zeta_t \dfrac{\partial}{\partial \zeta} + t_t \dfrac{\partial}{\partial t} \end{cases} \tag{5.11}$$

而度量系数为

$$
\begin{cases}
\xi_x = J(y_\eta z_\zeta - y_\zeta z_\eta) \\
\xi_y = J(x_\zeta z_\eta - x_\eta z_\zeta) \\
\xi_z = J(x_\eta y_\zeta - x_\zeta y_\eta) \\
\xi_t = -x_t \xi_x - y_t \xi_y - z_t \xi_z \\
\eta_x = J(y_\zeta z_\xi - y_\xi z_\zeta) \\
\eta_y = J(x_\xi z_\zeta - x_\zeta z_\xi) \\
\eta_z = J(x_\zeta y_\xi - x_\xi y_\zeta) \\
\eta_t = -x_t \eta_x - y_t \eta_y - z_t \eta_z \\
\zeta_x = J(y_\xi z_\eta - y_\eta z_\xi) \\
\zeta_y = J(x_\eta z_\xi - x_\xi z_\eta) \\
\zeta_z = J(x_\xi y_\eta - x_\eta y_\xi) \\
\zeta_t = -x_t \zeta_x - y_t \zeta_y - z_t \zeta_z
\end{cases}
\tag{5.12}
$$

雅克比矩阵行列式为

$$
J = \left| \frac{\partial(\xi,\eta,\zeta,t)}{\partial(x,y,z,t)} \right| =
\begin{vmatrix}
\xi_x & \xi_y & \xi_z & \xi_t \\
\eta_x & \eta_y & \eta_z & \eta_t \\
\zeta_x & \zeta_y & \zeta_z & \zeta_t \\
0 & 0 & 0 & 1
\end{vmatrix}
\tag{5.13}
$$

则一般曲线坐标系下三维可压非定常 N-S 方程形式为

$$
\frac{\partial \hat{Q}}{\partial t} + \frac{\partial(\hat{F}_1 - \hat{F}_v)}{\partial \xi} + \frac{\partial(\hat{G}_1 - \hat{G}_v)}{\partial \eta} + \frac{\partial(\hat{H}_1 - \hat{H}_v)}{\partial \zeta} = 0
\tag{5.14}
$$

其中：

$$
\hat{Q} = \frac{Q}{J} = \frac{1}{J}
\begin{bmatrix}
\rho \\
\rho u \\
\rho v \\
\rho w \\
\rho e
\end{bmatrix}
$$

$$
\hat{F}_1 = \frac{F}{J} = \frac{1}{J}
\begin{bmatrix}
\rho U \\
\rho U u + \xi_x p \\
\rho U v + \xi_y p \\
\rho U w + \xi_z p \\
(\rho e + p) U - \xi_t p
\end{bmatrix}
$$

$$\hat{G}_1 = \frac{G}{J} = \frac{1}{J} \begin{bmatrix} \rho V \\ \rho V u + \eta_x p \\ \rho V v + \eta_y p \\ \rho V w + \eta_z p \\ (\rho e + p) V - \eta_t p \end{bmatrix} \qquad (5.15)$$

$$\hat{H}_1 = \frac{H}{J} = \frac{1}{J} \begin{bmatrix} \rho W \\ \rho W u + \zeta_x p \\ \rho W v + \zeta_y p \\ \rho W w + \zeta_z p \\ (\rho e + p) W - \zeta_t p \end{bmatrix}$$

逆变速度为

$$\begin{cases} U = \xi_x u + \xi_y v + \xi_z w + \xi_t \\ V = \eta_x u + \eta_y v + \eta_z w + \eta_t \\ W = \zeta_x u + \zeta_y v + \zeta_z w + \zeta_t \end{cases} \qquad (5.16)$$

黏性矢通量为

$$\hat{F}_v = \frac{F_v}{J} = \frac{1}{J} \begin{bmatrix} 0 \\ \xi_x \tau_{xx} + \xi_y \tau_{xy} + \xi_z \tau_{xz} \\ \xi_x \tau_{xy} + \xi_y \tau_{yy} + \xi_z \tau_{yz} \\ \xi_x \tau_{xz} + \xi_y \tau_{yz} + \xi_z \tau_{zz} \\ \xi_x b_x + \xi_y b_y + \xi_z b_z \end{bmatrix}$$

$$\hat{G}_v = \frac{G_v}{J} = \frac{1}{J} \begin{bmatrix} 0 \\ \eta_x \tau_{xx} + \eta_y \tau_{xy} + \eta_z \tau_{xz} \\ \eta_x \tau_{xy} + \eta_y \tau_{yy} + \eta_z \tau_{yz} \\ \eta_x \tau_{xz} + \eta_y \tau_{yz} + \eta_z \tau_{zz} \\ \eta_x b_x + \eta_y b_y + \eta_z b_z \end{bmatrix} \qquad (5.17)$$

$$\hat{H}_v = \frac{H_v}{J} = \frac{1}{J} \begin{bmatrix} 0 \\ \zeta_x \tau_{xx} + \zeta_y \tau_{xy} + \zeta_z \tau_{xz} \\ \zeta_x \tau_{xy} + \zeta_y \tau_{yy} + \zeta_z \tau_{yz} \\ \zeta_x \tau_{xz} + \zeta_y \tau_{yz} + \zeta_z \tau_{zz} \\ \zeta_x b_x + \zeta_y b_y + \zeta_z b_z \end{bmatrix}$$

$$\begin{cases} b_x = u\tau_{xx} + v\tau_{xy} + w\tau_{xz} + q_x \\ b_y = u\tau_{xy} + v\tau_{yy} + w\tau_{yz} + q_y \\ b_z = u\tau_{xz} + v\tau_{yz} + w\tau_{zz} + q_z \end{cases} \tag{5.18}$$

3. N – S 方程的无量纲化

在计算流体力学的数值模拟过程中,一般均求解无量纲形式的控制方程。采用无量纲化的方法,将控制方程化成规范化形式,在数值模拟过程中有以下好处:

(1)可以避免控制方程中物理参数在量级上的悬殊差异,从而减少不必要的数值误差和精度损失;

(2)尽可能减少控制方程中的常数运算而将常数转化成几个相似参数(如 Ma、Re、Pr 等)以减小运算量;

(3)易于实现数值计算中的相似模拟,从而使计算结果更具有通用性。

以特征长度 L 及自由来流参数,包括声速 c_∞、温度 T_∞、黏性系数 μ_∞、密度 ρ_∞ 作为特征变量,则有

$$x^* = \frac{x}{L}, y^* = \frac{y}{L}, z^* = \frac{z}{L}, p^* = \frac{p}{\rho_\infty c_\infty^2}, \rho^* = \frac{\rho}{\rho_\infty}, t^* = \frac{t}{L/c_\infty} \tag{5.19}$$

$$u^* = \frac{u}{c_\infty}, v^* = \frac{v}{c_\infty}, w^* = \frac{w}{c_\infty}, e^* = \frac{e}{c_\infty^2}, T^* = \frac{T}{T_\infty}, \mu^* = \frac{\mu}{\mu_\infty} \tag{5.20}$$

N – S 方程经过无量纲化后,其中各矢量的表达式在形式上与原来一样,但状态方程经无量纲化后变为 $p = \dfrac{\rho T}{\gamma}$。

4. 流体力学控制方程组的数学性质

流体力学控制方程组是拟线性偏微分方程,其时间导数项是线性的,空间导数项是非线性的。

一般将偏微分方程划分为双曲型、抛物型、椭圆型三种类型。不同类型的方程所描述流场的主要特征与物理背景不一样,求解时定解条件的提法也不同,因而数值计算的处理方法也大相径庭。

以二维流体力学 Euler 和 N – S 控制方程组为例分析其数学性质。

1)定常不可压 Euler、N – S 方程组

这类方程组描述低速流动,方程组为

$$\begin{cases} u_x + v_y = 0 \\ uu_x + vu_y + \dfrac{1}{\rho}p_x = \upsilon(u_{xx} + u_{yy}) \\ uv_x + vv_y + \dfrac{1}{\rho}p_y = \upsilon(v_{xx} + v_{yy}) \end{cases} \tag{5.21}$$

这是流体动力学方程组中最简单的一类方程组,但求解并不容易。

对于 Euler 方程组,是一阶拟线性偏微分方程组,它的特征行列式的特征根是 $\lambda = \dfrac{v}{u}$ 和 $\lambda = \pm \mathrm{i}$,既有实根也有虚根,方程组的类型是不确定的。此类方程组在无旋条件下,可引入位函数 Φ,得到椭圆型方程,给定全部边界上的边界条件,可以求解。

在有旋情况下,引入流函数 Ψ 和涡量 ω,得到流函涡量方程组。流函方程是椭圆型方程,给出求解域全部边界上的边界条件可求解。涡量输运方程是双曲型方程,提 Cauchy 问题有唯一解,提 Dirichlet 问题则无解。但由流函方程解出全场的流函数后,即已确定求解域全部边界上的涡量条件,提出了 Dirichlet 问题,因而方程无解。因此,定常不可压 Euler 方程组只在无旋条件下可以有解。

对于 N - S 方程组,引入流函数和涡量,得到流函涡量方程组。两个方程都是椭圆型的,在给定求解域边界上的流函数边界条件后,流函方程有解。流函方程的解确定了求解区域边界上涡量的边界条件,涡量方程有解。但在高雷诺数时,黏性项的影响小到可以忽略不计,涡量方程退化成双曲型方程,方程无解。

2) 非定常不可压 Euler、N - S 方程组

它描写低速的非定常流动,方程组为

$$\begin{cases} u_x + v_y = 0 \\ u_t + uu_x + vu_y + \dfrac{1}{\rho}p_x = \upsilon(u_{xx} + u_{yy}) \\ v_t + uv_x + vv_y + \dfrac{1}{\rho}p_y = \upsilon(v_{xx} + v_{yy}) \end{cases} \tag{5.22}$$

对于 Euler 方程组,特征根有实数也有虚数,类型不确定,求解不易。在无旋条件下,可引入位函数 Φ,得到椭圆型方程,方程有解。在有旋情况下,引入流函数 Ψ 和涡量 ω,得到流函涡量方程组,流函方程是椭圆型方程,给定求解域全部边界上的边界条件下有解,定常的涡量输运方程提 Dirichlet 问题是无解的,而非定常的涡量输运方程是时间双曲型方程,提初边值混合问题有解。

对于 N - S 方程组,引入流函数和涡量,得到流函涡量方程组。两个方程都是椭圆型的,在给定求解域边界上的流函数边界条件后,流函方程有解。流函方程的解确定了求解区域边界上涡量的边界条件,涡量方程有解。在高雷诺数时,非定常涡量输运方程退化成时间双曲型方程,在给出初边值条件下方程有解。

若要求解不可压粘流场,则需求解原参数的 N - S 方程组,即 SIMPLE 法。

3) 定常可压流的 Euler、N - S 方程组

与不可压流方程组比较,方程组多了一个参变量——密度 ρ,多了一个方程——能量方程。

对于 Euler 方程组，特征行列式的特征根是 $\lambda = \dfrac{v}{u}$，$\lambda_{\pm} = \dfrac{uv \pm a^2 \sqrt{M^2 - 1}}{u^2 - a^2}$。

在超声速流动时，全部特征根是实数，方程组是双曲型的，给定初始条件后有解。在亚声速流动时，特征根有实数也有虚数，需要补充说明流线垂直方向上熵的分布。用定常可压 Euler 方程组求解超声流场，有熟知的特征线法。但很少用特征线法来求解黏性流动问题，因为它可由非定常可压流 N－S 方程的时间渐近解来代替。

（4）非定常可压流的 Euler、N－S 方程组

与定常可压流动方程组相比，每个方程式多了一个参变量随时间的变化项。

对于 Euler 方程组，特征根都是实数，方程组对时间双曲型，可提给定初边值条件的混合问题，方程组有解。非定常可压 Euler 方程组是描写无黏流的最完整的方程组，用它可以求解有旋和无旋的超声、亚声和跨声流场问题，虽然方程组形式上最复杂，但用来求解流场问题时，却是最自由的。

非定常可压流的 N－S 方程，在低速时，是对时间抛物型方程，每一时刻则为椭圆型；在高速时，接近于对时间双曲型方程。在给定初边值条件下，方程组的求解问题是适定的混合问题，可以求解亚声速、跨声速和超声速的层流问题和湍流问题。方程组可以求解定常或非定常的黏流问题。这是一组描写粘流运动的最完整的方程式，又具有最优良的可求解性质。

5.1.4 有限差分理论基础

一般的流动控制方程都是非线性的偏微分方程。在绝大多数情况下，这些偏微分方程无法得到精确解，而 CFD 就是通过采用各种数值计算方法得到这些偏微分方程的数值解。目前，主要采用的 CFD 方法是有限差分法和有限体积法。有限差分基于微分的思想，有限体积基于物理守恒原理。

有限差分法是数值计算方法中最经典、历史最悠久、理论最成熟的数值方法。有限差分法是将求解域划分为差分网格，用有限个网格节点代替连续的求解域，将偏微分方程中的所有微分项用相应的差商代替，从而将偏微分方程转化为代数形式的差分方程，得到含有离散点上有限个未知数的差分方程组。求出该差分方程组的解，就作为偏微分方程定解问题的数值近似解。

有限体积法是将计算区域划分为一系列控制体积，将待解微分方程对每一个控制体积积分得出离散方程，导出的离散方程可保证守恒特性，计算量相对较小。目前的计算流体力学商用软件大多采用有限体积法。

1. 有限差分逼近

将计算区域离散成一个一个的网格点，x 方向网格间距 Δx，y 方向网格间距 Δy，并假设网格是均匀的（可以通过坐标变换，将实际的不规则物理区域变换成

规则的计算区域)。

通过将邻近点的物理量在点(i,j)进行 Taylor 展开,用有限差分作为偏导数的近似,可以构成各阶导数的差分格式。

一阶导数的差分格式,如下:

前差(一阶精度):

$$\left(\frac{\partial u}{\partial x}\right)_{i,j} = \frac{u_{i+1,j} - u_{i,j}}{\Delta x} + O(\Delta x) \tag{5.23}$$

后差(一阶精度):

$$\left(\frac{\partial u}{\partial x}\right)_{i,j} = \frac{u_{i,j} - u_{i-1,j}}{\Delta x} + O(\Delta x) \tag{5.24}$$

中心差(二阶精度):

$$\left(\frac{\partial u}{\partial x}\right)_{i,j} = \frac{u_{i+1,j} - u_{i-1,j}}{2\Delta x} + O(\Delta x^2) \tag{5.25}$$

二阶导数的差分格式,如下:

前差(二阶精度):

$$\left(\frac{\partial^2 u}{\partial x^2}\right)_{i,j} = \frac{u_{i,j} - 2u_{i+1,j} + u_{i+2,j}}{\Delta x^2} + O(\Delta x^2) \tag{5.26}$$

后差(二阶精度):

$$\left(\frac{\partial^2 u}{\partial x^2}\right)_{i,j} = \frac{u_{i,j} - 2u_{i-1,j} + u_{i-2,j}}{\Delta x^2} + O(\Delta x^2) \tag{5.27}$$

中心差(二阶精度):

$$\left(\frac{\partial^2 u}{\partial x^2}\right)_{i,j} = \frac{u_{i+1,j} - 2u_{i,j} + u_{i-1,j}}{\Delta x^2} + O(\Delta x^2) \tag{5.28}$$

将偏微分方程中的每一偏微分项都用有限差商来表示,得到与每一网格点相应的差分方程。

如差分方程同其偏微分方程是相容的,且求解差分方程的算法是稳定的,边界条件和初始条件的处理方法适当,则差分方程的数值解就近似地表达了偏微分方程的解析解。

根据对时间项差分格式的不同,差分格式可分成显式与隐式两大类。显式格式是指 $n+1$ 时间层某节点的待求值完全能由 n 时间层上的已知点值确定;而隐式格式是指由 n 时间层上的已知点,需列多个方程联立求解,才能得到 $n+1$ 时间层上各节点的值。显式格式通常是条件稳定的,时间步长受限只能取得很小,迭代计算收敛较慢;而隐式格式大多是无条件稳定的,时间步长可取较大,因此为提高求解效率,通常采用隐式格式进行求解。

2. 差分格式的基本性质及基本定理

1）差分格式的相容性

相容性说明某个差分方程能否真正代表对应的微分方程。当网格间距与时间步长无限缩小时,差分格式的截断误差也趋于零,此时差分方程趋于微分方程,则称差分方程与对应的微分方程是相容的。

相容性表示在求解域的任意点上,差分方程对于微分方程的近似程度。

2）差分格式的稳定性

在利用推进方法数值求解差分方程的过程中,如果初始误差的增长有界,即这些误差的传播逐渐减小或只控制在一个有限的范围内,则称差分方程或差分格式是稳定的。

3）差分格式的收敛性

在求解区域内的任一离散网格点上,如果网格间距与时间步长趋于零时,差分方程的数值解趋于微分方程的精确解,则称差分方程或差分格式是收敛的。

4）Lax 等价定理

如果,①初始值问题是适定的(即微分方程初始值问题的解存在,唯一且连续依赖于初值);②偏微分方程是线性的且系数不明显依赖于 t;③偏微分方程的差分表达式是线性的且满足相容性条件;则稳定性是收敛性的必要和充分条件。

当差分方程满足相容性时,并不一定满足收敛性。要直接证明差分格式的收敛性是比较困难的,但幸亏有 Lax 等价定理,我们可绕过收敛性,通过相容性加比较容易的稳定性证明来间接证明解的收敛性。

3. 差分格式的稳定性分析

稳定性分析的常用方法是傅里叶(Fourier)或称诺依曼(Von Neumann)方法。它的基本思想是,根据初始误差随时间的变化,判断差分方程对误差的传播性质及数值解是否有界。

初始解或初始误差总可以利用傅里叶法展开成傅里叶级数,即 $\varepsilon_j^0 = \sum_{k=-\infty}^{+\infty} A_k^0 e^{ikx_j}$。式中,$k$ 为波数,A 为误差振幅,上标 0 表示第 0 时间层,x_j 是空间点 j 的 x 值。在时间推进过程中,误差随时间变化的关系为 $\varepsilon_j^n = G\varepsilon_j^{n-1} = \cdots = G^n \varepsilon_j^0$。$G$ 为放大因子。代入差分格式,整理得到 G 的关系表达式。若要求数值解有界或初始误差在传播过程中不扩大,则须要求 $\parallel G^n \parallel \leq 1$,即若 G 为复数,则 $|G| \leq 1$;若 G 为矩阵,则谱半径 $\rho(G) \leq 1$。

4. 数值耗散与数值色散

差分格式的耗散性(dissipation)和色散性(dispersion)是决定格式的稳定性、收敛性和精度的主要因素之一。

以一维对流方程为例,微分方程为

$$\frac{\partial u}{\partial t} + a\,\frac{\partial u}{\partial x} = 0 \tag{5.29}$$

若时间上取一阶前差,空间上取一阶后差,则有:

$$\frac{u_i^{t+\Delta t} - u_i^t}{\Delta t} + a\,\frac{u_i^t - u_{i-1}^t}{\Delta x} = 0 \tag{5.30}$$

格式精度为 $O(\Delta t + \Delta x)$。

将 $u_i^{t+\Delta t}$ 和 u_{i-1}^t 在点 (i,t) 处进行 Taylor 级数展开,代入差分方程,进行整理,并将式中的时间导数项用空间导数项来代替,最后可得:

$$\frac{\partial u}{\partial x} + a\,\frac{\partial u}{\partial x} = \frac{a\Delta x}{2}(1-v)\frac{\partial^2 u}{\partial x^2} + \frac{a(\Delta x)^2}{6}(3v - 2v^2 - 1)\frac{\partial^3 u}{\partial x^3}$$
$$+ O((\Delta t)^3, (\Delta t)^2 \Delta x, \Delta t(\Delta x)^2, (\Delta x)^3) \tag{5.31}$$

式中: $v = a\dfrac{\Delta t}{\Delta x}$。

当用差分方程(5.30)去求解原始微分方程(5.29)的数值解时,实际上这个差分方程是对另一个不同的微分方程(5.31)的求解,式(5.31)称为式(5.29)的修正方程。

式(5.31)包含了偶次导数项 $\dfrac{\partial^2 u}{\partial x^2}$ 和奇次导数项 $\dfrac{\partial^3 u}{\partial x^3}$。偶次导数项被称为数值耗散,会抹平激波间断,其系数 $\dfrac{a\Delta x}{2}(1-v)$ 被称为人工黏性。奇次导数项被称为数值色散,会导致不同相位波的传播失真。在现代 CFD 中,数值耗散和人工黏性是非常重要的概念,经常被通用化地交互称呼。

显然,数值耗散损害了计算精度,但却改善了计算稳定性。很多不稳定的计算格式在添加了人工黏性后变得稳定了,但是,随着人工黏性的增大,解的精度变差了。

5. 有限差分法(FDM)和有限体积法(FVM)的区别

FDM 简便易行,格式和离散方法丰富多彩,但它对求解的几何域的适应性较差。而 FVM 从积分守恒形式出发,保证了对复杂几何解域的适应性,又能直接和充分地利用有限差分法的许多格式和概念,因此研究和应用取得了很大进展。

有限体积法和有限差分法是密切相关的。在矩形网格上,二者可以做到完全等价。进行曲线坐标变换后的计算空间里的有限差分法,同不进行坐标变换的物理空间里的有限体积法等价。二者的区别主要是对网格的几何处理方法不同。

（1）有限体积法中对几何量和物理量的计算是独立的；而有限差分法要对几何量和物理量的确定组合进行差分运算，采用不同的差分格式，几何量对计算结果的影响是不同的。

（2）用有限差分法计算得到的是网格点上的物理量，而用有限体积法得到的是单元的平均值。

有限体积法的特点是：

（1）当网格尺度有限时，它可以比有限差分法更好地保证对质量守恒、动量守恒和能量守恒定律的满足。

（2）在复杂区域上容易实施。

（3）对多维问题，高于二阶精度有限体积法的构造和实施比较困难。

有限差分法的特点是：

（1）有限差分法只须构造偏导数的差分离散，比较容易推广到高阶精度。

（2）对于网格拓扑奇点，有限差分法更容易取得高的精度。

（3）在曲线坐标系中，有限差分法要对几何量和物理量的确定组合进行差分离散，可能产生所谓几何诱导误差。

5.2 计算流体力学软件的结构

目前，可用于流体计算的商业软件很多，常用商用软件有 PHOENICS、CFX、STAR_CD、FLUENT 等，它们功能全面，适用性强，几乎可以求解工程界中的各种复杂问题，有比较易用的前后处理系统，良好的接口能力，比较完备的容错机制和操作界面，稳定性高，可在多种计算机、多种系统及并行环境下运行，因此在工程界中得到了广泛应用。

商用 CFD 软件均包括 3 个基本环节，即前处理、数值求解和后处理。

前处理用于完成前处理工作，主要是定义所求问题的几何计算域，将计算域划分成多个互不重叠的子区域，形成由单元组成的网格，为计算域边界处的单元指定边界条件类型。在物理量梯度较大的区域或感兴趣的区域加密计算网格。

数值求解的核心是数值求解方法。对所要研究的流动现象进行抽象，建立物理模型，选择相应的控制方程，定义流体的属性参数，给定边界条件和初始条件。常用的数值求解方法包括有限差分、有限体积法等。它们离散微分方程，形成离散的代数方程组，再求解代数方程组得到流动参数。

后处理的目的是有效地观察和分析流动计算结果。提供计算域的几何模型、网格显示、矢量图、等值线图、云图、散点图、粒子轨迹图及图解处理功能。

5.2.1　数值计算前处理模块

前处理模块用于完成计算模型的前处理工作,主要是向 CFD 软件输入所求问题的相关数据,该过程一般借助与求解器相对应的图形界面或相关软件来完成。

网格生成是前处理模块的主要部分,计算网格的合理设计和高质量生成是 CFD 计算的前提条件。

计算网格按网格点之间的邻接关系可分为结构网格、非结构网格(图 5 - 1)和混合网格。

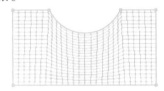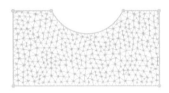

图 5 - 1　结构网格和非结构网格

结构网格的网格点之间的邻接关系是有序而规则的,除了边界点外,内部网格点都有相同的邻接网格数(一维为 2 个,二维为 4 个,三维为 6 个)。非结构网格点之间的邻接是无序的、不规则的,每个网格点可以有不同的邻接网格数。混合网格是对结构网格和非结构网格的混合。

结构网格的数据按照顺序存储,可根据数组的 (i,j,k) 下标方便地索引和查找,其单元是二维的四边形和三维的六面体;非结构网格则没有自动隐含这种方便的索引结构,其每个单元都是一个相对独立的个体,需要人工生成相应的数据结构以便对网格数据进行索引和查找,单元有二维的三角形、四边形,三维的四面体、六面体、三棱柱和金字塔等多种形状。

结构网格采用代数法、保角变换法、椭圆型微分方程法和双曲型微分方程法等生成,采用分区、重叠网格技术解决多连通域贴体结构网格。

非结构网格结合有限体积法得到了很快发展。非结构网格生成技术主要采用阵面推进方法、Delauney 方法和四/八叉树方法。

目前,有许多通用的网格生成软件,如 ICEM CFD、GRIDGEN、GAMBIT、TGrid 等。在生成计算网格的过程中,要特别注意网格质量问题,尽量保证网格的正交性、光滑性、合理的疏密度等。

5.2.2　数值计算求解模块

数值求解模块主要是根据待求解的模型,确定相关的物理模型、流场参数、边界条件、求解算法、离散格式等。

在进行数值求解前,首先要确定待求解问题需要使用的数值求解算法和解算器。目前数值求解方案主要包括有限差分、有限元、谱方法和有限体积等。其中,常用的 Fluent 软件即采用有限体积法,对于本书中的所有数值求解算例,均采用 Fluent 软件进行求解。Fluent 软件中提供了三种数值算法:非耦合隐式算法、耦合隐式算法、耦合显式算法,以及两种数值求解技术:基于压力和基于密度的求解器,每种数值算法和求解技术都有一定的适用范围。对于非耦合隐式算法,源于经典的 SIMPLE 算法,其适用范围为不可压缩流和中等可压缩流,该算法不对 N-S 方程联立求解,而是对动量方程进行压力修正,在燃烧、化学反应、辐射和多相流模拟中应用广泛。耦合显式算法,主要用于求解可压缩流,与 SIMPLE 算法不同的是,该算法对整个 N-S 方程联立求解,空间离散采用通量差分分裂格式,时间离散采用多步 Runge-Kutta 格式,并采用了多重网格加速收敛技术,该算法稳定性好,内存占用小,应用极为广泛。耦合隐式算法,也采用联立求解 N-S 方程的算法,由于采用隐式格式,计算精度和收敛性优于显式方法,但占用内存较多,而且该算法适合求解范围从低速到高速。另外,基于压力的求解器主要是针对低速不可压缩流开发的,基于密度的求解器主要是针对高速可压缩流开发的。但近年来这两种方法被不断扩展和重构,使得它们可以突破传统意义上的限制,可以求解更为广泛的流体流动问题。

在设置好求解算法的情况下,需要针对待求解物理问题,确定合适的物理模型。如需要考虑多种组分之间对流扩散的多组分输运模型、不同组分间存在化学反应的化学反应模型、多孔介质模型、热传导或热辐射模型等。对于每一种模型,都有相关的模型参数和求解方法需要进行设置。

根据已确立的求解算法和物理模型,需要对流体的属性进行设置,主要包括密度、定压比热、导热系数、动黏性系数等,对于每一个参数,针对不同的来流条件和物理模型,还需要对参数的变化特性进行设置。

在进行引射器数值模拟过程中,还有一个重要的环节,就是边界条件的设置问题,计算流体力学中给出的边界条件很多,主要有压力入口边界、速度入口边界、流量入口边界、壁面边界、对称边界、压力出口边界、无穷远边界等。边界类型以及边界参数的设置与求解算法、计算模型密切相关,如高速流入口不建议采用速度入口边界,具体设置可参考相关流体力学数值计算方面的参考资料。

最后一个环节就是调节解算器的控制参数,主要包括改变亚松弛因子、收敛残差、多网格参数以及流动参数的部分默认设置等。

另外,对于引射器内流体流动问题的数值求解,湍流模型的设置也是至关重要的,对于同一物理问题,不同的湍流模型给出的计算结果会有较大差别。

众所周知,流体微团的运动存在两种状态:当雷诺数较小时,相邻的流体层进行有序的滑移流动,称为层流;当雷诺数大于某临界值时,相邻的流体团呈无序的流动状态,速度、压强、温度等流动参数都在时间和空间上发生随机性的变化,这种流动状态称为湍流。

自然界的流动绝大多数是湍流,相对于发展迅速的 CFD 计算方法,湍流模式研究一直进展缓慢,主要原因在于湍流本身的高度复杂性,尤其是湍流在空间上的尺度多重性和时间上的高频脉动性。目前处理湍流数值计算问题有三种方法:直接数值模拟(DNS)方法、大涡模拟(LES)方法和雷诺平均 N – S 方程(RANS)方法。较常用的是 RANS 方法。

RANS 方法的思路是,首先将满足动力学方程的湍流瞬时运动分解为平均运动和脉动运动两部分,$\varphi = \bar{\varphi} + \varphi'$,满足 $\bar{\bar{\varphi}} = \bar{\varphi}, \overline{\varphi'} = 0$,然后把脉动运动部分对平均运动的贡献通过雷诺应力项来模化,也就是通过湍流模式来封闭雷诺平均 N – S 方程使之可以求解。

所谓湍流模式理论,就是依据湍流的理论知识、实验数据或直接数值模拟结果,对雷诺应力做出各种假设从而使湍流的雷诺平均 N – S 方程封闭。

从对模式处理的出发点不同,可以将湍流模式理论分成两大类:一类称为雷诺应力模式,另一类称为涡黏性封闭模式。雷诺应力模式由于计算量大,工程湍流问题中得到广泛应用的是涡黏性模式。

涡黏性模式中,为了使控制方程封闭,引入多个附加的湍流量。根据附加湍流量的多少,一般可将涡黏性模式划分为零方程模式、一方程模式、两方程模式三类。

零方程模式只考虑平均运动方程,不引入附加的湍流模式微分方程,使用混合长度假设,用平均流动物理量模化湍流黏性。常用的零方程模式包括 Cebeci – Smith 和 Baldwin – Lomax 模式,前者适用于湍流边界层计算,后者可用于 NS 方程的计算。

一方程模型考虑了湍动能的输运方程,常用的一方程模式是 Baldwin – Barth 和 Spalart – Allmaras 模式。

两方程模式中最具代表性的是 $k – \varepsilon$ 模式和 $k – \omega$ 模式。$k – \varepsilon$ 模式引入湍动能 k 和耗散率 ε,是发展最成熟、应用是广泛的湍流模式,并不断发展修正,产生了 RNG $k – \varepsilon$ 模式和可实现化 $k – \varepsilon$ 模式以及壁面函数、低雷诺数模式。而 $k – \omega$ 模式引入湍动能 k 和比耗散率 ω,并产生了 SST $k – \omega$ 模式。

对于引射器的数值求解模型,大量的数值模拟研究结果表明,基于 RNG $k – \varepsilon$ 的湍流模式和 SST $k – \omega$ 湍流模式计算结果与实验结果吻合较好。

5.2.3 数值计算后处理模块

1. 商业软件自带后处理功能

商业 CFD 软件不仅具有很好的数值求解能力,而且还包含了强大的后处理能力,能够完成 CFD 计算所要求的功能,主要包括速度矢量图、等值线图、流动轨迹图,并具有积分功能,可以求得力、力矩及其对应的力和力矩系数、流量等。对于用户关心的参数和计算中的误差可以随时进行动态跟踪显示。对于非定常流动计算,软件提供了非常强大的动画制作功能,在迭代过程中将所模拟非定常现象的整个过程记录成动画文件,供后续的分析演示。

Fluent 软件提供的数据显示和文字报告的工具,主要是让用户得到通过边界的物质质量流率和热量传递速率,在边界处的作用力以及动量值,还可以得到在一个面上或者在一个体上的积分、流率、平均值和质量平均值等。此外,用户还可以得到几何形状和求解数据的直方图,设置无因次系数的参考值以及计算投影面积。用户也可以打印或者存储一个包含当前 case 中的模型设定、边界条件和求解设定等情况的摘要报告等。在计算数据的过程中,对于二维问题计算值约定为每个单位厚度的积分值,而对于轴对称问题,计算值约定为 2π 角度的积分值。另外,为了方便用户对计算结果的分析,软件还提供了用户自定义函数模块,该模块允许利用简单的计算执行器,在现有函数的基础上定义流场函数。任何自定义的函数都会被添加到默认的流体变量列表和计算器提供的其他流场函数中。

2. 专业后处理软件

针对 CFD 计算软件,专业的后处理软件比较多,这里只介绍目前应用最广泛的 Tecplot 后处理软件。该软件是 Amtec 公司推出的一个功能强大的科学绘图软件。它提供了丰富的绘图格式,包括 $x-y$ 曲线图、多种格式的二维和三维面绘图以及三维体绘图格式。而且软件易学易用,界面友好,同时针对 Fluent 软件有专门的数据接口,可以直接读入 $*.\,cas$ 和 $*.\,dat$ 文件,也可以在 Fluent 中选择输出的面和变量,然后直接输出 tecplot 格式文档。

Tecplot 是绘图和数据分析的通用软件,对于进行数值模拟、数据分析和测试是理想的工具。作为功能强大的数据显示工具,Tecplot 通过绘制 XY、二维和三维数据图来显示工程和科学数据。

Tecplot 主要有以下功能:

(1)可直接读入常见的网格、CAD 图形及 CFD 软件生成的文件。

(2)能直接导入 CGNS、DXF、Excel、GRIDGEN、PLOT3D 格式的文件。

(3)能导出的文件格式包括 BMP、AVI、FLASH、JPEGG 等常用格式。

(4)能直接将结果在互联网上发布,利用 FTP 或 HTTP 对文件进行修改、编辑等操作。也可以直接打印图形,并在 Office 上复制粘贴。

(5)可在 Windows 9x\Me\NT\2000\XP 和 UNIX 操作系统上运行,文件能在不同的操作平台上互相交换。

(6)利用鼠标直接单击即可知道流场中任意一点的数值,能随意增加和删除指定的等值线。

（7）ADK 功能使用户可以利用 FORTRAN、C、C + +等语言开发特殊功能。

随着功能的扩展和完善，在工程和科学研究中，Tecplot 的应用日益广泛，用户遍及航空航天、国防、汽车、石油等工业以及流体力学、传热学、地球科学等科研机构。

关于 Tecplot 软件的详细使用说明及功能介绍，可参考专业的书籍，本书只是对其部分功能做一简单介绍。

5.3　CFD 在引射器流场数值模拟中的应用

5.3.1　数值计算方法

由于混合室内超声速引射气流与亚声速被引射气流的混合形成复杂的流场，在引射器的整个混合过程中，伴随着复杂流动现象，涉及超声速剪切、湍流、激波和膨胀波的相互作用，复杂的多波系干扰等。引射器内流场的模拟采用雷诺平均的 N－S 方程进行求解。引射器中两股气流是通过湍流的掺混作用进行混合的，因此必须加入湍流模型，计及湍流黏性的影响。

要准确计算高马赫数、大增压比超声速引射器流动，需要注意以下几个问题：

（1）超声速引射器内高马赫数、大逆压梯度流动必然会产生强激波结构，模拟这类流动要求采用的数值格式具有较高的分辨率。用于强激波捕捉的数值格式一般具有较大的数值黏性。超声速引射器内黏性效应占主导的区域，应尽量减小数值黏性的影响。

（2）超声速引射器流动可压缩效应，湍流效应显著，而且局部区域气流会出现回流或分离，选择高效、准确的湍流数值模拟方法至关重要。

（3）超声速引射器有两个入口和一个出口，亚声速入口和出口的计算初始状态参数差异巨大，而且在计算过程中它们会进行动态调整，流场内的波系结构也在不断变化。同时压缩波或膨胀波会在边界发生反射，因此流场收敛相当缓慢。

（4）特别是对于等压引射器，为了将激波推出平直段，计算时出口压力往往分多步提高至最终压力值，这将进一步增加计算时间。

因为影响引射器性能的参数很多，既有流动参数也有几何参数。引射器混合室内波系复杂，因此，这里只就典型状态下引射器混合室内的流态进行了定性分析，给出一些定性结论。为方便比较不同引射方式对引射性能的影响，数值模拟时均采用了三维模型。

5.3.2 等面积引射器流场结构

等面积引射器混合室为圆截面管道。下面以一个算例来分析等面积引射内流场结构。

1. 计算模型

选取的等面积引射器计算模型为:超声速引射气流采用压力入口条件,给定总压 $2.79 \times 10^5 \mathrm{Pa}$,总温 300K,引射马赫数 3.8,引射面积 $0.002715\mathrm{m}^2$,流量 $0.1972\mathrm{kg/s}$;亚声速被引射气流采用质量流入口条件,流量 $0.0364\mathrm{kg/s}$,总温 300K,入射角 $0°$,面积 $0.0181\mathrm{m}^2$。出口为亚声速,给定反压条件,其余参数可假设沿流向无梯度。壁面满足无滑移条件,轴线上满足对称条件。湍流模型采用 SST $k-\omega$ 模型。为简化计算,超声速入口取在引射喷管出口截面,亚声速入口向上游推进一段距离。引射器主引射气流喷口直径为 60mm,混合室直径为 80mm,混合室长度为 2000mm。

2. 中心引射

当给定反压 7350Pa 时,数值模拟所得的被引射气体的入口静压为 2361Pa,与引射气体的静压相当,即主引射气流与被引射气流混合室入口处的静压比近似为 1。引射器的增压比为 8130/2434 = 3.34,膨胀比 279000/2434 = 114.63。

对称面上的压力和马赫数等值线云图如图 5 - 2 和图 5 - 3 所示(因引射器混合室的长径比较大,为显示清楚,纵向的几何尺寸进行了放大)。模拟结果表明,当主引射气流与被引射气流混合室入口处的静压比接近 1 时,混合室内压力波的强度是较弱的。

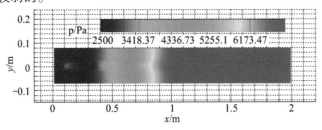

图 5 - 2　混合室内等压数云图

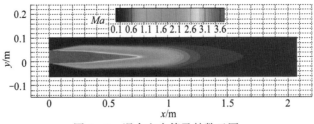

图 5 - 3　混合室内等马赫数云图

混合室内流线图如图 5-4 所示。从对称面上的流线分布看,因引射气体总压高,因此在流出引射喷嘴后气体膨胀,流通面积扩大,而被引射气体受到引射气体和壁面的挤压,流通面积变小,在壁面附近会形成一段较长的低速回流区。

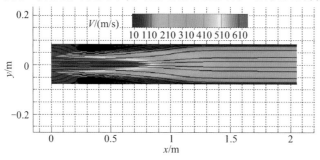

图 5-4 混合室内流线

等面积引射器混合室中心线上和壁面沿程的静压和马赫数分布见图 5-5 和图 5-6。

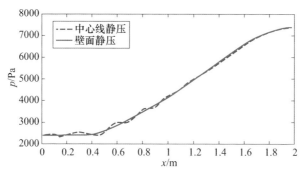

图 5-5 混合室中心和壁面的沿程压力分布

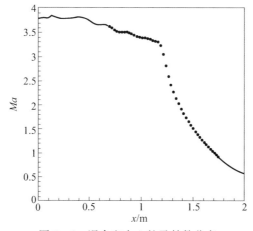

图 5-6 混合室中心的马赫数分布

从沿程的压力分布来看,当两股气流压力相当时,混合室内波系较弱。引射气流流出引射喷口后,因能量高于被引射气流,气流会发生膨胀,通道面积增大,被引射气流通道变小,在此过程中,两股气流的静压变化不大。而后,两股气流的压力逐渐升高,同时伴随着引射气流中较弱的激波和膨胀波,压力波强度越来越弱,并与壁面压力达到完全平衡,两股气流再开始快速混合,压力一起升高,速度相互接近。

若降低混合室出口反压至6564Pa,则在保持被引射气体入口流量一定的前提下,被引射气体的截面平均总压会下降到1865Pa。此时被引射气体的静压也降到1766Pa,低于引射气体的静压,引射气体处于欠膨胀状态。引射器增压比7536/1865 = 4.04,膨胀比279000/1865 = 149.60。处于欠膨胀状态的对称面上压力和马赫数等值线云图如图5 - 7和图5 - 8所示,混合室内流线如图5 - 9所示。

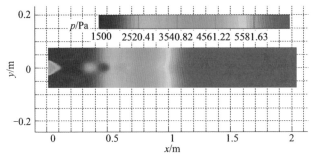

图5 - 7　欠膨胀时混合室内等压云图

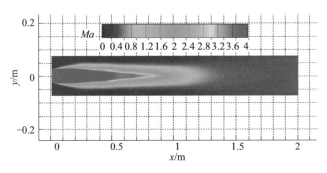

图5 - 8　欠膨胀时混合室内等马赫云图

当引射气体处于欠膨胀状态时,引射气体流出引射喷嘴后,因静压高于被引射气体,气流流通面积放大,流线向外扩张。被引射气流受到压缩,在混合室前部的壁面附近会形成回流区。因引射气体压力高于被引射气体,在喷嘴出口处会产生膨胀波(e),波后速度升高,压力下降,而混合室轴线上由于受到上下两道膨胀波的叠加效应,会出现一个速度和压力的极值区。上下截面的膨胀波打

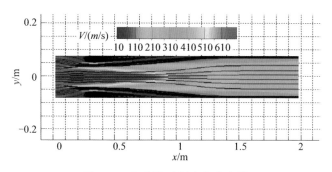

图 5 - 9   欠膨胀时混合室内流线

到对面,遇到引射和被引射两股气流的接触面(相当于剪切层自由边界)会发生反射(r),产生压缩波(s),波后压力升高,速度
下降。上下压缩波在轴线上相交,再反射(r),产生新的压缩波(s),新的压缩波在剪切层上反射(r),再产生膨胀波(e),如此循环往复,经历一系列的 e - r - s - r - s - r - e 过程,在混合室内形成一系列的压力波串。每经过一个波串,波强度有所降低。直到两股气流的压力达到完全平衡,波串消失。两股气流开始快速混合,共同经历压力升高,速度接近的混合过程。由于引射器内还存在激波、膨胀波与边界层的相互干扰,因此,实际情况更复杂。此时,混合室中心和壁面的压力分布及马赫数分布如图 5 - 10 和图 5 - 11 所示。

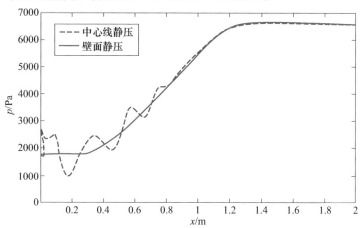

图 5 - 10   欠膨胀时混合室中心和壁面的压力分布

　　若提高混合室出口反压至 8000,此时在保持被引射流量不变下,被引射气体的截面平均总压为 3023Pa,静压为 2965Pa,高于引射气体压力,引射气体处于过膨胀状态。引射器增压比 8698/3023 = 2.88,膨胀比 279000/3023 = 92.29。处于过膨胀状态的对称面上压力和马赫数等值线云图如图 5 - 12 和图 5 - 13 所示,混合室内流线如图 5 - 14 所示。

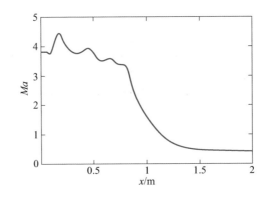

图 5 – 11　欠膨胀时混合室中心的马赫数分布

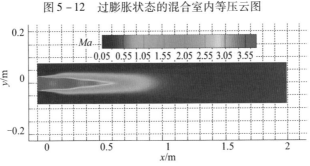

图 5 – 12　过膨胀状态的混合室内等压云图

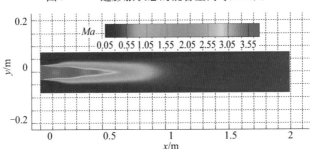

图 5 – 13　过膨胀状态的混合室内等马赫数云图

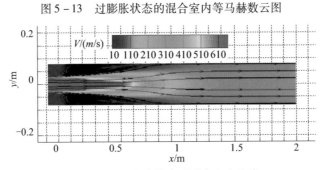

图 5 – 14　过膨胀状态时混合室内流线

126

引射气流处于过膨胀状态时,引射气流流出引射喷嘴后,气流流通面积会增大,被引射气流受到挤压,在壁面附近会产生回流区。而因引射压力低于周边压力,因此会产生一道压缩波(s),波后压力升高,速度下降。上下两道压缩波在轴线上相交,反射(r),再产生压缩波(s),当反射的压缩波遇到引射气流和被引射气流的接触面,发生反射(r),生成指向中心的膨胀波(e),压力降低,速度升高。膨胀波再在对面的接触面上反射(r),生成压缩波(s),然后压缩波再反射(r),如此循环往复 s-r-s-r-e-r-s 过程,在混合室内形成复杂波系。每经过一个过程,波强度减弱。直到两股气流达到压力完全平衡,气流开始混合,高速引射气流的能量传递给低速被引射气流,两者速度接近,气体压力共同升高。此时,混合室中心和壁面的压力和马赫数分布见图 5-15 和图 5-16。

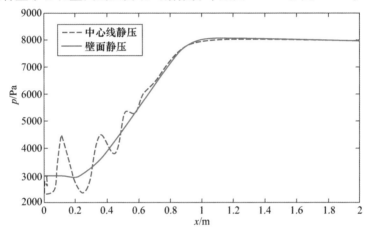

图 5-15　过膨胀时混合室中心和壁面的压力分布

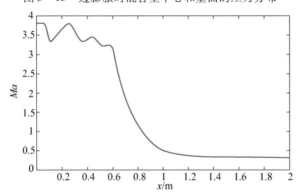

图 5-16　过膨胀时混合室中心的马赫数分布

引射器处于三种不同膨胀状态下,在混合室的前部均存在一个较大的回流区,尽管混合室中心的压力和速度分布不同,但混合室壁面的压力均是逐渐上升的。被引射气体静压越高,则压力波串长度越短,快速混合发生得越早。当两股气流压力相差大时,混合室中的压力波强度较大,因此,在设计引射器时,应尽量使引射气流和被引射气流的静压相当。

在引射效率一样的前提下,若保持引射压力不变,则被引射来流总压越低,膨胀比越大,等面积引射器的增压比越高。

3. 多喷嘴引射

虽然单喷嘴超声速引射器结构简单,设计加工方便,但其混合慢,混合距离偏长,均匀性较差。超声速扩压过程中气流总压损失非常大,引射器尺寸严重制约着它的引射效率和压力恢复性能,和小型化之间的矛盾特别突出。多喷嘴引射方式将单一的气流通道进行有效分割,形成多气流通道。不仅增加了气流的有效接触面积,而且增强了气流的混合效果,可以有效缩短引射器的混合距离,大幅提高引射效率,缩短引射器尺寸,对引射器的小型化设计非常有利。喷嘴及计算网格示意图见图 5 - 17。

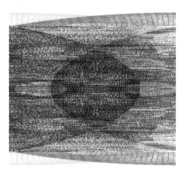

图 5 - 17　喷嘴及计算网格示意图

与单喷嘴引射器相比,多喷嘴引射器的喷嘴尺寸小,喷嘴射流之间、引射气流和被引射气流之间、气流和壁面之间均存在强烈的干扰,流动现象及波系结构比单喷嘴引射器复杂得多。从数值模拟的角度来讲,复杂的流动现象和小结构尺度要求解算器具有良好的性能和效率,而且模拟收敛速度缓慢。

本书选取 16 个喷嘴的多喷嘴引射器进行流场模拟,且引射器处于欠膨胀状态,并与单喷嘴的结果进行比较。计算模型参数同单喷嘴引射器。

16 个喷嘴分内外两层,每层 8 个喷嘴。每层的 8 个喷嘴沿周向等距布置。内外层沿径向等距分布。数值模拟时因对称性,可取部分区域进行数值模拟,为模拟壁面附近的流动,在喷嘴周边和混合室壁面附近进行了网格加密处理。

因混合室内波系过于复杂,因此只进行了压力分布比较,数值计算得到的单喷嘴和多喷嘴引射器壁面压力分布如图 5 - 18 所示,沿引射喷嘴中心的压力分布如图 5 - 19 所示。类似于单喷嘴中心引射器,混合室壁面压力分布也是先经过一段平直过渡,然后壁面压力逐渐上升。采用多喷嘴后,壁面压力恢复很快,在较短的长度范围内压力就迅速升高,因此采用多喷嘴引射器,可大大缩短引射器混合室长度。

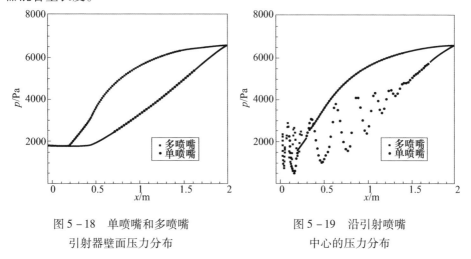

图 5 – 18　单喷嘴和多喷嘴
引射器壁面压力分布

图 5 – 19　沿引射喷嘴
中心的压力分布

采用多喷嘴后,因单个喷嘴的尺寸减小,因此压力波串的幅值略有降低,串长度被大大压缩到约为单喷嘴的 1/4。

5.3.3　等压引射器流场结构

等压引射器的混合室由收缩段、平直段、扩张段三部分构成。在理想情况下,气流在收缩段内完成超声速引射气流与亚声速被引射气流的混合过程,在收缩段的出口气流为超声速;在平直段内,气流经过一系列激波串完成由超声速到亚声速的过渡;在扩张段,气流进行亚声速扩张。等压引射器结构示意图如图 5 – 20 所示。

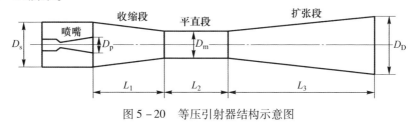

图 5 – 20　等压引射器结构示意图

按照一维流假设,在混合室入口,引射气流为超声速气流,被引射气流为亚声速气流,两股气流均为理想气体,静压匹配。收缩段内进行超声速引射气流和亚声速被引射气流的混合,当气流到达收缩段出口时已完全混合,收缩段出口为超声速气流;在平直段内气流通过一道正激波变成亚声速。扩张段入口气流为亚声速,并在扩张段内,进一步减速增压。

1. 计算模型

在进行等压引射器流场数值模拟时,其几何尺寸和气流参数尽量与等面积引射器相同。因此,选取的等压引射器计算模型为:超声速引射气流采用压力入口条件,给定总压 $2.79 \times 10^5 \mathrm{Pa}$,总温300K,引射马赫数3.8,单喷嘴引射出口直径29.4mm;亚声速被引射气流采用质量流入口条件,流量0.0364kg/s,总温300K,入射角0°。混合室入口直径162.8mm。平直段直径92.4mm。扩张段出口直径162.8mm。三段长度分别为500mm、500mm、700mm,为了避免扩张段可能的气流分离对流场模拟的影响,数值模拟时扩张段出口增加了300mm的平直段。出口为亚声速,给定反压条件,其余参数可假设沿流向无梯度。壁面满足无滑移条件,轴线上满足对称条件。湍流模型采用SST $k-\omega$ 模型。

2. 中心引射

在给定被引射气体流量0.0364kg/s的条件下,给定反压15000Pa,此时引射气体和被引射气体的静压分别为2407Pa和2379Pa,总压279000Pa和2434Pa。引射气体和被引射气体静压基本相当。对称面上静压和马赫数等值线云图如图5-21、图5-22所示,混合室内流线如图5-23所示。混合室中心和壁面压力分布如图5-24所示,混合室中心马赫数分布如图5-25所示。

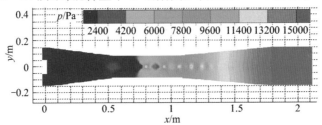

图5-21　静压分布云图

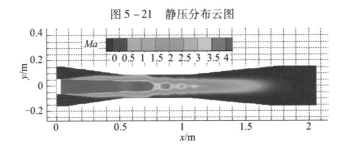

图5-22　马赫数分布云图

在收缩段部分,因两股气流静压相当,因此前面大部分区域(70%长度范围以上)气流维持等压状态,只在收缩段的后面一小部分,有一些弱的波系存在,压力略有上升,至收缩段出口截面平均静压达到3333Pa,马赫数1.626。从平直段开始,气流要通过一系列激波,减速增压,完成从超声速气流到亚声速气流的

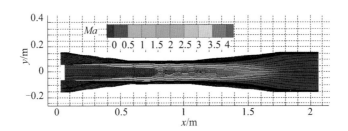

图 5 - 23 流线图

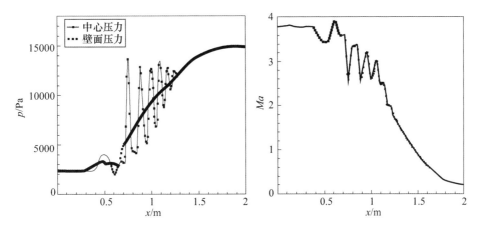

图 5 - 24 混合室中心和壁面压力分布　图 5 - 25 混合室中心马赫数分布

过渡。从 660mm 处开始,产生一道很强的斜激波 1,气流迅速增压减速。异侧激波在中心相交反射,产生反射激波 2。反射激波 2 在平直段壁面上再反射,产生反射激波 3,激波 3 在中心相交再反射,如此重复,则在等压引射器平直段中产生一系列激波串。激波串的强度逐渐减弱,每经过一道激波,气流经过一次减速增压过程。经过一系列激波串,气流完成超声速到亚声速的过渡,压力升高,速度下降。激波串的主体在平直段内,并延伸入扩张段,在平直段出口中,平均压力 9195Pa,马赫数 0.7472。在等压引射器的扩张部分,气流继续进行亚声速扩张,压力进一步提高。

若将反压提高到 16000Pa,此时引射气体和被引射气体的静压分别为 2407Pa 和 2544Pa,总压 279000Pa 和 2596Pa。引射气体略有些过膨胀,则对称面上的静压和马赫数云图如图 5 - 26、图 5 - 27 所示,流线图如图 5 - 28 所示。

提高出口反压,则入口被引射气流的总压和静压都有所上升,引射气体处于过膨胀状态。只要两股气流静压相差不大,则收缩段的前部仍会基本处于等压状态,但后部会产生一些弱的激波膨胀波。而且压力差越大,等压距离越短。在等压引射器起动状态下,反压越高,平直段中主激波的位置越靠前。如反压

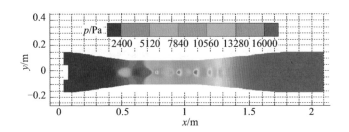

图 5-26 静压分布云图

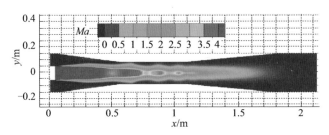

图 5-27 马赫数分布云图

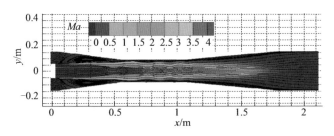

图 5-28 流线图

16000Pa 时,主激波的位置产生在约 580mm 处。

再提高反压,则主激波上游可能已被推至收缩部分,被引射气流的压力迅速升高,严重影响引射能力,此时,对称面上的静压如图 5-29 所示,混合室壁面和中心的压力分布如图 5-30 所示,混合室中心马赫数分布如图 5-31 所示。

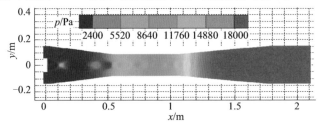

图 5-29 静压分布云图

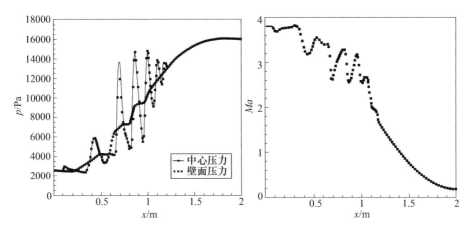

图 5 – 30 过膨胀时混合室壁面和
          中心的压力分布

图 5 – 31   混合室中心马赫数分布

实际情况下,要想完全做到收缩段内的等压是很难的,只能做到大致等压。为了避免堵塞,实际设计的平直段直径均比理论值偏大。在本例所给的设计参数下,因引射气体略过膨胀,因此流出引射喷嘴后,会产生一道很弱的激波,波后压力升高,上下方向的激波在中心线上相交反射,生成反射激波,反射激波在剪切面上反射,生成膨胀波,波后压力下降,膨胀波至异侧的剪切面再反射为激波,因此形成了中心线上压力先升后降,再升再降的分布。在收缩段出口气流为超声速。由于壁面收缩,气流速度总体上是降低了,因此收缩段内压力波的强度不大。而壁面压力在经过前面一段的等压后,因速度降低而压力会升高。

收缩段内只有一道较明显的激波和膨胀波。在收缩段出口气流维持超声速。因混合室出口气流要保持高压和亚声速,因此在平直段内气流开始进行通过一系列激波串完成超声速到亚声速的过渡。超声速气流先产生一道斜激波1,将速度降低一点,压力提高一点,然后异侧激波在中心相交反射,生成反射激波2,反射激波2在混合室平直段壁面上反射,再生成反射激波3,反射激波3又在中心线上反射,如此一直重复此过程,在平直段内生成一系列激波串,每经过一组激波串,气流速度有所降低,压力有所升高,直至激波串消失,气流变成亚声速,再在扩张段内进行亚声速的减速扩压。(因混合不充分的原因,平直段内壁面附近亚声速区较厚,因此实际流动状态很复杂,并不只有激波存在,也存在膨胀波。)

激波串有一定的长度,给定不同的反压,激波串的长度会发生变化。反压越高,激波串长度越短,但必须保证激波串消失的地方处于扩散段内,以保证激波串的稳定。

从对称面的流线看,在收缩段的壁面附近,仍存在较大的回流区。而扩张段内是否存在回流区,与扩张段的扩张角度密切相关。

给定同样的入口被引射流量,给出不同的出口反压,则随着出口反压的升高,被引射气体的压力迅速升高,马赫数下降,波系结构提前,严重影响引射器的压力恢复能力。

在工程实践中,运用较多的是引射器一维设计理论。但一维设计理论对引射器流场做了很多简化和近似,不考虑黏性的影响和因混合不完全带来的损失,所以它在估算混合损失大小以及一些特定几何参数对引射特性的影响方面,存在很大的不足。而引射器内流场数值模拟则可以深入了解引射器内部结构,研究引射器几何参数的影响,可弥补一维设计理论的不足。在开展引射器数值分析时,要充分考虑以下几方面的因素:

(1)超声速引射器结构简单,但内流场十分复杂,其性能受到几何参数和气流参数的双重影响;

(2)引射器内流场复杂,数值模拟结果会与实际结果有一定的差别,引射器流场准确数值模拟存在较大的难度;

(3)等面积引射器适用范围广,但引射效率相对较低;等压引射器可调范围小,但引射效率较高;

(4)引射器采用多喷嘴型式可以有效增强混合,减小引射器混合室长度,并提高引射效率。

第6章 引射器集成技术

引射器由于其具有的突出优点,在众多领域得到了广泛应用。在应用过程中,人们为了解决单级引射器能力不足的问题,发展和应用了引射器集成技术。在一些高增压比的应用场合,需要将若干级引射器前后串联起来使用。在一些对引射器几何尺寸,尤其是引射器的长度有严格限制的应用场合,需要将多个引射器单元并联起来使用。甚至在某些应用场合还需要将引射器进行串联、并联使用。这种将引射器进行串联、并联和串并联使用的技术,我们统称为引射器集成技术。

本章首先概述引射器集成技术的应用和发展,然后介绍多级串联引射器使用的设计方法,分析了两级引射器串联使用时的匹配设计和系统配置。考虑到引射器气源对引射器集成的重要影响,对几种常用气源技术进行了分析,提出了选择气源时应考虑的若干基本原则。

6.1 引射器集成技术应用背景

目前,国内外引射器研究的趋势仍然是进一步挖掘引射器增压比和引射效率的指标潜能,就是要在各种使用环境和约束条件下,研究各种因素对引射器性能的影响,尽量提高引射器增压比或引射系数。根据主、被动气流的混合特性,工程上常用的引射器分为等面积混合引射器和等压混合引射器两类。这两类引射器引射气体与被引射气体的混合特性不同,其性能也差别很大。等面积混合引射器目前应用最广泛,技术比较成熟,其特点是尺寸较短,主要用于增压比不高的场合。而在高增压比条件下,等压混合引射器的效率明显高于等截面混合引射器。通过提高引射气体马赫数和温度、优化混合室收缩比与混合气体马赫数等途径,可以显著提高引射器的工作性能,同时还应该看到,在实际应用过程中,引射器的性能也是有限的,受到种种限制条件。

例如,选取高的引射马赫数,可以得到更高的引射器性能,但引射马赫数的上限受到两方面因素的限制,一是随着引射马赫数的增加,引射压力也会迅速增加,这会使驱动气源的设计和使用变得困难和低效;二是当引射马赫数过高时,气流在引射喷管中急剧膨胀降温,引射气体达到冷凝条件时,会使引射性能严重恶化。因此,等压混合引射器设计时,应尽可能提高引射马赫数,同时要避免引射气流冷凝,考虑驱动气源设计使用的许可。

又如,增加引射气体温度或降低被引射气体温度可以提高引射器性能。增加引射气体温度同时还可以延迟气流的膨胀冷凝,从而可以提高引射马赫数上限,这对提高引射器性能也是非常有利的。但是气体温度升高对引射器结构带来不利影响,温度太高时制造引射器的材料成本增加,长时间运行时结构受热变形严重,结构热应力过大甚至会导致结构破坏。典型单级引射器结构如图 6-1 所示。

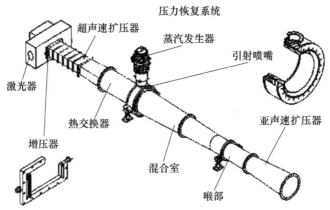

图 6-1 典型单级引射器系统结构图

在引射器的实际应用过程中,由于引射器性能受到诸多条件的限制,仅依靠单个引射器或者单级引射器,是难以满足对引射器的性能要求的。如引射器应用于化学激光器引射器系统时,需要将反应后的废气从若干托($3 \sim 5$torr,1torr $\approx$ 133.32Pa)增压到环境大气压力(约 760torr)以便顺利排出,这时引射器系统所需要达到的增压比要求达到几十甚至上百。而实际使用的等压混合引射器一级可以达到的增压比最高仅有十几,尽管理论上可以通过极小的引射系数实现更高的单级增压比,但即使是在被引射气流流量为零的极限条件下,单级引射器的增压比也是有限的。这时就需要将几个引射器前后串联起来,逐级提高被引射气体的压力。

如果被引射气流排放所要求的增压比非常高,单级引射无法达到其增压比要求,此时可采用两级引射以上的多级引射器系统方案。典型两级串联引射器结构如图 6-2 所示,引射器内部结构对比如图 6-3 所示。

如果单个引射器系统引射的流量不够,则可将多个引射模块并联来满足引射要求,此时引射系数、引射马赫数和引射器增压比等参数与单模块引射器系统相同。

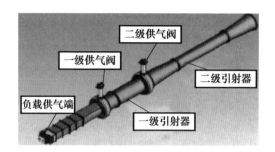

图 6-2 典型两级串联引射器系统结构图

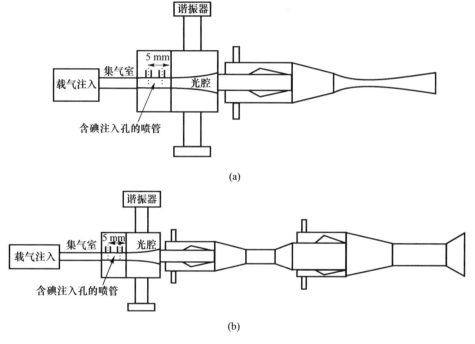

(a)

(b)

图 6-3 单级引射器与二级引射器的对比
(a) 单级引射器;(b) 二级引射器。

在高能化学激光器应用领域,引射器集成技术得到了很大的发展。由于化学激光器系统集成的需要,用于引射器系统的超声速引射器发展趋势为:大增压比、小型化;燃气引射、模块化、与激光器和扩压器设计一体化。对超声速引射器大增压比的要求是由激光器工质的排放要求决定的,小型化的要求是为了满足各种激光器系统集成的需要,燃气引射是大增压比、小型化的必然要求,而且其燃气发生器系统最好采用纯液体、常温可储存、无毒无污染推进剂燃气发生器方案;模块化的要求是与化学激光器的拓展性能相匹配的,便于扩充系统性能;与激光器和扩压器一体化设计的要求是缩小整个引射器系统的长度、提高引射器系统能力。模块化引射器结构如图6-4所示。

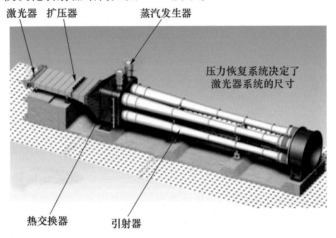

图6-4 模块化引射器结构示意图

引射器在应用于航空领域时集成引射技术,尤其是多级混合引射器得到了很好的发展。引射器在航空领域的应用,主要是用于飞机喷气发动机推力增强、喷流噪声降噪、红外抑制和排气冷却等。其工作原理是,利用发动机的高温高速排气,将外部空气吸入并混合,从而降低排气的速度和温度,达到降低排气噪声、抑制排气系统的红外辐射并提高发动机的总推力的目的,如图6-5所示。

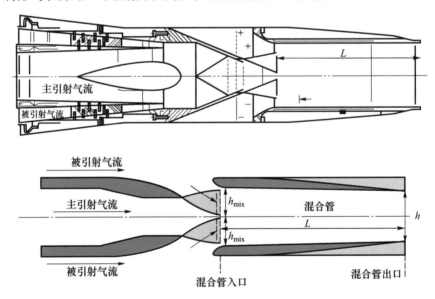

图6-5 红外抑制及降噪设计

多级混合引射器是一种新概念引射混合器,可以显著提高航空应用中的引射器系统性能,这种多级混合引射器是由多个引射器串联集成组成的,如图 6-6 所示。这种多级混合引射器扩散率更高、壁面冷却更有效、流动混合更好、推力增强潜力更大,对安装偏差敏感度更小,更适用于非均匀外部来流。

图 6-6　多级引射系统

6.2　多级引射器设计

6.2.1　多级引射器设计方法

多级引射器是在一个引射器增压能力不足时,将多个引射器前后串联起来使用的引射技术。多级引射的工作原理见图 6-7。

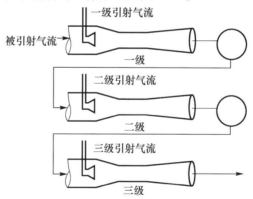

图 6-7　多级引射器原理图

多级引射器的工作过程是,被引射气体首先与最前面的引射器(称为第一级引射器)的引射气体进行掺混,增压后排出第一级引射器,进入随后连接的引射器(称为第二级引射器),作为第二级引射器的被引射气体继续与该级引射器的引射气体混合增压,依此类推,直到经过若干级引射器的连续混合增压后达到最终排气的压力要求。

多级引射器既可以采用等面积混合引射器与等压混合引射器的组合,也可以采用中心引射与多喷嘴引射的组合,或者是超超声速引射与亚超声速引射的组合。

多级引射器的设计过程与单级引射器设计基本一致。以两级引射器为例,根据第一级引射器的具体形式,采用适用的设计方法计算出该级混合室出口参数后,将其作为后面的第二级引射器的被引射气流参数,再根据第二级引射器的具体形式,根据相应的设计方法进行二级引射器的计算,参见图6-8。

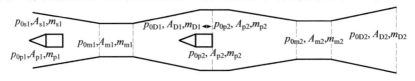

图6-8 两级串联引射器计算过程示意图

两级引射器的引射系数和增压比取决于各级引射系数和增压比,与每级引射器采用的具体形式无关。

在两级引射器系统中,设一级引射系数为 k_1 ,二级引射系数为 k_2 ,则两级引引射器系统总引射系数 k 与各级引射系数的关系式为

$$\frac{1}{k} = \frac{1}{k_1} + \frac{1}{k_2} + \frac{1}{k_1 k_2} \tag{6.1}$$

式中:一级引射系数 k_1 为被引射气流流量 m_{s1} 与一级引射流量 m_{p1} 之比,即 $k_1 = m_{s1}/m_{p1}$,二级引射系数 k_2 为一级混合气体流量(即 $m_{p1} + m_{s1}$)与二级引射流量 m_{p2} 之比,即 $k_2 = (m_{p1} + m_{s1})/m_{p2}$ 。

假设一级增压比为 CR_1 ,二级增压比为 CR_2 ,则两级引射引射器系统增压比为 $CR = CR_1 \cdot CR_2$ 。多级引射器各级增压比如何分配是设计过程中需要重点解决的问题,对多级引射器的总体性能有显著影响。

多级引射器设计时,可以分为多个设计计算步骤。首先,根据使用场地限制、运行时间和热结构设计等要求,选择合适的引射器驱动气源类型、气源最高工作压力和温度等;其次,根据引射器的使用性能要求,包括被引射气体参数、总增压比要求和运行环境条件等,进行总体方案设计,确定引射气体的介质种类、工作压力和气体温度等工作参数;最后,在上述限制条件下,确定多级引射器的级数,并对各级工作参数进行匹配设计,计算出每一级工作参数。

6.2.2 多级引射器参数匹配

多级引射器设计与单级引射器的最大区别,就是确定需要进行串联工作的引射器级数,并对各级之间的引射器工作参数进行匹配。多级引射参数匹配对整个多级引射器系统的综合性能有直接影响。

　　从前面所述等面积混合引射器和等压混合引射器的分析可知,单级引射器性能取决于被引射气流和引射气流的马赫数、温度和气体物性参数(如分子量、比热比)等因素。引射器设计的主要目的是在这些因素影响条件下,确定引射器的工作点参数,使得满足增压比要求的引射器引射效率最高,或者一定引射气体条件下引射器的增压比最大。

　　多级引射器设计的目的,是寻求引射器总体性能最优的工作点参数。正如单级引射器存在性能最优的工作点一样,多级引射器也存在这样的工作点状态。多级引射器级间参数的适当匹配与优化,可以使得整个系统的总体性能得到优化。

　　从单级引射器性能影响因素分析,可以合理地推测,当多级引射的被引射气体和引射气体介质不同时,如采用高温燃气引射和常温空气引射时,多级引射参数匹配也会有所区别。为了简便起见,下面的设计计算以引射气体和被引射气体介质均为常温空气为分析基础。

1. 串联级数的确定方法

　　在给定条件下,通过多级引射器串联,可以实现很高的增压比(全增压比)。多级引射器系统中的每一级引射器均可实现全增压比的一部分(分增压比)。多级引射器串联的级数,可直接由全增压比和分增压比决定。通常各级的分增压比可以是不相同的,如果取其平均值,则级数 = 全增压比的对数/各级平均增压比的对数。

　　在实际应用中,全增压比是由多级引射器的性能要求,也就是设计条件给定的;各级增压比可根据单级引射器的经验数据大致确定。通常,在获得单级的最高增压比以后,将需实现的全增压比和它进行比较,也可初步确定串联的级数。

　　显然,多级引射器串联的级数越多,对提高增压比越有利,但级数过多对匹配设计、工程调试以及多级引射器系统的建设成本等都将带来很大的麻烦,级数越多系统越复杂,因此,就大多数情况来说,多级引射器系统串联的级数以 2～3 级为宜,一般不宜超过 4 级。

2. 全增压比的分配方法

　　在设计多级引射器时,当确定了串联级数以后,紧接着需要选择确定每一级引射器的增压比值。而要确定各级引射器的增压比,关键是要看系统的全增压比在各级之间如何进行分配。

　　全增压比均匀分配的方法,是一种使多级串联引射器的全增压比在各级引射器之间进行均匀分配的方法,即对于 n 级串联的引射器来说,各级引射器的增压比统一取为全增压比的 n 次方根。例如,当全增压比为 27 的三级串联时,每一级增压比可以统一取为 3。

　　下面以两级串联引射器系统为例,对全增压比分配方法进行分析。在全增压比(p_{0D}/p_{0s1})、被引射气体的流量 m_{s1} 等客观条件均相同的情况下,计算对比全增压比在各级之间均匀分配和不均匀分配时所需工作气体的流量。

（1）条件设定：

假设全增压比 $p_{0D}/p_{0s1}=4$，引射气体总压为 p_{0p}，引射气体、被引射气体均为空气。

（2）计算公式：

流量 $m_p=m_{p1}+m_{p2}$，$m_{p1}=m_{s1}/k_1$，$m_{p2}=m_{s2}/k_2=(m_{p1}+m_{s1})/k_2$，其中 m_p 为引射器吸走 m_{s1} 所需的引射气体总流量，m_{p1}、m_{p2} 分别为第一、二级的引射气体流量，k_1、k_2 分别为第一、二级的引射系数。

多级系统中的各级引射器显然可以看作彼此独立的(满足匹配条件下的)，因此，各级的引射系数就可以完全按照单级引射器在增压比已知时求解对应引射系数的方法进行。

比较表 6 - 1 的计算结果很容易发现，当全增压比均匀分配时，引射器吸走同样多的引射气体所需的工作气体量最少。可见，均匀分配的方法，应该是全增压比分配的理想方法。

表 6 - 1　全压缩比按不同方式分配时的相关参数计算

全压缩比分配方式	k_1	k_2	m_{p1}	m_{p2}	m_p
全压缩比均匀分配 $p_{0D1}/p_{0s1}=p_{0D2}/p_{0s2}=(p_{0D2}/p_{0s1})^{0.5}$	0.47	0.28	$2.13m_{s1}$	$11.18m_{s1}$	$13.31m_{s1}$
全压缩比不均匀分配且前级大后级小令 $p_{0D1}/p_{0s1}=3$，则 $p_{0D2}/p_{0s2}=4/3$	0.14	0.80	$7.14m_{s1}$	$10.18m_{s1}$	$17.32m_{s1}$
全压缩比不均匀分配且前级小后级大令 $p_{0D1}/p_{0s1}=4/3$，则 $p_{0D2}/p_{0s2}=3$	1.5	0.088	$0.667m_{s1}$	$19.05m_{s1}$	$19.72m_{s1}$

但是在实际应用时，全增压比均匀分配方法的实用性常常受到很大限制：

（1）多级引射器串联的每级被引射气体，就是其前一级的混合气体，因而越往后，各级的引射量越大，而在大引射量的情况下，就必须保证引射器具有较大的引射系数；同时，引射器的引射系数具有随着增压比的增大而减小的特性，如果全增压比在各级之间均匀分配，则后面各级引射器的增压比相对也较高。因此均匀分配时，后面各级既要保证较大的引射系数，又要保证较大的增压比。实践证明，要实现这样的引射器，难度是很大的。

（2）就具体的工程应用来说，保证各级引射器的工作流体采用相同的压力，这是一个不可忽视的很实际的要求。引射器理论告诉我们，要满足这一要求，全增压比就不能再在各级之间进行均匀分配。因为如果均匀分配，各级引射器工作流体的压力就势必不能保持相同，而须是越往后各级的压力越高，具体高多少还得随工况的变化而变化，显然这将会给使用管理带来很大的麻烦。因此，从工程运用角度来看,均匀分配也是难以被推广的。

　　为了克服均匀分配时的不实用性,全增压比在各级引射器之间应该进行不均匀分配。那么,到底应该如何不均匀地分配,显然,这要完全从理论角度加以分析是不容易的。为此,可以采用实验分析法进行。通过对经常遇到的增压比和膨胀比条件下进行多次实验后发现,当由两级引射器串联时,第一级的增压比是第二级的 1.4 倍较为合适;当由三级引射器串联时,第一、二、三级的增压比则按 1.8∶1.3∶1 的大致比例分配较为合适。

　　以三级串联为例,假设要实现全增压比为 4,则第三级的增压比大约应为 1.2,第二级的增压比为 1.5 左右,第一级的增压比为 2.2 左右。如果按这样的比例进行分配,则设计制造、维护管理的要求等都可以放松一些,从而使得制造成本降低,维护管理容易。

　　上述分析表明,多级串联引射器为了设计制造时能够顺利实现,也为了便于它在工程应用中的使用管理,其全增压比在各级之间的分配应该是不均匀的,并且各级增压比由前向后应依次减小。当然,如果各级工作流体压力可以随时进行调节,则全增压比还是以均匀分配为好。但必须注意到的是,不均匀分配时,虽然生产效率不如均匀分配时高,但实现起来却要容易得多,具有很好的实用价值。

3. 设计点的确定方法

　　通常,引射器的工作条件(主要是工作流体的压力、流量等参数)都是一个范围,这样就须选择合适的设计点。对于按某一给定条件设计的多级引射器,只有当引射和被引射流体的压力都与设计点参数完全吻合时才具有最大的效率;当膨胀比偏大或增压比偏小时,引射器的工作效率将会有所降低,但降低幅度相对较小;而当膨胀比偏小或增压比偏大时,工作效率则会急剧下降甚至出现倒流现象。这与单级引射器膨胀比和增压比与设计不相符时,工作状况会严重恶化,效率会急剧下降的结论是一致的。但相比之下,多级引射器的恶化程度,要比单级的更为严重。

　　因此,在设计多级引射器时,特别建议不要把设计点选在工作范围的中点(这是传统的观点),而应该尽可能选在增压比工作范围最小允许的值附近(离最小允许值偏差不超过 25 % 的工作范围为好),即保证不会出现实际的膨胀比和增压比与设计时的相比偏离过多的最不利情形。这样可以确保多级引射器始终能有较高的抽吸效率,同时还可以免去由于调节而带来的一系列麻烦。由于膨胀比偏大或增压比偏小时,虽然引射器的工作效率也会有所降低,但对整个工作状况并无太大的不利影响,所以即使不进行调节也是完全可以的;而且由于不用进行工作调节,还可以使得设计制造的难度大为降低,维护管理也大为简化。特别是在油田轻烃回收这样的具体工程中,往往对便于维护管理的要求更高,而对工作效率的要求相对要低,在这样的情况下,尤其需要注意把设计点选在工作范围的下限或下限附近。

6.3 引射器驱动气源

6.3.1 气源对引射器性能的影响

根据引射器研制经验,对引射器性能影响较大的参数主要有引射介质和被引射介质的气流马赫数、气流总温以及气体热物性参数(如分子量、比热比)等。引射器驱动气源,或者说引射介质的选取,不仅直接决定了可用引射气流的总温和气体热物性参数,而且对提高引射气体马赫数也有很大影响。在实际应用时,还关系到引射器对周围环境和相关设备与系统的影响。可以说,驱动气源选择是高效引射器关键技术之一。

图6-9显示了某引射器的引射系数受引射气体和被引射气体总温之比影响情况。由图6-9可见,在一定范围内,提高引射气体的总温,或者降低被引射气体的总温,可以显著提高引射器的工作效率。另一方面,如果引射气体的温度比被引射气体的温度低时,引射器的工作效率会大为降低。可以说,当引射气体温度比被引射气体温度低得多时,可以认为引射器已经起不到应有的作用了,或者说这时已经不宜再采用引射器。

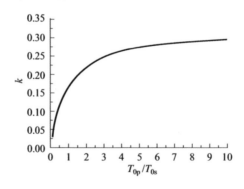

图6-9 引射气体和被引射气体温度比对引射系数的影响

图6-10给出了某引射器的引射系数与引射马赫数和引射压力的关系。由图可见,引射马赫数越高,引射系数就越大,因此为了提高引射器的工作效率,在可能的情况下应该尽可能采用高的引射马赫数。同时还应该注意到,随着引射马赫数的提高,引射压力也在增加,由此可能会给引射气源以及供气管道的结构设计带来困难。

引射马赫数的提高,还会给引射气源带来另外一个问题,就是引射气体中所

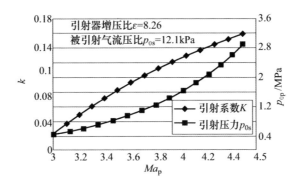

图 6 – 10　引射系数与引射马赫数和引射压力的关系

含水分,甚至是引射气体本身的组分,可能随着温度的下降而发生冷凝。这个问题在选取合适的引射器驱动气源,尤其是像蒸汽发生器这样含水量比较高的气源时显得尤为重要。

以空气为研究对象,按照等熵计算公式,在一定的驻点压力 p_0 和驻点温度 T_0 状态下下,式(2.3)、式(2.4)给出了静压、静温与总压、总温的比值随马赫数的变化关系,由此可得空气静压与静温之间的关系为

$$\frac{p_1}{T_1} = \frac{p_0}{T_0}\left(1 + \frac{\gamma - 1}{2}Ma_1^2\right)^{\frac{1}{\gamma - 1}} \qquad (6.2)$$

式中:Ma_1、p_1、T_1 分别为气流马赫数和与该马赫数对应的当地气流静压和静温。

当引射马赫数达到 $Ma = 5$ 时,总压 1MPa、总温 288K 的空气膨胀后的静压和静温分别约为 1890Pa 和 48K,此时空气中的氧气当地静压已经高于气体的饱和蒸汽压,有可能发生液化。而氧气液化会吸收热量,从而导致引射马赫数发生变化或者波动。因此,在使用空气作为引射器驱动气源时,有必要限制引射马赫数的大小,或者是对引射空气进行预加热处理。

由上述分析可见,不同驱动气源的特性是不同的,在用于引射器时,需要针对具体问题进行分析和处理。

6.3.2　几种引射气源对比分析

在业已使用的引射器中,经常采用以下几种驱动气源:高压压缩空气气源(方案1)、"液氧 + 酒精 + 水"燃气发生器(方案2)、"气氧 + 酒精/煤油 + 水"燃气发生器(方案3)、过氧化氢纯分解气体发生器(方案4)、过氧化氢加燃料自燃气体发生器(方案5)和"空气 + 酒精燃烧"气体发生器(方案6)等。上述方案可以分为三个大类,即基于空气、基于氧气和基于过氧化氢。

高压压缩空气气源是在风洞设备中引射器常用的一种气源,具有技术成熟

度高、系统简单、安全和可靠等特点,使用成本最低,具有较丰富的工程化实践经验。在用于引射器系统时,还具有环境友好、对其他系统影响小、自身目标特性信号低等优点。不足之处是,作为引射器驱动气源,压缩空气的工作温度比较低,引射器的引射效率难以达到高水平。如果在空气中加入酒精或者煤油等燃料进行燃烧加热,将引射气体的温度提高到一定的水平,将可以大大提高引射器的引射效率,从而可以在不增加太多部件和太大投资的条件下,显著降低引射器的尺寸和规模。从工程实际经验看,在条件允许的情况下,可以尽量采用高压压缩空气气源,或者是空气加酒精燃烧气体发生器方案。

液氧或者气氧加酒精/煤油等进行燃烧产生高温气体的方案,应该说在火箭发动机技术应用方面是相当成熟的,但是在应用于引射器系统时,其使用要求和使用环境都有所不同,如所采用的在高温燃气中喷水以调节气体发生器排气温度的方法,就是液体火箭发动机技术中基本不会使用的,而由此不同即给该方案的应用带来了一系列难题,如点火可靠性、喷水方案、温度场均匀性等问题。根据国内外应用情况,以及我们研制过程中的经验,可以说,液氧或者氧气的应用,由于系统安全性方面的考虑,对系统的使用环境和维护保养等方面提出了很高要求。基于液氧或者氧气的驱动气源方案具有系统体积小,机动性强,燃料车可公路行驶,也可以用普通铁路平车运输和使用成本低等优点,而且也有行业规章保障安全。但是在用于引射器系统时,存在系统复杂、控制要求难度大等不足。

高浓度过氧化氢溶液是一种用于火箭发动机的传统推进剂,在催化剂作用下分解生成氧、水并释放出大量的热,反应生成物无毒、无污染,对环境十分友好,因此在日益强调环境保护和人体安全健康的发展趋势下,基于过氧化氢溶液的气体发生器得到了广泛的重视和研究。过氧化氢纯分解气体发生器在应用于引射器系统时,具有系统简单、操作方便等突出优点,而且燃料车最小,既可以公路行驶,也可以用普通铁路平车运输。但是采用过氧化氢存在使用成本高昂的问题。此外,由于过氧化氢纯分解所产生的气体温度有限(如90%浓度的过氧化氢溶液完全分解后产生的气体温度约750℃),用于引射器时引射效率不够高。

过氧化氢加燃料自燃气体发生器方案则是利用高浓度过氧化氢催化分解时所产生气体的高温环境和富含氧气的特点,使得燃点相对比较低的酒精或煤油等燃料喷入后不需要额外的点火装置即可以自动发生燃烧过程,从而可以在很大程度上提高引射器引射气体的温度,进而提高引射器的引射效率,降低整个引射器系统的总体规模。

几种驱动气源应用于引射器系统时各方面的优缺点参见表6-2(表中A表示优,B表示良,C表示中等,D表示差,均表示几种方案之间的相对比较关系)。

表 6-2　不同驱动气源方案性能参数等级指数综合比较

项目＼方案	1	2	3	4	5	6
对引射器几何尺寸大小影响	D	A	A	C	A	A
驱动气源规模	D	B	C	A	A	C
系统重量及机动性	D	B	C	A	A	C
运行控制系统复杂性	A	D	C	B	B	B
设备一次性投资	A	D	C	B	B	A
运行经济性	A	B	B	D	C	A
系统运行安全规范	A	C	C	C	C	B
工程化实践经验	A	C	B	A	A	B

6.3.3　新型高效引射气源

1. GAP 燃气发生器技术

GAP 燃气发生器是一种利用 GAP(缩水甘油叠氮聚醚)推进剂产生高温排气的气体发生器,而 GAP 推进剂是在固体火箭推进剂和燃气发生器等研制过程中出现和发展的一种新技术。

现代航空、航天和导弹武器发展对固体火箭推进剂提出了新要求,其中包括能量高、燃速可调范围大、发动机喷气羽烟对微波、激光、红外线和可见光的透射率高、燃气的腐蚀性和毒性要小等。

为了实现上述目标,美国、日本等国自 20 世纪 80 年代以来都在积极开发一种"既无烟又无焰"的新型推进剂品种——GAP 推进剂,以使得固体火箭发动机能够达到"低特征信号"的要求,也就是说,能够实现火箭发动机排气羽流的烟(一次烟和二次烟)、羽焰的可见光、红外和紫外辐射等特征信号较低,使运载平台不易被敌方探测、识别和截击,且对制导电磁波衰减较小的目标。显然在激光器系统的发展过程中,也需要解决一些类似的问题,如引射器系统高温排气对 ATP 跟瞄系统的影响。

GAP 推进剂是一种以缩水甘油叠氮聚醚(GAP)为黏合剂的固体推进剂,具有高能量、燃烧快、燃气污染小、机械感度低、热稳定性好、成气量大等特点,是低特征信号推进剂、"洁净"推进剂和燃气发生剂中黏合剂的理想对象。GAP 黏合剂由环氧氯丙烷、乙二醇和叠氮化钠聚合而成,对冲击和热不敏感,具有高的生成热(+154.6kJ/mol)和高密度(1.3g/cm^3)。GAP 推进剂燃烧时燃气无毒,燃烧产物中不含 HCl 及固体微颗粒,没有会产生强红外信号的三原子(H_2O、CO_2)

产物,燃气产物主要是 CO、H_2、N_2,因而对激光、红外和可见光不会产生吸收和散射。同时该类推进剂燃烧时的燃温较低,从而减少了在高温下电离出自由电子而产生对无线电波的衰减,燃烧产物的电磁波辐射或对电磁波的衰减大大减少。GAP 黏合剂的热稳定性也相当好,在温度达 74℃ 的条件下,储存 8 天后的重量损失不大于 0.5%。表 6-3 中列出了 GAP 黏合剂的理化性质。

表 6-3 GAP 黏合剂的理化性质

分子式	分子量	燃烧热/(kJ/kg)	活化能/(kJ/mol)	火焰温度/℃
HO - (CH$_2$CHO)$_n$ - CH$_2$N$_3$ | CH$_2$N$_3$	500 ~ 5000	20.94	175.7	1200 (5MPa)
	官能度	生成热 kJ/mol	黏度 Pa·s	密度 kg/m^3
	1.5 - 2.0(线型) 5.0 - 7.0(支化)	113.3(线型) 175.7(支化)	0.5 - 5.0	1.3 × 10^3

美国 RACKWELL 国际公司的 M. B. Frankel 总结认为,GAP 推进剂可用于以下先进的固体推进系统:①在恶劣条件下无爆炸危险的 1.3 级高能和少烟、无烟推进剂;②固体火箭助推器的洁净推进剂;③气体发生器/飞行器起动器装药;④低成本反卫星武器(ASAT)机动推进系统装药;⑤轨道飞行器的高性能推进剂。GAP 推进剂除以上用途以外,还可用于固体火箭助推器的"洁净"推进剂、低成本反卫星武器(ASAT)机动推进系统、轨道运输飞行器高性能空间推进剂和高性能低火焰温度枪炮发射药等。

我国目前也有多家单位在开展 GAP 类推进剂的研制工作。航天科技集团公司四院四十二所在 1999 年即已研制出一种排气洁净,无烟,无腐蚀,低燃温,低残渣的富能燃气发生剂配方。这种燃气发生剂以聚叠氮缩水甘油醚(GAP)为黏合剂。球形、相稳定的改性硝酸铵(PSAN)为氧化剂。该燃气发生剂热稳定性好,在大气中燃烧无可见烟雾。燃速为 2.3 ~ 5.8mm/s,燃速压强指数为 0.55,燃温小于 1200℃,燃烧残渣含量约为 2.8%。所研制 GAP 推进剂的力学性能处于国内领先地位,优于同时期文献报道的国外先进水平,工艺性能和力学性能达到了实际使用的要求。

根据对 GAP 推进剂各种性能的分析,可以认为,基于 GAP 推进剂的气体发生器,可以产生无毒、无腐蚀、无污染、无烟或少烟的"洁净"热气体,对于环境和人体来说,都是十分友好的。按照目前引射器系统研制经验,这种气体发生器的排气温度完全能够满足引射器的使用需要,对引射器系统的结构设计不会带来新的难题。GAP 推进剂对冲击和热不敏感,即使是在恶劣使用环境条件下也没有爆炸的危险,无论是对于车载还是机载激光器系统来说,都具有良好的适应能力。而且 GAP 推进剂燃烧产物所具有的低特征信号特点,可以解决或者至少缓解目前还没有很好解决办法的引射器系统排气对 ATP 跟瞄系统的干扰和影响。因此,有必要对 GAP 燃气发生器技术开展进一步的调研,并进行用于引射器系统驱动气源的技术研究。可能存在的问题是燃烧后的残渣物会不会影响引射器的运行。从现有资料判断影响不大,而且必要时可以通过分离手段进行处理。

2. 水冲压发动机技术

水冲压发动机技术是近年来随着超高速鱼雷等水下武器装备研制的特殊需要而提出来的一种新型水下推进系统。超高速水下武器的出现,使未来海战模式发生了革命性的改变。如俄罗斯的"暴风雪"超高速鱼雷借助超空泡(super-cavitation)原理突破了水下航行体的速度限制,达到 200kn(约 100m/s),远远超过常规鱼雷 30~70kn 的速度。而超高速水下武器的惊人高速航行能力在充分应用超空泡技术的前提下,还必须具有大功率、大冲量的推力,迫切需求一种能量密度高、结构简单、工作可靠的推进系统。实现水下超高速运动的两个基本前提是维持稳定的超空泡以及强大的推进系统。

水冲压发动机的工作原理类似于超燃冲压发动机,超燃冲压发动机是利用飞行器前方空气中所含氧气作为氧化剂,与自身所携带的羟基燃料发生燃烧,而水冲压发动机则是将水下航行器外部的水引入燃烧室中,水与发动机推进剂中所携带的水反应金属燃料发生燃烧反应,产生高温、高压燃气,通过火箭喷管产生推力。图 6-11 是水冲压发动机工作原理示意图。

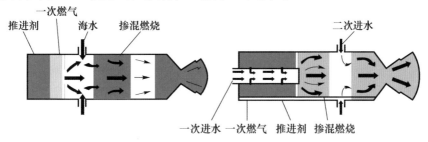

图 6-11　水冲压发动机工作原理示意图

水反应金属燃料是指能与水发生反应放出大量氢气和热量的以活泼金属为主要成分的燃料,能与水或其他液体组分发生剧烈反应,生成大量的小分子气体(以氢气为主),同时释放出大量的热量。水冲压发动机利用从外界吸入的水分作为氧化剂,从而减少了自身携带的氧化剂,可以大大提高燃料的比冲。水反应金属燃料的优点在于体积能量密度和质量能量密度高。可与水反应放出能量和气体的金属基燃料有很多,部分金属基燃料与水反应的能量密度见表 6-4(表 6-4 中数据由有关理化数据计算得到)。

表 6 - 4　金属与水反应的体积能量密度

金属种类	铍(Be)	铝(Al)	镁(Mg)	钙(Ca)	锂(Li)	钠(Na)	钾(K)
密度/(g/cm³)	1.85	2.70	1.74	1.54	0.53	0.97	0.86
体积能量密度/(kJ/cm³)	68.93	45.7	25.27	15.79	15.49	5.89	3.09

表 6 - 4 所列金属中,铍的能量密度最高,但是毒性较大;锂、钙、钠、钾很活泼,易与水反应,但存储条件较为苛刻;镁与水反应较容易启动,但能量密度较小;铝具有较高的能量密度且存放稳定、无毒性。

俄罗斯的"暴风雪"超高速鱼雷即使用了利用镁基水反应金属燃料作为主燃料的水冲压发动机推进系统,通过镁基水反应金属燃料与外部的海水进行燃烧反应,利用反应产生的大量热量和气体推动高效燃气轮机或喷气推进系统进行工作。俄罗斯目前正在研制带有铝金属的固体水冲压发动机,其比冲比普通火箭发动机高 2.5 ~ 3 倍。而美国则正在研制利用铝基水反应金属燃料的水冲压式发动机技术,这种发动机将铝粉馈入海水涡流中,使铝粉粒子与海水发生强烈的放热反应,产生高温高压气体带动超空泡螺旋桨来推动超空泡水下武器。德国早在第二次世界大战期间就开始研究利用超空泡方式降低水中兵器航行阻力并提高攻击速度的理论及应用途径,并进行了初步实验。20 世纪 80 年代中期,德国人又开始研制超空泡型水下制导射弹(称为 SUWL K 项目),对其推进系统等方面进行了深入探讨。从 20 世纪 90 年代初至 2002 年,所有 SUWL K 系列的超空泡射弹全部进行了水下弹道发射实验,并多次取得成功。

高速水下武器和新型空间推进技术的迫切需求促进水反应金属燃料得到了迅速发展。水冲压发动机充分利用了外界的水作为氧化剂,使得发动机携带金属推进剂的比冲得到了明显提高。与常规动力系统相比,这种动力系统具有能量密度高、工作时间长、安全性可靠性高、价格低廉等特点,可以用作水下高速武器和空间飞行器的推进剂。目前国外水冲压发动机研究已经进入武器型号实用阶段。

国内对水反应金属燃料的研究起步较晚,从 2000 年以后才开始进入实验研究阶段。航天四院设计部、四十一所、四十二所、国防科大、西北工业大学等多家单位对水反应金属基燃料性能、金属与水反应机理、水冲压发动机工作原理、理论模型、性能估算、热力计算等方面进行了探索研究,完成了水冲压发动机原理性实验研究,验证了水冲压发动机的可行性。图 6 - 12 和图 6 - 13 是西工大和航天四十一所采用小型药柱开展的燃气发生器式水冲压发动机原理性实验的测试结果。

水冲压发动机用于引射系统驱动气源,可能存在的问题主要有两个:一是金属燃烧后的残渣物可能对引射器运行产生一定的影响;二是金属与水燃烧时会产生大量的氢气,在应用于引射器系统时需要进行必要的改进处理。第一个问题可以通过对残渣进行分离处理来解决。解决第二个问题,可以利用空气对喷

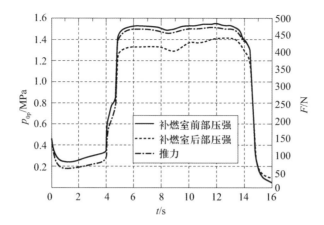

图 6 – 12　燃气发生器式水冲压发动机原理性实验

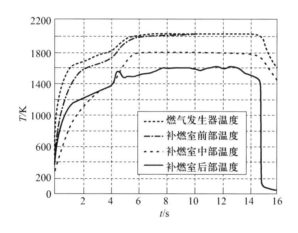

图 6 – 13　燃气发生器温度随时间的变化

入发动机中的水进行气动雾化,而空气中的氧气则与金属基燃料和水反应后生存的氢气再燃烧。当然,这些都需要在我国水冲压发动机技术得到必要的充分发展的基础上才能够开展相关研究工作。

3. 脉冲爆震燃气发生器技术

脉冲爆震燃气发生技术的核心是脉冲爆震燃气发生器,其脉冲爆震燃气发生器的概念来源于脉冲爆震发动机技术的发展。脉冲爆震发动机 PDE(Pulse Detonation Engine)技术是在高超声速飞行器研制过程中出现的新概念发动机。现有航空发动机、火箭发动机以及各种燃气发生器都是利用等压燃烧过程产生所需要的热燃气,考虑到沿程还有一定的压力、温度损失,燃烧室的压力和温度通常都要比实际使用要求要高得多。

脉冲爆震发动机最突出的特点,是利用间歇式脉冲式爆震波产生高温、高压气体在推力壁上来产生推力。其基本工作原理是,将燃料与氧化剂在一定容积内充分混合,然后点火,这时燃气混合物在一定条件下将会产生爆震燃烧,爆震波在瞬间产生极高的压力,并且这种高压力会以超声速向外传播。图 6 – 14 给出了脉冲爆震发动机的原理性实验研究装置系统配置示意图,图 6 – 15 给出脉冲爆震发动机单循环的工作过程示意图。

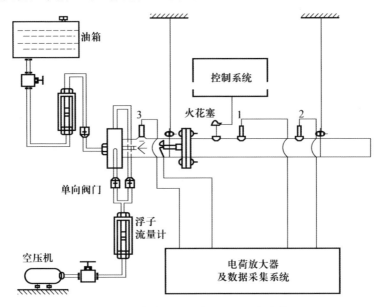

图 6 – 14　脉冲爆震发动机原理性实验装置

脉冲爆震发动机中的爆震燃烧是等容非稳态燃烧,整个工作过程是间歇的、周期性的,因而产生的推力是脉动的。而现有航空发动机、火箭发动机以及各种燃气发生器都是利用连续的稳态的等压燃烧过程产生所需要的热燃气。图 6 – 16 给出了等容非稳态燃烧与等压稳态燃烧过程中燃烧室压力、温度和速度的对比。虽然脉冲爆震发动机是间歇脉动运行的,但是当爆震频率大于 100 Hz 时,可以近似地认为其工作过程是连续的,产生的推力即高温高压排气可近似地认为是连续供给的。

与常规的等压燃烧发动机相比脉冲爆震发动机有以下主要优点:

（1）热循环效率高（等压热循环效率为 0.27,爆震热循环效率为 0.49）;

（2）由于爆震波能较大地提高可燃气体的压力,因此可以不要压气机和涡轮等转动部件,结构简单,重量轻;

（3）单位燃料消耗率低,燃料利用率高;

（4）适用范围广,既可以使用周围环境中的空气,也可以利用自带氧化剂。

这些优点在地基和机载引射系统上都具有良好的适应性。

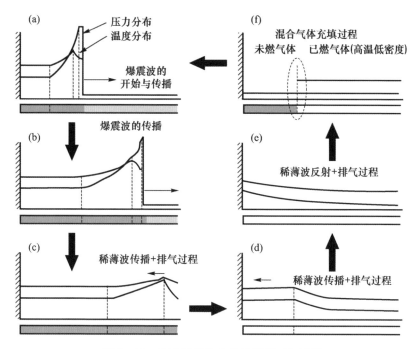

图 6 - 15 脉冲爆震发动机单循环工作过程

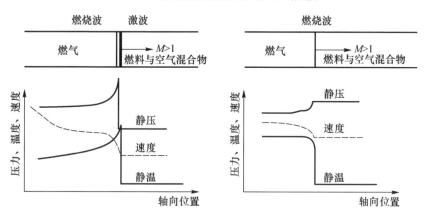

图 6 - 16 等容非稳态燃烧与等压稳态燃烧过程的对比

国外从 20 世纪 40 年代就开始进行脉冲爆震发动机的相关研究。由于脉冲爆轰发动机具有良好的性能及重要的军事应用前景,近二三十年来,德国、美国、俄罗斯、日本、法国、加拿大、比利时、以色列等国纷纷加大投资,力争此领域的领先优势,目前已经实现了 100Hz 以上的爆震波循环周期。

4. 低浓度过氧化氢燃气发生器技术

目前引射器系统采用的过氧化氢补燃气体发生器是将高浓度过氧化氢分解

后加入液体燃料补燃,得到高温气体。这类燃气发生器属于液体二组元燃气发生器,除了能够提供高温燃气外,相比于其他以气体作燃料的燃气发生器,还具有体积小的优点。但由于高浓度过氧化氢的氧化活泼性,其生产和使用的操作规程都非常严格,保存和运输也需要特制设备,生产和运输的成本都很高。以至于在一些引射气源应用场合,一直希望能够用较低浓度的过氧化氢来代替高浓度过氧化氢作为燃料的氧化剂。

通常我们所说的低浓度过氧化氢是指 70% 以下的质量浓度。这个浓度低于可能产生气相爆炸的浓度极限(74%)。使用低浓度过氧化氢带来低成本、好的储存稳定性和操作的安全性。

日本 KHI(Kawasaki Heavy Industries Ltd.)一直在研究采用商用等级的过氧化氢/JP-4 液体火箭引擎作为 ATR 发动机上的透平机的驱动气体发生器。日本人 Nobuo TSUJIKADO 发表的一篇文章简单介绍了其使用 70% 过氧化氢分解补燃作为火炬去为固体燃料点火的研究。文中谈到由于过氧化氢分解产物温度低且含有大量的水,影响了点火的可靠性和燃烧压力的稳定性,因此,在后面实验中,采用了一个简单的气水分离器将气和水进行分离后,仅将气送入喷注盘参与点火,其原理图见图 6-17。

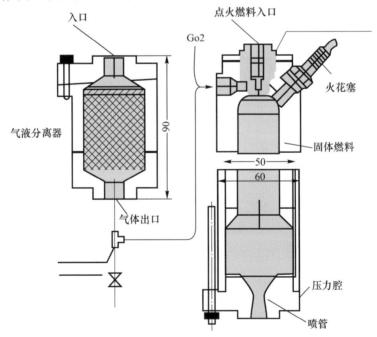

图 6-17 日本固液混合火箭实验装置原理图

低浓度过氧化氢补燃气体发生器所具有的优点,使其在作为引射器驱动气源方面具有一定的应用前景。

第 7 章 引射器结构设计技术

7.1 引射器结构设计

引射器结构设计依据引射器气动设计技术条件,实现引射器技术指标和功能,满足可靠性、维修性、安全性等六性三化要求。引射器结构设计工作包括结构型式确定、总体设计、零部件设计、计算分析,编制建筑工程条件、测控条件、加工安装技术条件和使用维护说明等内容。

7.1.1 引射器结构型式

引射器可分为二维和三维两种形式。二维引射器通过两侧的缝隙实现对主气流的引射。二维引射器结构设计中,必需使调节片具有足够的刚度和较高的调节片定位精度,调节片的传动机构必需能自锁,以防止引射器运行时调节片位置改变而影响引射性能。为保证调节片的定位精度,需要增大传动机构的刚度和减小调节片传动机构的间隙。调节片的驱动源可采用电机或液压系统。三维引射器有单喷嘴中心引射、环状缝隙引射和多喷嘴中心引射,下面分别介绍其结构形式。

1. 单喷嘴中心引射器

单喷嘴中心引射器是指在混合段进口截面上引射流位于被引射流中心的引射器,通常包含中心喷嘴、集气室、混合室和扩压段等结构。这类引射器的结构方案有两种,如图 7 – 1 所示,两者的区别在于集气室上游轴向进气的是引射流还是被引射流,图 7 – 1(a)所示结构中集气室上游轴向进气的是被引射流,图 7 – 1(b)所示结构集气室上游轴向进气的是引射流。单喷嘴中心引射器结构比较简单,引射效率低且噪声高,所以在风洞中较少采用。

2. 环状缝隙引射器

环状缝隙引射器一般由集气室、环状引射喷管和混合室组成。集气室通常是位于引射器周围的环状夹套结构。周边的环状引射喷管由内、外环构成,内环的外表面为喷管的气动型面,与外环的内表面形成环状缝隙。混合室是一段等截面的圆形管道。集气室和混合室的结构设计可参照钢制压力容器规范进行,但由于引射器运行时的振动较大,应取较大的安全系数以考虑结构的动态问题。

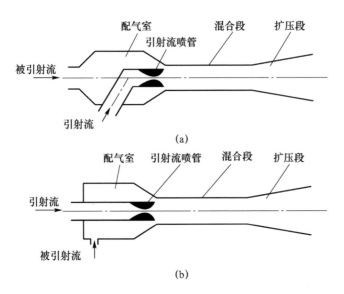

图 7 - 1 单喷嘴中心引射器结构方案

(a)被引射气体轴向进气；(b)引射气体轴向进气。

在工程应用中，可将环状引射器的引射缝隙设计成可调的，即通过调节外环的轴向移动量来改变环状引射缝隙的面积以得到最佳的引射效率。为确保引射器的正常工作，可调式环状缝隙引射器结构设计中需要确保内外环必须有足够的刚度，以尽量减小引射器工作时的振动。

图 7 - 2 为可调式环状缝隙引射器的结构图。环状引射喷管的外环是在引射器非运行状态下，采用调节移动机构使外环沿轴向移动从而改变环状缝隙的面积，对于大中型引射器，可采用电机或液压驱动调节移动机构，对于小型引射器，可采用手动调节方式。为保证外环有足够的刚度和较高的定位精度，外环的移动必须有导向装置，外环移动到位后应有压紧或锁紧装置以防止引射器运行时外环发生轴向窜动和环向扭转，且传动机构的间隙要小。集气室应有较好的密封，当外环采用可调方案时，为减小外环轴向移动时的阻力，外环与壳体间可采用充气橡胶管来密封，也可采用充气软管与聚氨酯板组合式密封。

在风洞应用中，以色列 1.2m 跨声速风洞采用了环状缝隙引射器，国内的空气动力研究与发展中心也有一些风洞采用此形式的引射器。

3. 多喷管引射器

多喷管引射器是指沿引射器主气流通道沿周向均布多个喷管（一圈或两圈）。多喷管引射器由集气室、喷管及混合室等组成，见图 7 - 3。

多喷管引射器的集气室可设计成环绕洞体的圆环形，如瑞典 T1500、CARDC 2.4m 风洞及其引导风洞的主引射器集气室，也可设计成位于洞体外侧的夹套结

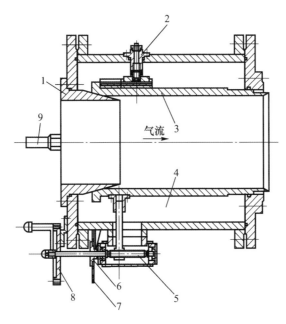

图 7 - 2　可调式环状缝隙引射器

1—内环；2—压紧机构；3—外环；4—集气室；5—移动机构；

6—拨盘；7—槽轮；8—分度盘；9—拉紧机构。

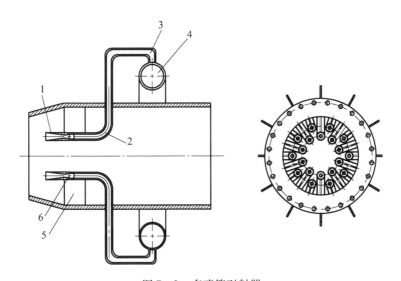

图 7 - 3　多喷管引射器

1—喷管；2—引射管；3—连接管；4—集气管；5—支撑板；6—管接头。

构,如 CARDC 2.4m 风洞驻室抽气引射器的集气室。当集气室管道截面尺寸较大时,则采用将焊接管焊成多斜接面的弯管式圆环,即一个正多边形环。多斜接面的弯管式圆环由于其结构形状不连续,加之圆环上开有许多与进气管道及多喷管相连的孔,因此产生较高的应力集中,同时,由于风洞运行时气流压力脉动引起的振动,导致多斜接面环形集气室受力比较复杂。在结构设计时,应按承受内压的斜接管计算其厚度,并在开孔处进行补强,通常采用整体补强。为确保运行安全,集气室应严格按压力容器规范进行制作,所有焊缝必需焊透,进行100% 无损探伤,并在焊后整体退火以消除焊接应力。

7.1.2 结构总体设计

在确定引射器结构形式后,开展结构总体设计,主要包括引射器系统布局、系统组成和接口条件等内容。

1. 引射器布局及总体要求

引射器应用在风洞时,主要是代替风扇或压气机,作为风洞的驱动装置,引射器既可用于风洞主回路,也可用于风洞的驻室抽气系统,因而引射器的布局需与风洞总体布局综合考虑。首先需要确定引射器的位置,在典型的引射式风洞中,引射器通常位于风洞实验段下游,入口与排气段出口管道连接,引射器气源与风洞气源系统管道连接。

在总体设计中,需根据气动设计要求,确定出口和入口尺寸,明确引射器级数,根据风洞标高确定引射器中心标高。在引射器部件材料选择上,若内部气流温度无特殊要求,则引射器主体材料可选用 Q345R,若温度有特殊要求,则需根据温度范围选用高温合金。材料的厚度根据设计条件以及任务书规定进行相应的选择,材料要求、探伤要求以及焊接要求均应按国家标准执行。

由于引射器各单元采用焊接或者连接结构,相邻两段焊后同轴度误差、设备全长同轴度误差需在气动要求的范围之内。管道连接、焊接处和测量口盖、洞体内表面的凹坑、凸台或连接阶差需满足气动要求,管道内表面粗糙度应按气动条件提出要求。在设计中,还需明确引射器喷嘴轴线与收缩段轴线平行的偏差允许值,明确各级引射喷嘴出口的偏差允许值,以及引射喷嘴喉道截面和喷嘴出口截面直径的偏差值。

在结构设计中,还需预留测控接口,按气动条件布置测量孔,分静压测点、总压测点及温度测点。某些测点和管路还需兼顾积水排放功能。在设备支座布局中,引射器主管路可设置若干固定支座,若干滑动支座,允许一定的轴向移动量,引射器可前后伸缩,避免因变形不一致影响引射器单元滑动不畅。引射器气源管路和各级调压阀、闸阀、快速阀设置固定支座。在引射器设计中,为方便维护与检查,在引射器上可开观察孔,用来查看引射器喷嘴的使用情况。

2. 引射器系统组成

在不同的工程应用中,引射器包含不同的组成部分。

风洞引射器通常由引射器本体、气源及管路系统组成,引射器本体通常包含收缩段、多级引射器、多级扩散段等,气源及管路系统通常包含进气管路、支座、多级调压阀、气动快速阀、电动闸阀、气源系统等。某风洞引射器结构组成如图7－4所示。

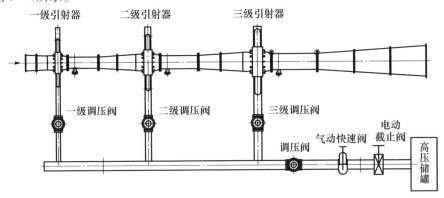

图 7－4　某风洞引射器结构组成

1) 引射器本体

引射器单元结构如图7－5所示,为了降低整个引射器系统的高度尺寸,在长度方向上将两排引射器的集气室位置在轴向错开。在引射器的总体布局中,要充分考虑结构的热变形问题,在缓冲腔下设置一个固定支座,其余部分设置可沿轴向自由活动的滑动支座,从而减小热应力;引射器尾部伸入消声器,可前后伸缩,以消除热应力。

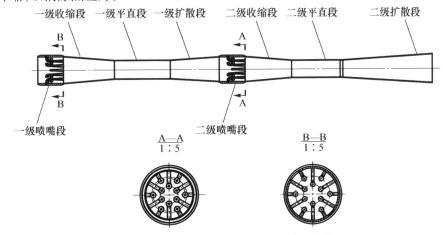

图 7－5　某压力恢复系统引射器单元结构

在某些工程应用中,受空间尺寸限制,引射器单元通常设计为阵列形式,由多个引射器单元并联组成,引射器单元数量可以根据工程需要选取,单元引射器共用气源系统。阵列引射器结构如图7-6所示。

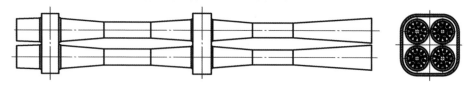

图7-6　阵列引射器结构

2）气源及管路系统

常温空气气源及管路系统包括高压气罐、出口截止阀、快速阀、调压阀等,如图7-7所示。

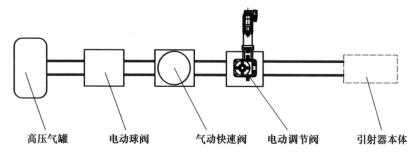

高压气罐　　电动球阀　　气动快速阀　　电动调节阀　　引射器本体

图7-7　常温空气气源及管路系统

随着引射技术的发展,为了提高引射效率,通常采用高温高压燃气驱动引射器。高温燃气气源系统比空气气源系统更加复杂,包括高压集气管束、气瓶组、高/中压输气管路、气瓶组出口手动截止阀、高压电动截止阀、两级电动调压阀、高压气动截止阀、气控柜(挤推/吹除气路部分)、挤推和吹除气路快速气动阀/安全阀/安全破膜装置/回气阀/快速放气阀等,如图7-8所示。

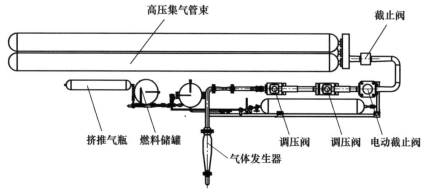

图7-8　高温燃气气源及管路系统

7.1.3　零部件结构设计

1. 引射器壳体

引射器壳体为典型的承压壳体,需根据管路气流介质、温度、压力等情况,确定壳体厚度及材料。壳体厚度计算参照 GB150—2011,在引射器承受内压力时,壁厚按式(7-1)计算:

$$\delta = \frac{p_c \cdot D_i}{2 \cdot [\sigma]^t \cdot \phi - p_c} \tag{7.1}$$

式中:δ 为圆筒的计算壁厚;p_c 为计算压力,通常为工作压力的 1.1 倍;若需要进行液压实验,则还需考虑液体实验压力;D_i 为圆筒通径;$[\sigma]^t$ 为设计温度下材料的许用应力,按照 GB150.2 和相应引用标准选取;ϕ 为焊缝接头系数,根据对接接头的焊缝形式及无损监测的长度比例确定。

对于钢制压力容器,若采用双面焊对接接头,100% 无损检测,取 $\phi=1$,局部无损监测,取 $\phi=0.85$;若采用单面焊对接接头,100% 无损检测,取 $\phi=0.9$,局部无损监测,取 $\phi=0.8$。

在计算出壳体厚度 δ 基础上,还应考虑整体刚度、开孔补强及壁厚附加量等因素,综合确定壳体的设计壁厚。

若引射器承受外压,对于外压壳体,失效形式一是强度不够,二是稳定性不足,失稳是外压薄壁壳体主要的失效形式。因而需要对外压壳体进行稳定性校核。首先确定计算长度,取壳体上两相邻支撑线之间的距离,其中支撑线指该处的截面有足够的惯性矩,以确保外压作用下该处不出现失稳现象;其次,在 GB150 查表分别确定外压应变系数 A,外压应力系数 B;第三,确定许用外压力 $[p]$,若 $D_0/\delta_e \geqslant 20$,则许用外压力 $[p]=\dfrac{B}{D_0/\delta_e}$,计算得到的 $[p]$ 应大于或等于许用外压力 p_c;若 $D_0/\delta_e < 20$,则许用外压力按式(7.2)计算:

$$[p] = \min\left\{\left(\frac{2.5}{D_0/\delta_e}-0.0625\right)B, \frac{2\sigma_0}{D_0/\delta_e}\left(1-\frac{1}{D_0/\delta_e}1\right)\right\} \tag{7.2}$$

式中:$\sigma_0 = \min\{2[\sigma]^t, 0.9R'_{eL}\}$,其中 $[\sigma]^t$ 为壳体材料在设计温度下的许用应力,$0.9R'_{eL}$ 为壳体材料在设计温度下的屈服强度(或 0.2% 非比例延伸强度)。计算得到的 $[p]$ 应大于或等于许用外压力 p_c,否则须调整设计参数,重复上述计算,直到满足设计要求。

2. 引射器喷嘴

引射器喷嘴内型面是典型的拉瓦尔喷管结构,实现高压低速气流到高速低压气流的转化。常见的喷嘴形式有圆形喷嘴、锥形喷嘴和增强混合喷嘴。喷嘴设计的核心在于气流型面的保证,尤其是喉道截面尺寸的高精度加工。图 7 - 9 所示为风洞常规应用的圆形截面喷嘴。为提高引射效率,还可采用 3.4 节中提到的增强混合喷嘴。

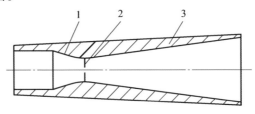

图 7 - 9　引射器喷嘴

1—收缩段;2—喉道;3—扩张段。

在城市燃气输配系统中,采用单喷嘴中心引射器进行天然气输配调峰。其喷嘴采用可变喉道结构,通过内置调节机构来改变喉道截面积,如图 7 - 10 所示。

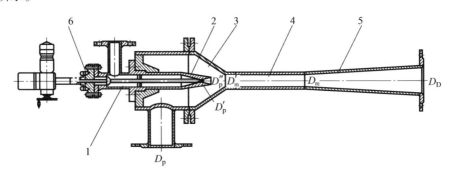

图 7 - 10　可变喉道结构引射器

1—连接管;2—喷嘴;3—吸入室;4—混合室;5—扩亚器;6—调节机构。

3. 集气室

集气室是整个引射器结构中压力最高的位置,高压气体经各级阀门调节后通过集气室进入各引射喷嘴。为保证其强度和刚度,通常在壳体计算的基础上采用整体加强。

集气室的主要作用是缓冲气流冲击,其结构较为简单,常见形式如图 7 - 11 所示。早期引射器采用环形管状集气室,通过进气管由集气室分别连接至单个喷嘴,具有良好的效果;之后演变出环形腔体直接包裹引射喷嘴进气口,很大程度上简化了结构,但对气流的缓冲效果比环形管略差;某压力恢复系统中,采用共用集气室为多阵列引射器喷嘴进气。

4. 支座设计及校核

为确保连接可靠性,需对支座连接所选的螺栓个数、大小和布局进行校核。

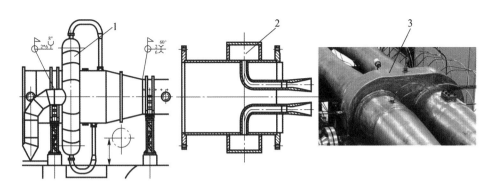

图 7 – 11　引射器集气室形式

1—某风洞主引射器集气室；2—常规引射器环形集气室；3—模块化引射器集气室。

首先根据气动条件,分析支座承载。在总载荷作用下,支座螺栓组联接承受轴向力即垂直载荷 F_v、横向力即水平载荷 F_h 和倾覆力矩(以 $y - y$ 为倾转轴线,按顺时针方向倾转)M 的作用。

根据螺栓的受力情况,假设需要的螺栓数目为 z。在轴向力 F_v 的作用下,各螺栓所受的工作拉力为 $F_a = F_v/z$。

在倾覆力矩 M 的作用下,若左侧的螺栓受到加载作用,则右侧螺栓受到减载作用,故左面的螺栓受力较大,所受的载荷按下式确定:

$$F_{max} = \frac{ML_{max}}{ZL_{max}^2/2} \tag{7.3}$$

故左面的螺栓所受的轴向工作载荷为 $F = F_a + F_{max}$。

在横向力 F_h 的作用下,底板联接接合面可能产生滑移,根据底板接合面不滑移的条件:

$$f\left(zF_0 - \frac{C_m}{C_b + C_m}F_v\right) \geqslant K_s F_h \tag{7.4}$$

在式(7.4)中,各参数的选择取决于材料属性。铸铁对砖料、混凝土或木材表面间的摩擦系数 f 为 $0.4 \sim 0.45$;防滑系数 $K_s = 1.1 \sim 1.3$;$\frac{C_m}{C_b + C_m}$ 为螺栓的相对刚度,根据不同的连接形式,取值不同。则各螺栓所需要的预紧力为

$$F_0 = \frac{1}{z}\left(\frac{K_s F_h}{f} + \frac{C_m}{C_b + C_m}\right)F_v \tag{7.5}$$

左面每个螺栓所受的总拉力 F_2 为

$$F_2 = F_0 + \frac{C_m}{C_b + C_m}F \tag{7.6}$$

163

螺栓危险截面的拉伸强度条件为

$$\sigma_{ca} = \frac{1.3F_2}{\frac{\pi}{4}d_1^2} \tag{7.7}$$

根据选择螺栓的等级,判断材料屈服极限 σ_s,选择安全系数 S,计算获得螺栓材料的许用应力 $[\sigma] = \dfrac{\sigma_s}{s}$,若 $\sigma_{ca} < [\sigma]$,则所选螺栓个数、大小和布局可行。

7.2 引射器结构力学分析

7.2.1 结构静力学分析

引射器工作的本质在于利用高压气体的卷吸能力,带动特定区域内的空气流动,营造所需的压力环境。因而,引射器有些部位需承受高压,有些区域需承受气流剧烈混合的作用力,这都需要引射器在结构上具有足够大的耐压能力,以确保引射器的安全工作。在引射器设计阶段,除需根据相关设计规范合理选择设计参数外,整体结构的静力学分析也是必不可少的。

静力学分析的目的在于获取结构在工作载荷下的变形和应力分布,避免局部变形过大大致结构损坏。引射器本体结构中,承压最高的部位在集气室和进气弯管,需着重关注这两个位置的压力变形。对于采用高温燃气引射的结构还需进行结构热应力计算。

结构热力学分析通常采用结构热弹性力学方法。结构热弹性力学认为,部件受热不均匀而存在着一定的温度差异,导致各处膨胀变形或收缩变形不一致,且相互制约而产生内应力,即热应力。基于弹性力学基本原理所建立起来的热弹性力学及基本关系式是研究结构在弹性限度内温度变化与热变形、热应力之间关系的基础。热弹性力学方程类似于一般的弹性力学理论基本方程,只是在应力应变关系式方面有所不同,是弹性力学的推广和广义化。当物体内发生温度变化时,其中的微元体会产生热胀或冷缩,对各项同性材料,自由伸缩的应变分量为

$$\varepsilon_x = \varepsilon_y = \varepsilon_z = \alpha T \tag{7.8}$$

式中:ε_x、ε_y、ε_z 为沿 x、y、z 方向应变分量;α 为线膨胀系数;T 为结构温度变化量。

如果物体边界存在约束条件并且限制了自由伸缩,微元体会产生热应力。根据线性应力原理和胡克定律,描述应力和应变关系的物理方程改变为

$$\begin{cases} \varepsilon_x = \alpha\Delta T + E\left[\sigma_x - \mu(\sigma_y + \sigma_z)\right], \varepsilon_{xy} = \dfrac{\sigma_{xy}}{G} \\[3mm] \varepsilon_y = \alpha\Delta T + E\left[\sigma_y - \mu(\sigma_x + \sigma_z)\right], \varepsilon_{yz} = \dfrac{\sigma_{yz}}{G} \\[3mm] \varepsilon_z = \alpha\Delta T + E\left[\sigma_z - \mu(\sigma_x + \sigma_y)\right], \varepsilon_{xz} = \dfrac{\sigma_{xz}}{G} \end{cases} \tag{7.9}$$

式中：E 为材料弹性模量；μ 为泊松比；σ_x、σ_y、σ_z 为沿 x、y、z 方向应力分量；G 为材料剪切模量，$G = 2E(1 + \mu)$；ΔT 为从无应力状态开始的温差。

由式(7.9)可知，结构材料特性确定的情况下，结构的热变形和热应力取决于结构内部的温度场分布。

引射器服役期间，其结构承受着多种载荷的作用，如机械载荷(压力、自重、支座反力等)、温差载荷、冲击载荷、交变载荷、永久性或临时性载荷等。随着对压力容器失效模式的逐步认识，人们发现不同载荷引起的应力对结构的破坏作用是不同的。因此，根据结构可能遇到的各种应力情况，基于四项基本出发点，即应力的产生原因、导出方法、存在区域和壁厚分布，并针对所考虑到的失效模式，从工程应用的方便出发，把压力容器的结构应力划分为一次应力、二次应力和峰值应力三大类。

（1）一次应力。一次应力是由所加(机械载荷)引起，需要满足内、外力和力矩平衡规律的正应力或剪应力。一次应力又可分为一次薄膜应力 P_m 和一次弯曲应力 P_b。

（2）二次应力。二次应力是由于相邻组件的相互约束或结构的自身约束所引起的法向应力或剪切应力。通常来说，热应力和结构不连续处的弯曲应力划分为二次应力 Q。

（3）峰值应力。峰值应力不引起任何显著的变形，之所以有害仅因为它是可能导致疲劳裂纹和脆性断裂的原因，因此，只有对结构进行疲劳分析时再考虑峰值应力的影响。

根据 ASME Ⅷ-2 规范，各类应力的当量应力的限制条件如下：

（1）为限制过量的弹性变形，一次薄膜应力 P_m 的当量应力应限于材料的许用应力 $[\sigma]$ 以下；

（2）根据弯曲应力 P_b 沿厚度为线性分布，且中间面为中性面的分析，可推导得当整个厚度达到屈服时可用屈服应力限制 σ_Y；

（3）二次应力 Q 具有自限性，一次性施加这种应力是不会导致失效的，所以根据安定性原理，$P_m + P_b + Q$ 当量应力范围限制于 3 倍 $[\sigma]$ 以下。

7.2.2　结构动力学分析

作为引射式风洞的核心部件,引射器的结构动态特性对整个风洞的稳定运行具有重要意义。为确保引射器的可靠性,在结构设计阶段进行充分的动力学分析是十分必要的。结构动力学分析包括结构模态分析和动力响应分析。

模态分析常见的方法有理论分析、有限元计算和实验方法。理论分析和有限元计算属于典型的结构动力学正问题,已知输入,求解响应。在实验模态分析中还可以通过激励和响应、设置单纯通过激励来求解结构的固有模态。在设计阶段一般选用理论分析或有限元计算。

理论分析是通过求解结构的质量矩阵 $\boldsymbol{M}$、阻尼矩阵 $\boldsymbol{C}$ 和刚度矩阵 $\boldsymbol{K}$,求解结构动力学一般方程,获取结构的固有频率和振型向量。

$$\boldsymbol{M}\ddot{\boldsymbol{x}} + \boldsymbol{C}\dot{\boldsymbol{x}} + \boldsymbol{K}\boldsymbol{x} = \boldsymbol{f} \tag{7.10}$$

式中:$\boldsymbol{f}$ 为激励矢量,$\boldsymbol{x}$ 为响应矢量,是空间和时间的函数。

在模态分析中,取 $\boldsymbol{f}=0$。假设结构振动为简谐运动,则有:

$$\boldsymbol{x} = \varphi\sin(\omega t + \Theta) \tag{7.11}$$

式中:ω 为圆频率;φ 为振幅;Θ 为相位角。

代入结构动力学方程可得:

$$\boldsymbol{K}\varphi = \lambda\boldsymbol{M}\varphi \tag{7.12}$$

$$\lambda = \omega^2 \tag{7.13}$$

转换为求解特征值和特征向量的问题。

关于结构特征值的求解方法有很多成熟的方法。对于大、中型结构,常用的方法有 Releigh – Ritz 方法、子空间迭代法和 Lanczos 法。其中,Lanczos 法被认为是目前求解大型矩阵特征值最有效的方法。

引射器工作时,在高速气流激励下具有非线性边界的管道系统的振动特征,这些特征对引射器结构的振动产生较大影响。引射器的振动不仅会对引射器本身结构产生破坏,还通过振动传递影响甚至是破坏风洞其他部段。

引射器的振动是一种结构在脉动气流激励下的受迫振动响应,属于流致振动的范畴。引起引射器振动的原因主要有:一是气流脉动。由于引射器工作由系列的气流管道组成,在气流喷射过程中,气流的压力和速度呈周期性变化而产生气流脉动。脉动气流流经弯管头、异径管、喷管喉道等地方,产生一定的、随时间而变化的激振力,在这种激振力作用下管道和附属设备将产生振动。通常,气流脉动是引发管道振动的最主要原因,且这种振动经管道可传播至整个引射器系统甚至是整座风洞。二是涡流引起的振动。引射气流速度通常达到几个马赫数,管道内气体流速过快产生湍流边界层分离而形成涡流,从而引起振动。三是阀门开启和关闭时的冲击振动。引射器工作过程中,阀门频繁启闭,致使气流管路出现较大的冲击振动。特别是气体流量大时,冲击振动更剧烈。四是共振。在系统中存在几种频率,由气流脉动引发的气柱固有频率、涡流引起的振动频率、管道结构固有频率。当这 3 种频率中的任意 2 种或 3 种相近时就会引发共振。

在工程应用中,常采用有限元法来求解复杂结构动力学问题。有限元分析的关键在于建立准确的分析模型。首先,所建立的分析模型要与动力分析的目的相适应;其次是要与动态环境条件相适应;最后,还要与欲选用的计算工具和计算条件相适应。影响分析模型的主要因素有刚度分布、质量分布和边界条件。

有限元分析的优势在于,依靠成熟的分析软件可以很好地实现有限元模型和设计模型之间的转换,只需要使用者具有一定的动力学基础,并熟练掌握软件的相关模块,方便在结构设计中推广。但同样的问题在于,有限元模型的精度很大程度上决定着动力学分析的精度。

有限元模型的优化已经发展成为一门学科,各种参数型和矩阵型模型优化方法的提出,极大地促进了结构动力学有限元分析的发展。有限元模型优化通常是基于一定的实测数据,选定特定的修正参数,通过优化算法提高有限元模型精度。在风洞中,最常用的实验方法就是引导风洞,利用缩比模型的实验数据作为模型修正的目标。

7.3　引射器流致振动特性分析

7.3.1　引射器流致振动数值仿真

引射器流致振动数值仿真属于流固耦合的范围,研究主要有两种方法:一种方法是分别研究流场特性和结构模态,然后对比流场脉动特性和结构固有频率,判断流致振动发生条件,流程如图 7 – 12 所示;另外一种方法是在时域上流体载荷与结构形变耦合,分析结构形变随时间的变化发展,流程如图 7 – 13 所示。

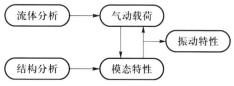

图 7 – 12　流场特性和结构模态分析法

图 7 – 13　流体载荷与结构形变耦合分析法

　　无论采用上述哪种研究方法,其中的关键点在于如何进行引射器内流场的 CFD 计算。在超声速引射器内,引射气流通过收缩扩张喷管加速到超声速,与被引射气流实现混合,高能引射气流通过复杂的湍流混合过程将能量传递给低能被引射气流,经过等面积段和扩压段的进一步混合,混合后的较高能量气流由出口排出。在整个混合过程中伴随着复杂流动现象,涉及超声速剪切、湍流/激波和混合层(或边界层)的相互作用、复杂的多波系干扰等。要准确计算高马赫数、大增压比超声速引射器流动,需要注意以下几个问题:

　　(1)超声速引射器内高马赫数、大逆压梯度流动必然会产生强激波结构,模拟这类流动要求采用的数值格式具有较高的分辨率。用于强激波捕捉的数值格式一般具有较大的数值黏性,超声速引射器内黏性效应占主导的局域,应尽量减小数值黏性的影响,这就要求数值格式具有数值黏性的自我调节能力。

　　(2)超声速引射器流动可压缩效应、湍流效应显著,而且局部区域气流会出现回流或分离,能否准确模拟湍流混合层、湍流/激波和混合层的相互干扰直接关系到整个超声速引射器流动数值模拟的成败,选择高效、准确的湍流数值模拟方法至关重要。

　　(3)超声速引射器内引射气流和被引射气流的速度、温度、密度往往存在很大差异,而且激波结构尺度小,黏性干扰非常强烈,因此网格需求量大,如果采用多喷嘴或改型喷嘴引射,网格量会进一步增加,串行计算不能满足需要,必须使用高效的并行计算方法。

　　(4)一般来说,超声速引射器有两个入口和一个出口,计算初始状态入口和出口参数差异巨大,而且在计算过程中它们会进行动态调整,流场内的波系结构也在不断变化,同时压缩波或膨胀波会在边界发生反射,因此流场收敛相当缓慢。此外,为防止出口压力过高导致被引射气流发生回流,计算时出口压力往往分多步提高至最终压力值,这将进一步增加计算时间。要正确计算超声速引射器流场,缩短计算周期,选择合适的边界处理方法和高效的隐式求解方法非常重要。

　　(5)对于具有对称性或周期性的几何外形,如果它的流动处于定常状态,那么其流动结构同样具有对称或周期的性质,如具有周期分布性质的多喷嘴引射器。在计算对称或周期流动时,由于数值方法的非对称性、推进速度差异性等原因,往往会出现非对称或非周期现象,这对于有分离的大逆压梯度湍流非常不利,算法的收敛速度减慢,更严重的是可能得到非对称或非周期结果。

以商业软件 MPCCI 为例,其流致振动数值仿真流程如图 7 – 14 所示。

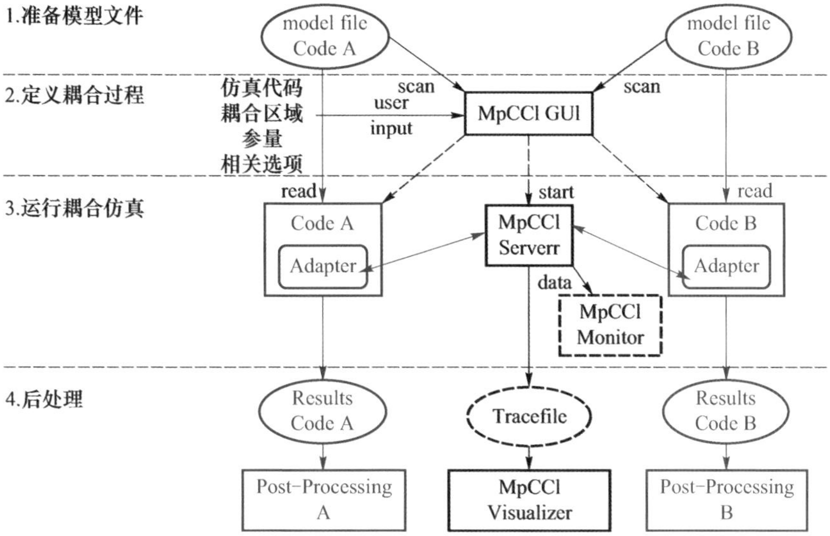

图 7 – 14　流致振动数值仿真流程图

7.3.2　引射器振动抑制技术

不同形式和应用场合的引射器振动形式有所不同,根据目前风洞应用经验来看,多喷嘴引射器振动导致的结构破坏问题,主要集中在混合室壳体和喷嘴支撑板、导流板上。为提高设备运行安全性,针对这些关键部位进行振动抑制是十分必要的。

针对壳体的振动破坏,可以通过局部加强的措施解决;而支撑板和导流板的振动抑制则具有一定的难度。首先,在引射器内部空间有限,且流动复杂,一些常规的被动减振措施难以实行;其次,为保证设备的引射效率,需尽量避免减振方案对流通面积的影响。目前,在风洞实践和实验研究中采用的方法主要有两种:

(1)支撑板与引射器壳体焊接方式,采用"人"字形焊缝,在支撑板和引射器壳体之间预留一定的弹性空间,以避免由于壳体与支撑板变形量不同导致的撕裂破坏。结构如图 7 – 15 所示。

(2)压电单晶片的主动控制在支撑板的一侧粘贴压电陶瓷片,利用材料的压电效应通过电场控制压电陶瓷的变形,进而使得整个结构产生反向变形,抑制振动变形(原理如图 7 – 16 所示)。目前,压电单晶片已在主动控制减振研究中广泛应用。效果示意图如图 7 – 17 所示,为了使压电晶片有较大的变形,压电陶瓷片应粘贴在支撑板变形时的应力集中处。

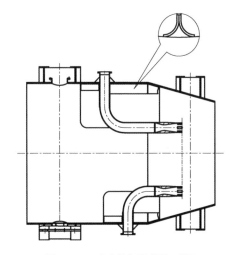

图 7 – 15　"人"字形焊缝减振

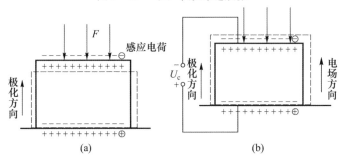

图 7 – 16　压电单晶片安装示意图

（a）正压电效应示意图；（b）逆压电效应示意图。

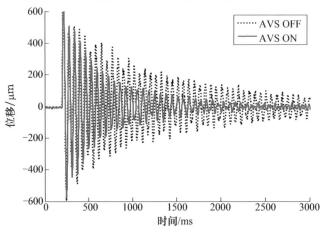

图 7 – 17　锤击实验位移响应曲线

第8章 新型引射器技术

引射器技术已广泛应用于航空航天、化学工业、真空技术、飞机制造和地面实验设备等各个领域,尽管引射器的基本特性保持不变,但每个应用领域对引射器的技术要求却有很大差别,技术需求引领了新型引射器技术的发展。本章主要介绍各种新型引射器技术的基本原理、设计方法及性能分析,从而为工程设计提供参考。

8.1 差分引射器

8.1.1 差分引射器简介

差分引射器是由 C. A. 贺里斯基阿诺维奇和 E. A. 乌留科夫提出的一种新概念的引射器,也就是级数无穷大的多级结构引射器,如图 8 - 1 所示。但是在实际的应用中,所采用的引射器多为 3~4 级,这是因为在较长的混合室及中间扩散段内摩擦损失很大。随着级数的增加,这些损失也增大,从而降低了级数较大的引射器的效率,也就无法在具体结构中实现差分引射器的性能;并且多级引射器的设备比单级复杂得多。

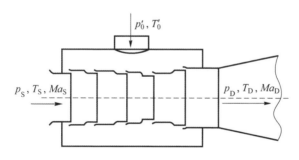

图 8 - 1 真实差分引射器

在实际的应用中,所有的真实的引射器结构难以达到真正的差分引射器要求,所以给出了一种接近真实差分引射器的、高压喷管带位移的螺旋型引射器,见图 8 - 2,从图中可以看到,引射气体通过装在混合室上的倾斜高压喷管进入混合室。差分引射器的组成包括混合室 1、集气室 2、高压喷管 3、低压进气段 4 和扩散段 5。由于这种高压喷管带位移的螺旋型引射器性能很接近差分引射器,我们把它也称作差分引射器。这里研究的差分引射器就是这种螺旋型引射器。

可以看出,差分引射器和常规引射器有很大的不同。差分引射器的高压气体和低压气体不是在同一截面同时进入混合室,而是很多喷管在沿轴向不同的截面上分别进入混合室,因此可以提高引射器的引射效率,得到更大的增压比。

如图 8 - 2 所示,高压喷管安装轴和混合管中心线有一个轴向夹角 α,根据已有的资料,α 一般取 5° ~ 10°。但是为了满足喷管的可更换条件,倾斜角不能小于 15°,这样便于喷管的加工安装。

如图 8 - 2 所示,高压喷管轴线不通过混合管中心线,二者有一个径向夹角 β。这样是为了避免高压气体都聚集在混合轴附近,而周边(室壁附近)高压气体缺乏,混合过程变坏。为了改善混合过程,喷管的安装应该使气流通过安装轴与混合室的中间部分,$\beta = 5$°时可以满足这个条件。这种方法会导致混合室与扩散段气流出现转折,但是因为喷管的安装角较小,气流的转折不大,所以对引射器的工作没有太大的影响。

差分引射器的入口截面和出口截面的面积比一般取 0.6,锥形混合室的长径比一般取 6.5 ~ 7。

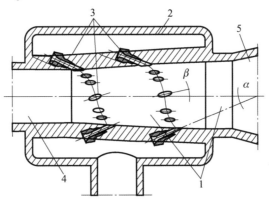

图 8 - 2　螺旋型差分引射器
1—混合室;2—集齐室;3—高压喷管;4—低压进气段;5—扩散段。

为了使混合室壁面的高压气体经过约混合室半径的距离,喷管的出口直径应该约占混合室直径的 10% ~ 30%(喷管倾角为 15°)。据研究表明,用 45 个喷管安装在 16 圈螺线上时,有很好的性能,这个锥形混合室的侧面展开图如图 8 - 3所示。

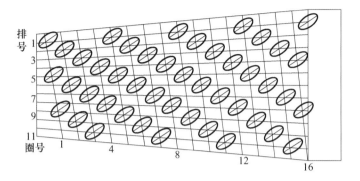

图 8 - 3　差分引射器侧面展开图

8.1.2　差分多喷管引射器性能计算方法

引射器的混合过程流场是一受限制的超声速喷流,由超声速引射气体喷流和限制喷流的亚声速被引射气流组成。在主被动气流的混合过程中,存在速度梯度很大的剪切层并伴有复杂的激波系,因此,采用三维数值模拟方法准确分析引射器的性能仍是一项较困难的工作。对于差分引射器来说,它的流场更加复杂,数值模拟更加困难。

为了便于分析和工程的设计应用,这里采用一维处理法分析计算差分引射器的性能。在建立差分引射器的一维计算方程时,给定以下假设:

(1) 引射喷嘴分布在沿锥形混合室的一边上,而不是沿锥形混合室螺旋型分布。

(2) 引射器中的流动是绝热的,气体与壁面之间无摩擦和热交换。

(3) 高压引射气流流出喷管时是均匀的,且是等熵流动。

(4) 高压引射气流从流入混合室到气体完全混合前是等熵流动。

(5) 混合开始后,没有混合的高压气体的静压和低压混合气体的静压相等。

(6) 被引射气流在与引射气体完全混合前,被引射气流的流动是等熵的;混合后,被引射气流的总压升高。

(7) 高压气体与低压气体完全混合的长度约为 1.5 个长径比,即 10 个喷嘴间隔。

不考虑由喷管安装角度带来的气流损失,由马赫数表征的一维绝热流动基本关系式如下:

$$P(Ma,\gamma) = \frac{P_0}{P} = \left(1 + \frac{\gamma - 1}{2}Ma^2\right)^{\frac{\gamma}{\gamma - 1}} \tag{8.1}$$

173

$$F(Ma,\gamma) = \frac{F}{F_{cr}} = \frac{1 + \gamma Ma^2}{Ma\sqrt{2(\gamma+1)\left(1 + \dfrac{\gamma-1}{2}Ma^2\right)}} \qquad (8.2)$$

$$m = C(R,\gamma)\frac{P_0}{\sqrt{T_0}}q(Ma,\gamma)A \qquad (8.3)$$

式中:

$$q(Ma,\gamma) = Ma\left[\frac{2}{\gamma+1}\left(1 + \frac{\gamma-1}{2}Ma^2\right)\right]^{-\frac{\gamma+1}{2(\gamma-1)}}$$

$$C(R,\gamma) = \left(\frac{\gamma}{R}\right)^{\frac{1}{2}}\left(\frac{2}{\gamma+1}\right)^{\frac{\gamma+1}{2(\gamma-1)}} \qquad (8.4)$$

如图 8-4 所示,给出了差分多喷管引射器混合室的计算模型。从图 8-4
中可以看出,X 截面上的气流可以分为 3 支不同参数的气流:

从 X 截面上喷管流出的高压超声速气流,总压为 P_0,马赫数为 Ma'_X。

从 X 截面前喷管流出还没来得及与低压气体混合的高压气流,其总压为
$P_{0,pX}$,超声速流动,马赫数为 $Ma_{pX} > 1$。

低压气体与较早流入的高压气体的混合物,总压为 $P_{0,sX}$,马赫数为 $Ma_{sX} < 1$,
亚声速流动。

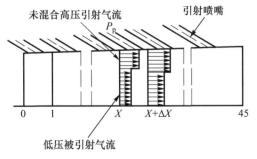

图 8-4　差分多喷管引射器计算模型

由上面的假设,很容易得到以下关系式:

$$P'_0 = P_0 \qquad (8.5)$$

$$P'_{0,pX} = P_{0,pX} \qquad (8.6)$$

$$T'_{0,pX} = T_{0,pX} \qquad (8.7)$$

取混合室 X 和 $(X+\Delta X)$ 截面之间的气流作为研究对象,下标为 X 的表征 X
截面的气流参数,下标为 $X+\Delta X$ 的表征 $X+\Delta X$ 截面的气流参数。根据质量守
恒方程可得:

$$m_{X+\Delta X} = m_X + m'_{X+\Delta X} = m_{s,X+\Delta X} + m_{p,X+\Delta X} \qquad (8.8)$$

其中:

$$m_{s,X+\Delta X} = \sum_0^{X+\Delta X} m'_X - \sum_0^{X-9\Delta X} m'_X = m_X^0 + m'_{X+\Delta X} - m'_{X-9\Delta X} \qquad (8.9)$$

$$m_{s,X+\Delta X} = m_s + \sum_0^{X-9\Delta X} m'_X = m_{s,X} + m'_{X-9\Delta X} \qquad (8.10)$$

引射系数 k 定义为被引射气流和引射气流的质量比,它是引射器性能的一个重要参数。在此,我们定义在 $(X+\Delta X)$ 截面处低压混合气体的流量系数 $k_{X+\Delta X}$ 为 X 截面上低压混合气体与 X 截面前第 9 个高压引射气流的流量之比:

$$k_{X+\Delta X} = \frac{m_{s,X}}{m'_{X-9\Delta X}} \qquad (8.11)$$

则式(8.10)可写成:

$$\frac{m_{s,X+\Delta X}}{m'_{X-9\Delta X}} = 1 + k_{X+\Delta X} \qquad (8.12)$$

8.1.3　计算方法可行性分析

对于差分引射器的研究,目前主要通过实验研究积累的经验来估计差分引射器的性能和指导差分引射器的设计。所以,本章所提出的方法是否可行,首先要与已有资料的实验结果做些比较。

在资料中,给出的是一台有 16 圈螺旋线,45 个喷管的差分引射器。它的几何尺寸如下:锥形混合室入口直径为 70mm,出口直径为 90mm,锥形混合室长度为 480mm,平直混合室长度 110mm。45 个引射喷嘴出口直径均为 10mm,前 10 个引射喷嘴的喉道直径为 1.5mm,后面线性增加到 7.9mm。

接着,给出计算的结果。首先,采用相同的马赫数分布进行计算,得出引射器的性能。然后,采用同一模型(引射器几何尺寸相同,喷管出口直径相同),前 10 个喷管的马赫数也一样,但是其余的马赫数分布由计算得出。

为清楚起见,我们把各种情况下的马赫数分布和引射器性能曲线合并在一起进行比较,图 8-5 为马赫数分布图,图 8-6 为引射器性能曲线。

从图 8-5 可以看出,在 17 号喷管之前,计算得出的马赫数小于比资料中采用的马赫数;而在 17 号喷管之后,计算得出的马赫数要大于资料中采用的马赫数。而在图 8-6 的引射器性能曲线图上,可以看出在 $k>0.006$ 时,两种计算得出的引射器增压比和资料中引射器的增压比吻合得很好;而在 $k<0.006$ 时,两种计算得出的引射器增压比和资料中引射器的增压比差别较大,但总的趋势是一致的。

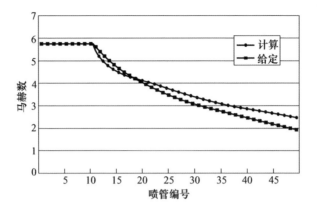

图 8 - 5　喷管马赫数分布

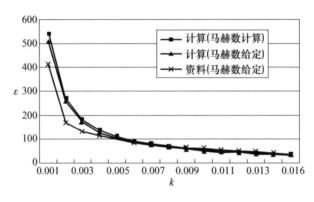

图 8 - 6　引射器性能曲线

8.1.4　差分引射器性能分析

引射器性能的好坏可以从多方面来衡量,如耗气量、增压比、噪声和设备运行时间等,这里仅从耗气量和增压比来讨论引射器的性能。引射器耗气量的大小用引射系数 k(被引射气流流量和引射气流总流量之比)表示,引射器增压比 ε(引射器出口气流总压和引射器入口气流总压之比)表示。在给定引射系数 k 时,增压比 ε 越大,则引射器的性能越优;同理,在给定引射器的增压比 ε 时,引射系数 k 越大,则引射器的性能越优。对引射器性能影响较大的主要参数有被引射气流的马赫数 Ma_1,引射气流马赫数 Ma',气流温度 T_{01} 和 T_0',以及气流的物理性质参数(如分子量、比热比)等。对于差分引射器而言,它最大的特点就是增压比很高,所以,对差分引射器性能的分析主要是关心它的增压比,从引射气流马赫数 Ma' 和被引射气流马赫数 Ma_1 来分析引射器的性能。

但是,差分引射器不同于常规的等截面混合引射器和等压混合引射器,它的引射气流和被引射气流不是在同一截面同时进入混合室开始混合的。对常规的引射器来说,引射气流的马赫数是相同的,对多喷管引射器也是如此;而差分引射器由于有很多喷管,引射气流的马赫数也是不同的。对差分引射器性能的分析,我们采用具有相同几何尺寸的差分引射器:锥形混合室出入口直径分别为70mm 和90mm,长度480mm;平直混合室长度110mm;引射喷管的出口直径均为10mm;共有45 个引射喷管,分布在16 圈螺旋线上。

首先,比较一下差分引射器和等截面混合引射器的引射系数与增压比的关系,见图 8 - 6。对于差分引射器,零引射时的增压比大于400,远远大于三级等压混合引射器在零引射时的增压比。随着引射系数的增加,增压比不断降低,$k = 0.01$时ε 达到 50 左右。可以看出,差分引射器的增压比明显优于单级的等截面混合引射器;即使对于三级等截面混合引射器,差分引射器的增压比也比三级等截面混合引射器的增压比要高。

被引射气流马赫数 Ma_s 对差分引射器性能的影响见图 8 - 7。在一定的增压比条件下,被引射气流马赫数 Ma_s 增加,引射器总的引射系数将增大,而引射喷管的马赫数也会相应的增加。因此,在相同的增压比条件下,选取较大的被引射马赫数 Ma_s,可以得到更高的引射器性能。但是,选取较大的被引射马赫数 Ma_s,将引起前 10 个引射喷管马赫数 Ma_p的增加。这样,气流在引射喷管中会急剧膨胀降温,这对差分引射器的性能将会有一定影响。

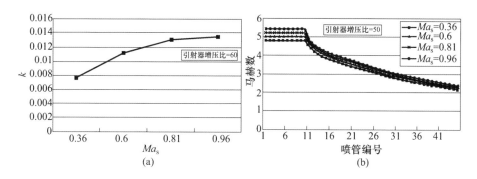

图 8 - 7　被引射气流马赫数 Ma_s 对差分引射器性能的影响

(a)被引射气流马赫数 Ma_s 对差分引射器总引射系数影响;

(b)被引射气流马赫数 Ma_s 对引射喷管马赫数分布影响。

引射气流马赫数 Ma_p 对差分引射器性能的影响见图 8 - 8。在给定被引射气流的马赫数的情况下,提高引射气流的马赫数,引射器总的引射系数将降低,而引射器的增压比将增大。

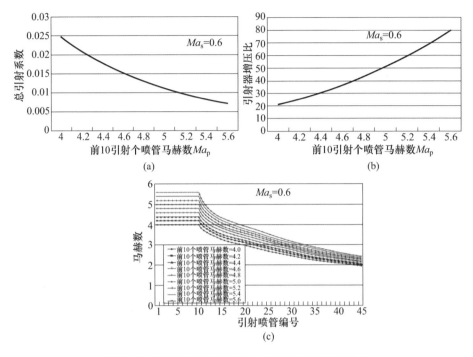

图 8 - 8　引射气流马赫数 Ma_p 对引射器性能的影响

（a）Ma_p 对总引射系数的影响；（b）Ma_p 对引射器增压比的影响；（c）Ma_p 对引射喷管马赫数分布影响。

8.2　超超引射器

8.2.1　超超引射器概述

在气体引射器中,通常采用超声速气流来引射亚声速气流,使得掺混后的气流达到预定排出压力。对于超声速气流,通常利用额外的扩压器降速增压,再由引射器完成引射排气。如果能够对超声速气流进行直接引射,就能够显著缩短整个扩压器的尺寸。这在那些对引射排气部段尺寸有要求的场合有较高吸引力。另外,在与扩压器 - 引射进行比较时,直接引射超声速气流有可能带来额外的综合性能优势。从流体力学现象研究的角度,直接引射超声速气流过程中复杂激波波系、剪切层、边界层的相互作用以及超声速气流的掺混过程,也吸引研究人员开展相关研究。

较早研究超超引射问题的是 Spiegel、Hofstetter 和 Keuhn,这是 NACA 最早考虑使用超声速空气引射器来降低超声速/高超声速风洞启动和运行压力比可能性工作的一部分。其后,化学激光器的开发大大促进了利用超超引射器直接抽吸激光腔内超声速气流的研究。Zimet 通过实验研究了超声速引射器在抽吸亚声速/超声速二次流过程中的稳态和瞬态运行过程;研究结果表明,超超引射方案同时具备降低重量/体积以及提高性能的潜力;然而,与传统的亚超引射方案相比,超超方案在引射器启动方面有较为严重的问题。

Guile 就超超引射器概念设计申请了美国的专利。如图 8 – 9 所示,该专利中设计的引射器采取二次流居中(图中数字 36,下同)的环形引射方式,混合室采用等压混合室(收缩型面,26),其中主流采用多个喷管并联(20、22)来实现,依靠由此产生的弱激波/斜激波(40、44)来强化混合过程。

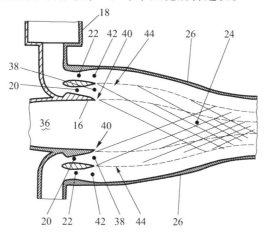

图 8 – 9 Guile 专利中超超引射器混合室

引射器中核心的流动问题是混合室中两股超声速射流的混合过程,这个过程涉及喷管尾流、激波、混合室边界层等复杂的因素,数值计算、理论分析和实验研究都给出了丰富的结果。例如,Yadav 和 Patwardhan 通过纹影测量和 CFD 对混合反应器中所使用的引射器进行研究,揭示了超超引射器的复杂流场结构(图 8 – 10)。

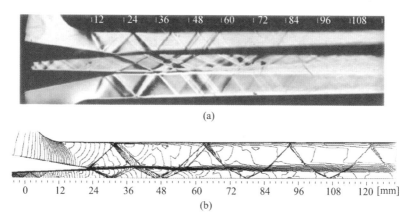

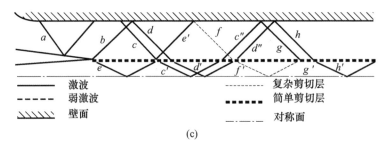

图 8 – 10　超超引射器混合室入口部分流场结构

(a)纹影图；(b)等值线云图；(c)波系示意图。

8.2.2　超超引射器研究思路

超超引射器研究的核心问题在于混合室流场结构,混合室流场决定引射器的引射效率、增压比、启动特性等关键的性能。在混合室中,两股超声速射流发生混合,混合的过程受到入口气流参数、引射喷嘴外形、混合室型面、背压等因素的影响,在混合过程中,还有可能发生放热化学反应,在实际情况中还必须考虑非理想气体效应。

围绕超超引射器的混合室流场结构核心问题的研究工作大概可以分为以下几个方面:一维设计理论、CFD 流场计算与可视化、引射器实验研究(流场可视化)、射流混合理论研究、引射器喷嘴设计。

超超引射器一维设计理论简化混合室的气流混合过程,结合一维流动/准一维流动的连续方程、动量守恒和能量守恒方程,建立混合室出口气流参数和混合室入口主引射气流、被引射气流参数之间的关系,并进一步给出引射效率和扩压系数。利用一维理论,能够设计超超引射主引射气流的基本参数,还能对混合室型面、长度尺寸等参数进行设计和优化。结合实验测量的结果可以对一维设计给出的结果进行修正,以获得更高的准确性,更好地指导引射器设计。值得注意的是,与一般亚超引射器不同,超超引射器一维设计理论中不能假设主引射气流和被引射气流静压匹配,而是通过被引射气流气动喉道假设给出主引射气流和被引射气流压力比的上限,保证引射器被引射气流不发生壅塞。

一维设计理论的分析过程依赖于对超超引射器中主引射气流和被引射气流的超声速混合过程的合理假设,而超超引射器中实际的流场结构则是决定引射器启动特性和工作性能的关键因素。有几种方法可以对引射器的内部流场结构进行研究:CFD 计算与可视化、引射器混合室实验研究、二维流场理论分析等。通过采取恰当的模型(流场控制方程、边界条件、湍流模型等),CFD 计算可以有效地预测混合室流场结构,并进一步对不同设计方案进行评估。而在实验研究中,则主要需要解决流场测量的问题,一般采用的方法有纹影测量或干涉测量。理论分析对二维引射器内部的斜激波、剪切层、边界层计算都能给出具有指导意义的结论,有助于洞察混合过程的物理规律。

在理解混合室内部流场结构的基础上,可以进一步改进引射器设计,促进混合、提高引射效率和扩压系数,包括改进喷管形状、优化混合室型面等。

根据上面的分析,可以按照图8－11中的流程开展超超引射器的研究。首先从超超引射器应用需求(如化学激光器)提出引射器的性能指标,如尺寸、被引射气流流量、压力恢复系数等;然后进入理论分析与设计阶段,在这个阶段通过一维设计理论和CFD流场计算构成一个迭代循环:通过一维设计理论给出引射器初步设计方案,通过CFD计算和可视化技术对方案进行校验,CFD计算的结果可用于改进一维设计时采用的混合室压力分布假设以及混合过程假设,然后采用一维/准一维理论进一步参数分析和优化设计,给出优化设计方案,再通过CFD进行校验,上述迭代过程可以给出超超引射器的优化方案;在超超引射器理论分析与设计阶段所得优化设计方案的基础上,应采用实验研究的方法,测量引射器的各性能指标和流场结构,对一维设计理论进行修正、对CFD计算模型进行评估,并进一步改进设计方案,得到最终满足应用需求、性能较优的引射器设计方案。

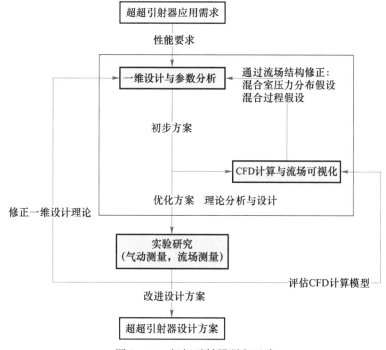

图8－11　超超引射器研究思路

8.2.3　超超引射器设计原理

不失一般性,针对图8-12中所示的轴对称等截面混合室超超引射器来描述超超引射器设计过程。采取中心引射的方式,通过喷管将超声速主引射气流喷入混合室,与超声速被引射气流在混合室中完成超声速射流混合,经过混合和减速扩压达到出口3处为均匀混合气体。图中截面1为混合室入口,截面3为混合室出口,截面2的含义将在下面的分析中给出。

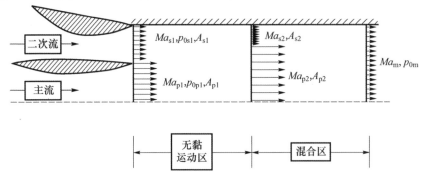

图8-12　超超引射器一维计算参数简图

为简化分析计算,基本假设如下:

(1) 引射主引射气流和被引射气流均为量热完全气体;

(2) 主引射气流和被引射气流入口参数均匀;

(3) 整个流动为均匀无摩擦的绝热流动;

(4) 混合室足够长,截面3气流已混合完全并扩压至亚声速;

(5) 主引射气流和被引射气流为冷混合,混合气体为量热完全气体。

超超引射器性能计算的输入条件,主要是指入口截面1主引射气流和被引射气流的各参数(表8-1),包括主引射气流马赫数、被引射气流马赫数、总压比、总温比、面积比、主引射气流气体比热、被引射气流气体比热、摩尔质量比。被引射气流马赫数、被引射气流气体比热比有具体应用中的工作环境给定的,其他6个参数可以在一定的范围内改变。在分析中,主要关心的是被引射气流的压力恢复系数和被引射气流的流量。压力恢复系数也称为增压比或压缩比,定义为超超引射器出口静压(或者总压)与混合室入口被引射气流静压(或总压)的比值。

表8-1　超超引射器设计参数

序号	输入参数	说明
1	M_{p1}	主引射气流马赫数
2	M_{s1}	被引射气流马赫数

（续）

序号	输入参数	说明
3	p_{0p1}/p_{0s1}	总压比
4	T_{0p1}/T_{0s1}	总温比
5	A_{p1}/A_{s1}	面积比
6	γ_p	主引射气流气体比热
7	γ_s	被引射气流气体比热
8	μ_p/μ_s	摩尔质量比

1. 控制体分析:1~3 之间区域

首先,选择整个混合室作为控制体进行分析。

通过总压比和气流马赫数给出主引射气流与被引射气流静压比。值得注意的是,不同于亚超引射器,超超引射器设计中没有静压匹配的假设。

定义等熵定常绝热一维流动常用气动函数:

$$f_1(\gamma, Ma) = \left(1 + \frac{\gamma - 1}{2} Ma^2\right)^{-\frac{\gamma}{\gamma - 1}} = \frac{p}{p_0} \tag{8.13}$$

有:

$$\frac{p_{p1}}{p_{s1}} = \frac{p_{0p1}}{p_{0s1}} \frac{f_1(\gamma_p, Ma_{p1})}{f_1(\gamma_s, Ma_{s1})} \tag{8.14}$$

通过静压比可以给出主引射气流被引射气流流量比。定义

$$f_2(\gamma, Ma) = Ma\left[\gamma\left(1 + \frac{\gamma - 1}{2} Ma^2\right)\right]^{\frac{1}{2}}$$

$$= \gamma^{\frac{1}{2}}\left(\frac{2}{\gamma + 1}\right)^{-\frac{1}{2}} \frac{p^* A^*}{pA} \tag{8.15}$$

有:

$$\frac{m_p}{m_s} = \frac{p_{p1}}{p_{s1}} \frac{A_{p1}}{A_{s1}} \left[\frac{\mu_p}{\mu_s} \frac{T_{0s1}}{T_{0p1}}\right]^{\frac{1}{2}} \frac{f_2(\gamma_p, Ma_{p1})}{f_2(\gamma_s, Ma_{s1})} \tag{8.16}$$

基于量热完全气体的完全混合假设,可以通过主引射气流和被引射气流气体的物性参数计算得到混合气体物性参数。根据能量和焓值的广延性有:

$$m_m C_{pm} = m_p C_{pp} + m_s C_{ps} \tag{8.17}$$

$$m_m C_{vm} = m_p C_{vp} + m_s C_{vs} \tag{8.18}$$

可以得到:

$$\gamma_m = \frac{C_{pm}}{C_{vm}} = \gamma_s \frac{1 + \dfrac{m_p}{m_s} \dfrac{\gamma_p}{\gamma_s} \dfrac{\gamma_s - 1}{\gamma_p - 1} \dfrac{\mu_s}{\mu_p}}{1 + \dfrac{m_p}{m_s} \dfrac{\gamma_s - 1}{\gamma_p - 1} \dfrac{\mu_s}{\mu_p}} \tag{8.19}$$

183

根据分子数恒定和质量守恒,有:

$$\frac{m_p}{\mu_p} + \frac{m_s}{\mu_s} = \frac{m_m}{\mu_m} \tag{8.20}$$

$$m_m = m_p + m_s \tag{8.21}$$

可以得到:

$$\frac{\mu_m}{\mu_s} = \frac{1 + \dfrac{m_p}{m_s}}{1 + \dfrac{m_p}{m_s}\dfrac{\mu_s}{\mu_p}} \tag{8.22}$$

基于绝热混合过程的假设,气体焓值守恒:

$$m_m C_{pm} T_{0m} = m_p C_{pp} T_{0p} + m_s C_{ps} T_{0s} \tag{8.23}$$

则有:

$$\frac{T_{0m}}{T_{0s}} = \frac{1 + \dfrac{m_p}{m_s}\dfrac{\gamma_p}{\gamma_s}\dfrac{\gamma_s - 1}{\gamma_p - 1}\dfrac{\mu_s}{\mu_p}\dfrac{T_{0p}}{T_{0s}}}{1 + \dfrac{m_p}{m_s}\dfrac{\gamma_p}{\gamma_s}\dfrac{\gamma_s - 1}{\gamma_p - 1}\dfrac{\mu_s}{\mu_p}} \tag{8.24}$$

根据动量守恒方程有:

$$m_m V_m + p_m A_m = m_{p1} V_{p1} + p_{p1} A_{p1} + m_{s1} V_{s1} + p_{s1} A_{s1} + \int_{A_{p1}+A_{s1}}^{A_m} p\,\mathrm{d}A \tag{8.25}$$

式中最后一项在等截面混合室中为零,$A_m = A_{p1} + A_{s1}$,可解出截面 3 马赫数。定义:

$$f_3(\gamma, Ma) = 1 + \gamma Ma^2 = \frac{mV + pA}{pA} \tag{8.26}$$

及

$$B \equiv \frac{\left(1 + \dfrac{m_p}{m_s}\right) f_2(\gamma_s, Ma_{s1}) \left(\dfrac{T_{0m}}{T_{0s}}\dfrac{\mu_s}{\mu_m}\right)^{\frac{1}{2}}}{f_3(\gamma_s, Ma_{s1}) + \dfrac{p_{p1}}{p_{s1}}\dfrac{A_{p1}}{A_{s1}} f_3(\gamma_p, Ma_{p1})} \tag{8.27}$$

可以求得:

$$Ma_m^2 = \frac{\gamma_m(1 - 2B^2) \pm (\gamma_m^2 - 2B^2\gamma_m^2 - 2B^2\gamma_m)^{\frac{1}{2}}}{2B^2\gamma_m^2 - \gamma_m^2 + \gamma_m} \tag{8.28}$$

从动量方程得到的方程为 Ma_m^2 的二次方程,因此可以得到两个解。正号对应的为超声速解,可以理解为入口主引射气流和被引射气流的等效马赫数。这里要采用负号对应的亚声速解,因为总可以假设混合室足够长,气流能够扩压减速至亚声速。有意思的是,这里给出的两个解恰好吻合正激波前后马赫数的关系,考虑到上面的动量方程为一维流 Fanno – Rayleigh 正激波方程的多股流体等效形式,得到上述结果相当自然。

通过式(8.25)可以得到截面 3 的静压与被引射气流入口静压比为

$$\frac{p_{\mathrm{m}}}{p_{\mathrm{s1}}} = \frac{f_3(\gamma_{\mathrm{s}}, Ma_{\mathrm{s1}}) + \dfrac{p_{\mathrm{p1}}}{p_{\mathrm{s1}}}\dfrac{A_{\mathrm{p1}}}{A_{\mathrm{s1}}}f_3(\gamma_{\mathrm{p}}, Ma_{\mathrm{p1}})}{f_3(\gamma_{\mathrm{m}}, Ma_{\mathrm{m}})\left(1 + \dfrac{A_{\mathrm{p1}}}{A_{\mathrm{s1}}}\right)} \tag{8.29}$$

出口与被引射气流入口总压比为

$$\frac{p_{0\mathrm{m}}}{p_{0\mathrm{s1}}} = \frac{p_{\mathrm{m}}}{p_{\mathrm{s1}}}\frac{f_1(\gamma_{\mathrm{s1}}, Ma_{\mathrm{s1}})}{f_1(\gamma_{\mathrm{m}}, Ma_{\mathrm{m}})} \tag{8.30}$$

2. 控制体分析:1 ~ 2 之间区域

在亚超引射器中,通常假设主引射气流和被引射气流静压匹配,也就是 $p_{\mathrm{p1}}/p_{\mathrm{s1}} = 1$。在超超引射中,因为被引射气流为超声速流动,因此必须考虑,$p_{\mathrm{p1}}/p_{\mathrm{s1}} > 1$ 的情况。当 $p_{\mathrm{p1}}/p_{\mathrm{s1}} > 1$,被引射气流在等截面混合室中经历的是一个压缩的过程。当 $p_{\mathrm{p1}}/p_{\mathrm{s1}}$ 不断增大,极限情况是在混合室中形成一个气动喉道,此处被引射气流达到声速,形成壅塞现象。将气动喉道定义为截面 2,选择 1 ~ 2 之间的区域进行控制体分析,分析这种极限情况可以初步给出主引射气流与被引射气流静压比上限值。在分析中,假设主引射气流和被引射气流之间经历图 8 – 16 中截面 1 到截面 2 之间的无摩擦运动段,在这个区域两股流体没有发生混合分别完成等熵过程:主引射气流膨胀;被引射气流压缩,达到被引射气流的气动喉道处马赫数为 1,即 $Ma_{\mathrm{s2}} = 1$。将气动喉道处的面积 A_{s2} 记为 A_{s}^{*},对主引射气流和被引射气流分别使用连续方程可以得到主引射气流在截面 2 的参数。

定义:

$$f_4(\gamma, Ma) = \frac{1}{Ma}\left[\left(\frac{2}{\gamma+1}\right)\left(1 + \frac{\gamma-1}{2}Ma^2\right)\right]^{\frac{\gamma+1}{2(\gamma-1)}} = \frac{A}{A^*} \tag{8.31}$$

有:

$$\frac{A_{\mathrm{p1}}}{A_{\mathrm{p1}} + A_{\mathrm{s1}} - A_{\mathrm{s}}^{*}} = \frac{f_4(\gamma_{\mathrm{p}}, Ma_{\mathrm{p1}})}{f_4(\gamma_{\mathrm{p}}, Ma_{\mathrm{p2}})} \tag{8.32}$$

$$\frac{A_{\mathrm{s1}}}{A_{\mathrm{s}}^{*}} = f_4(\gamma_{\mathrm{s}}, Ma_{\mathrm{s1}}) \tag{8.33}$$

由式(8.32)和式(8.33)可以消去 A_{s}^{*},得到关于 Ma_{p2} 的非线性方程:

$$f_4(\gamma_{\mathrm{p}}, Ma_{\mathrm{p2}}) = f_4(\gamma_{\mathrm{p}}, Ma_{\mathrm{p1}})\left[1 + \frac{A_{\mathrm{s1}}}{A_{\mathrm{p1}}}\frac{f_4(\gamma_{\mathrm{s}}, Ma_{\mathrm{s1}}) - 1}{f_4(\gamma_{\mathrm{s}}, Ma_{\mathrm{s1}})}\right] \tag{8.34}$$

此处求解 Ma_{p2} 应选取 $[Ma_{p1},\infty)$ 中的解,因为依据这里的假设,主引射气流经历一个膨胀过程,马赫数应该增大。

根据 Ma_{p2},可以计算极限情况下的主引射气流与被引射气流静压比。控制体动量守恒方程为

$$m_{p1}V_{p1}+p_{p1}A_{p1}+m_{s1}V_{s1}+p_{s1}A_{s1}=m_{p2}V_{p2}+p_{p2}A_2+m_{s2}V_{s2}+p_{s2}A_{s2} \quad (8.35)$$

即

$$\left[f_3(\gamma_p,Ma_{p1})-f_3(\gamma_p,Ma_{p2})\frac{p_{p2}A_2}{p_{p1}A_{p1}}\right]\frac{p_{p1}}{p_{s1}}\frac{A_{p1}}{A_{s1}}$$

$$=f_3(\gamma_s,1)\frac{p_{s2}A_{s2}}{p_{s1}A_{s1}}-f_3(\gamma_s,Ma_{s1}) \quad (8.36)$$

根据 f_2 的定义,可以得到极限情况下的主引射气流与被引射气流静压比:

$$\left[\frac{p_{p1}}{p_{s1}}\right]_{lim}=\frac{1}{\frac{A_{p1}}{A_{s1}}}\frac{f_3(\gamma_s,1)\frac{f_2(\gamma_s,Ma_{s1})}{f_2(\gamma_s,1)}-f_3(\gamma_s,Ma_{s1})}{f_3(\gamma_p,Ma_{p1})-f_3(\gamma_p,Ma_{p2})\frac{f_2(\gamma_p,Ma_{p1})}{f_2(\gamma_p,Ma_{p2})}} \quad (8.37)$$

相应地,可以得到总压比的极限情况。按照初步分析结果,针对一定的初始参数,总压调节的范围是:

$$\frac{p_{0p1}}{p_{0s1}}\leqslant\frac{f_1(\gamma_s,Ma_{s1})}{f_1(\gamma_p,Ma_{p1})}\left[\frac{p_{p1}}{p_{s1}}\right]_{lim} \quad (8.38)$$

8.2.4 超超引射器性能分析

对于超超引射器的设计,首先通过对超超引射器的应用场景,确定被引射气流的特性;再根据经验确定基准设计方案,并确定几套预选方案,在确定方案时,可不考虑总压;根据计算确定超超引射器正常工作的总压可调节范围;选择压力恢复系数——流量比构成超超引射器工作平面;通过压力恢复系数性能来对方案进行评估和选择。

下面给出超超引射器的设计算例。选取基准设计参数为 $Ma_{p1}=4.0,Ma_{s1}=2.0,\gamma_p=\gamma_s=1.4,A_{p1}/A_{s1}=1.0,\mu_p/\mu_s=T_{0p}/T_{0s}=1.0$。选择总压比作为自由变量,计算基准设计参数的工作平面,即混合气体出口静压比与流量比的变化曲线(图8-13),这里还给出了混合室入口静压比(图8-14)和流量比(图8-15)的曲线。图中曲线的左端(即总压比的下限)对应静压比为1;曲线的右端(即总压比的上限)对应静压的上限值,也就是被引射气流在气动喉道中发生壅塞的情况,如果主引射气流总压超过这个范围,则超声速被引射气流无法顺利启动。

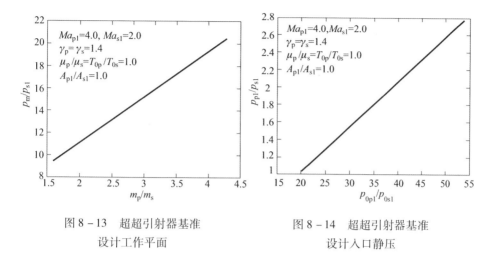

图 8-13 超超引射器基准
设计工作平面

图 8-14 超超引射器基准
设计入口静压

根据同样的办法,可以对主引射气流引射马赫数 Ma_{p1}、主引射气流比热比 γ_p、摩尔质量比 μ_p/μ_s、总温比 T_{0p}/T_{0s} 和入口面积比分别进行参数分析。

图 8-16 给出了不同主引射气流马赫数下的引射器工作平面,从中可以得到两点结论:

(1)对于给定的总压比,提高马赫数对压力恢复性能影响较小;

(2)提高马赫数可以提高总压比上限,这为提高压力恢复系数带来便利。这两点从静压、动压和总压的关系不难得到。

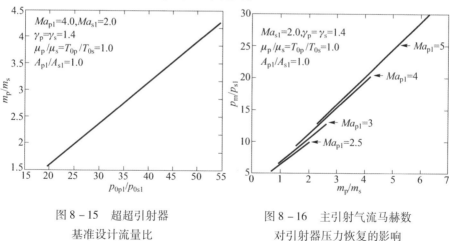

图 8-15 超超引射器
基准设计流量比

图 8-16 主引射气流马赫数
对引射器压力恢复的影响

图 8-17~图 8-19 分别给出了主引射气流比热比、主引射气流与被引射气流总温比、主引射气流与被引射气流摩尔质量比对引射器工作平面的影响。可以看出,在给定总压比的情况下总温比和摩尔质量比对压力恢复性能的影响大于比热比对压力恢复性能的影响。在给定总压比的情况下,为提高超超引射

器效率,应提高主引射气流总温,采用摩尔质量较小、比热比较小的工质来引射。

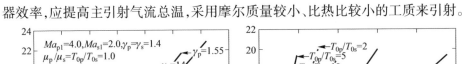

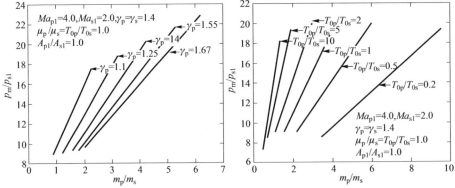

图 8-17　主引射气流比热比
　　对引射器压力恢复的影响

图 8-18　总温比对引射器
　　压力恢复的影响

　　图 8-20 给出了主引射气流与被引射气流入口面积比对超超引射器工作平面的影响。图中曲线表明:在给定总压比的情况下,入口面积比小则压力恢复系数高;另一方面,提高入口比,可以通过提高总压比获得更高的压力恢复系数。考虑到入口的几何尺寸对内部流场影响较大,还需要通过对内部流场结构进行 CFD 和实验研究来进一步分析入口面积比的影响。

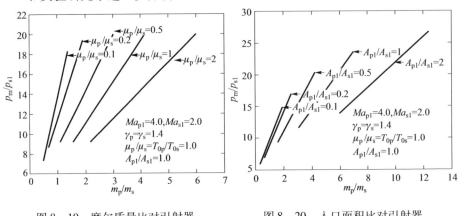

图 8-19　摩尔质量比对引射器
　　压力恢复的影响

图 8-20　入口面积比对引射器
　　压力恢复的影响

　　最后,图 8-21 给出了不同被引射气流马赫数对引射器工作平面的影响。从表面上看,对于给定的总压比,提高被引射气流马赫数,可以得到更好的压力恢复性能。实际上,对于给定总压的被引射气流,入口马赫数越高,则被引射气流入口静压越低,而静压在图 8-20 中是纵坐标的分母,因此超超引射器的出口静压也会跟着降低,反而会降低压力恢复的能力。

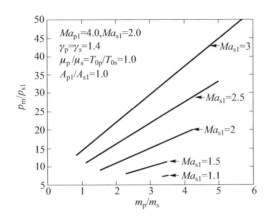

图 8 – 21　被引射气流马赫数对压力恢复的影响

8.2.5　超超引射器多目标优化设计

超超引射器是超声速引射器的一种,通过直接引射超声速气流,可以显著缩短扩压设备的尺寸,并存在提升引射性能的可能性,在化学激光器压力恢复系统和地面实验设备中有较好的应用前景。超超引射器是近年来超声速引射器研究的热点之一,在基本性能分析、流场结构计算、流场结构实验及瞬态稳定性等方面,研究都在逐步深入。超超引射器的两个主要性能指标是压力恢复系数(也称为增压比)和引射系数,这两个性能指标相互冲突,提高压力恢复系数通常意味着降低引射系数,反之亦然。对于类似的设计问题,传统的设计方法一般采用经验性的多属性决策,或者采用权重聚合方式构造成单目标优化问题。如果引入 Pareto 最优的概念,利用 MOEA/D 方法求解出超超引射器设计优化问题对应的 Pareto 前端(PF),就能利用优化搜索的结果协助多属性决策,提高设计的灵活性。下面简要介绍超超引射器性能分析模型,分析设计参数对性能的影响趋势(图 8 – 22);分析中引入了 Pareto 前端的概念,采用 MOEA/D 算法求解优化问题的 PF,有助于超超引射器优化选型和设计。

1. 优化问题模型

以等面积混合的中心引射器为例,说明超超引射器的一般构型。引射气流经过喷管以一定的马赫数进入混合室,被引射气流经过扩压器进入混合室,二者在混合室进行能量交换,最终在混合室出口形成混合气流,其压力满足排放要求。采用控制体方法进行性能分析,采用的基本假设与第 2 章中引射器设计基本假设一致。

考虑静压匹配条件和被引射气流出现气动喉道并阻塞的临界情况作为性能计算模型中的约束,分别选择整个混合室、无黏运动区、混合区作为控制体进行

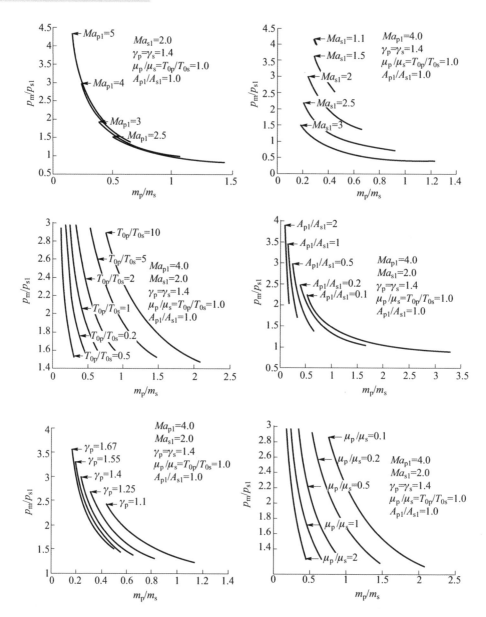

图 8-22　超超引射器性能初步分析

分析得到引射性能的计算公式。选取混合室入口的各个参数：引射气流马赫数 Ma_{p1}、被引射流马赫数 Ma_{s1}、气流总压比 p_{0p1}/p_{0s1}、气流总温比 T_{0p1}/T_{0s1}、面积比 A_{p1}/A_{s1}、引射气流比热比 γ_p、气流摩尔质量比 μ_p/μ_s，上述参数作为设计参数构成决策向量 x，以压力恢复系数（即增压比）p_{0m}/p_{0s1} 和引射系数 m_p/m_s 构成目标向量 y，可以得到如下的性能计算模型：

190

$$\max_{x \in \Re^7} \quad y = f(\boldsymbol{x})$$

$$\text{s. t.} \quad e(\boldsymbol{x}) = [e_1(\boldsymbol{x}), e_2(\boldsymbol{x})] \leqslant 0 \tag{8.39}$$

其中：$\boldsymbol{x} = [Ma_{p1}, Ma_{s1}, p_{0p1}/p_{0s1}, T_{0p1}/T_{0s1}, A_{p1}/A_{s1}, \gamma_p, \mu_p/\mu_s]$ 为决策向量，$\boldsymbol{y} = [p_{0m}/p_{0s1}, m_s/m_p]$ 为目标函数向量，$e_1(\boldsymbol{x})$，$e_2(\boldsymbol{x})$ 分别为静压匹配和气流阻塞对应的约束条件。

2. 超超引射器性能优化分析

对式(8.39)所描述的优化问题,针对各决策变量进行初步的分析计算,如图 8-22 所示。分析的基准设计参数为引射气流马赫数 4.0,被引射气流马赫数 2.0,总温比 1.0,入口面积比 1.0,引射气流比热比 1.4,分子摩尔质量比 1.0。随着总压比在两个约束条件给定的范围内变化,引射器的增压比和引射效率构成一条曲线,对应不同的参数变化,曲线的长度和形状都与相应的改变。

从结果中可以得到以下两点结论:

(1) 超超引射器的增压比和引射效率存在冲突,在同样条件下,要提高增压比就必然带来引射效率的降低,反之亦然;

(2) 单因素的变化带来的影响由于约束条件的存在,难以简单地确定其优劣。

具体而言,较高总温比和较低摩尔质量对应的目标向量有较为明显的优势;不同引射气流马赫数、被引射气流马赫数、面积比和引射气流比热比对应的两个目标函数之间的关系不够明朗,无法直观地确定性能指标和相应的设计参数。为进一步确定超超引射的性能范围、优化选择设计参数,引入 Pareto 前端和多目标优化方法,对超超引射器性能优化问题进行进一步的分析。

3. 多目标优化算法及实例分析

1) Pareto 最优解与 Pareto 前端

在实际的工程优化问题中,类似于超超引射器增压比和引射系数,由相互冲突的多个目标组成的优化问题的最优解无法简单地进行定义。实际上,多目标优化的结果并不是单个解,而是一组均衡解,即所谓的 Pareto 最优解。Pareto 最优解由 Pareto 优胜的概念导出,其本质是依据对应目标向量之间的关系来定义决策向量之间的优劣关系。作为标量的目标向量之间有两种可能的关系:$a > b$ 和 $b > a$。对多目标优化的目标向量,如果两个目标向量的各个分量(标量)分别都有" > "的关系,则定义两个向量之间有" > "的关系,目标向量之间存在" > "的关系即为对应的决策向量之间为 Pareto 优胜关系。由多目标向量之间的" > "关系,可直接推知二者之间还存在一种新的关系:$a \not> b$ 且 $b \not> a$,这表明二者对应的决策向量之间是均衡的。借助二维目标向量的情况,可对以上定义进行解释。如图 8-23(a)所示,f_1-f_2 平面为目标向量空间,平面上的每个点对应一个目标向量,对应有 B > A,A > E,同时还可以看出 Ⅱ 区域对应的决策向量 Pareto 优胜于 Ⅰ 区域对应的决策向量;而 A 和 C、D 之间的关系为 A ⊁ C(D) 且(D) C ⊁ A,同样可看出 Ⅲ 区域对应的决策向量与 Ⅳ 区域对应的决策向量之间为均衡关系。将 Pareto 优胜和均衡统称为"不劣于"。

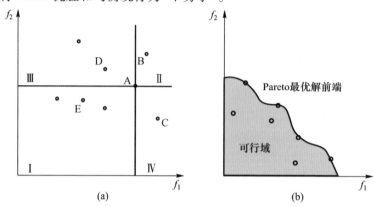

图 8 - 23 目标向量的关系及 Pareto 前端
(a)目标向量空间; (b)Pareto 最优集。

根据以上定义,可以将 Pareto 最优解定义为当且仅当决策变量 *x* 在可行域中为非劣的,决策变量 *x* 才是 Pareto 最优解。假设图 8 - 23(b) 中曲线和坐标轴包围的区域为决策变量可行域对应的目标向量分布区域,则空心点对应的决策变量为 Pareto 最优解,它们之间为均衡关系。Pareto 最优解的集合称为 Pareto 最优集,该集合对应的目标变量集合为 Pareto 前端。显然,无论决策者的偏好如何,均应该在 Pareto 最优集中选择系统设计方案,因此求解 Pareto 前端对于系统设计决策具有重要的意义。

目前,多目标进化算法被广泛用于解多目标优化问题,并提出了许多算法,如非劣排序遗传算法(NSGA,NSGA2)、强度 Pareto 遗传算法(SPEA,SPEA2)、Pareto 存档进化算法(PAES)等,且提出了很多有效的进化策略,如精英保留机制、外部存档等。近年来提出的 MOEA/D 算法[9] 将多目标优化问题分解成标量形式的单目标优化子问题,然后在进化过程同时求解这些子问题。因为相邻子问题的优化解之间存在相似性,在 MOEA/D 中每个子问题可使用其相邻子问题的优化信息,进而可以提高优化效率,减少计算量。

2)算例及结果

利用 MOEA/D 算法辅助进行超超引射器的设计过程,按照下面的步骤进行。首先,确定参数向量的决策空间,确定应用环境中的被引射气流的总压、总温和气体物性参数,再根据被引射气流扩压器的配置,确定被引射气流的马赫数范围。第二步采用 MOEA/D 算法求解得到对应多目标优化问题的 Pareto 前端,包括对应的 Pareto 最优集。最后按照引射器工作条件和总体设计的综合需求，在 Pareto 前端上选择合适的增压比和引射系数，从对应的 Pareto 集合中查得相应的设计参数。

针对某压力恢复系统，确定决策空间：被引射气流马赫数[1.1,2]，引射气流马赫数[2,5]，总压比[0.1,300]，总温比[1,3]，入口面积比[0.1,2]，引射气流比热比[1.1,1.67]，分子摩尔质量比[0.1,2]，被引射气流比热比为 1.4。考虑到一维分析的误差，性能目标向量取修正系数 0.8，计算得到的 Pareto 前端如图 8 - 24 所示。利用 Pareto 前端可以确定超超引射器的性能极限，对系统的初步设计提供指导；在系统详细设计阶段，通过结合 Pareto 前端给出的信息和工程经验，可进行多属性决策，选择恰当的系统参数。

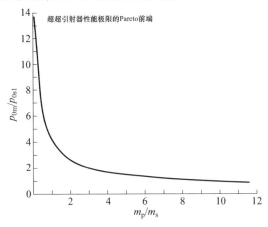

图 8 - 24　超超引射器多目标优化问题 Pareto 前端

针对超超引射器这一新型引射器类型的系统设计，通过分析发现，超超引射器的性能影响参数多，相互关系较为复杂，其增压比和引射系数两个主要性能参数相互冲突，通过常规的分析难以得到较清晰的结论，不便于设计。针对这种情况，引入 Pareto 优胜、Pareto 最优解和 Pareto 前端的概念，并采用基于 MOEA/D 算法的多目标优化方法，计算超超引射器多目标优化问题的 Pareto 前端，可有效地辅助多属性决策和系统设计。

8.3　非定常流驱动引射器

脉冲爆震发动机（Pulsed Detonation Engine，PDE）是一种高度非稳态装置，如果在其系统加上引射器（有些文献也称其为"排气引射增推装置"）将可以非常有效地提高 PDE 的推力性能并降低排气噪声。因此，国内外许多研究机构纷纷致力于此类引射器的研究工作。由于 PDE 工作时产生的脉冲式爆震波，一个循环工作过程内的压力变化很大,PDE 出口流场结构很复杂。从 PDE 出口排放出的羽状气流结构产生非稳态的涡,能大大加速主射流与被引射气流的相互作用。此类引射器利用 PDE 出口高速非定常气流引射环境气流(二次气流)来提高推力。

从结构上看,非定常流驱动引射器与传统的定常引射器基本相同,其主要区别是在于其采用爆震管、谐振腔等装置将定常引射流转换为非定常流。图 8-25 给出了某非定常流驱动引射器结构示意图。由于传统的定常引射器的能量转换取决于黏性剪切混合,而非定常流驱动引射器的引射原理实质上是非黏性的,其引射原理很复杂,引射器内的气流情况很难描述,但显然它也利用了流速增加后的次流动量。由于卷吸作用的影响,非定常流驱动引射器的引射量一般要大于定常引射器的引射量。另外,为完成能量转换,一般来说非定常流驱动引射器相对于定常引射器来说要求的长度更短,因此非定常流驱动引射器相对传统的定常引射器具有更高的引射性能、更加紧凑的结构,一般可获得更有效的结构设计。

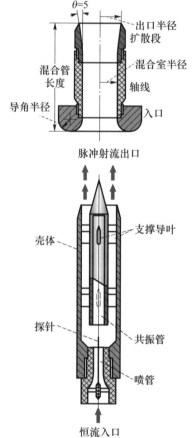

图 8-25　非定常流驱动引射器结构示意图(Hartmann 共振管)

8.3.1　非定常流驱动引射器研究简介

国外开展非定常流驱动引射器的研究已经有较长时间的历史。早在 20 世纪 60 年代 Lockwood 就曾利用实验手段研究安装引射器对 PDE 推力增益的贡献。随着 PDE 研究的日渐成熟,越来越多的学者开展了非定常流驱动引射器的研究工作。目前研究绝大多数均以圆直型、锥形引射器为研究对象。

过去的许多研究表明,通过优化引射器的结构设计,可以获得最大的推力增益为 2.0 左右(推力增益定义为安装引射器后 PDE 推力与未安装 PDE 时推力的比值)。例如,Lockwood 利用 PDE 装置产生引射气流,通过实验得出最大推力增益与引射器长径比(引射器长度 L_{ej} 与引射器直径 D_{ej} 之比)成反比的结论。实验中某长径比 L_{ej}/D_{ej} 等于 1.5 的圆直型引射器获得了 1.9 的最大推力增益。Bertin 和 Didelle 利用蝶阀控制喷气机(a jet interruptted by a butterfly valve)产生引射气流,实验中某长径比 L_{ej}/D_{ej} 等于 9 的引射器也获得了 1.9 的最大推力增益。

Paxson 等人于 2002 年重复了 Lockwood 的实验,并研究了圆直型引射器(图 8－26(a))、锥型引射器的性能(图 8－26(b)),得到了较为类似的结论:①存在一个最佳长径比 $L_{ej}/D_{ej} \approx 9.5$ 使圆直型引射器(尾部接扩散段)达到最大推力增益 1.83,但是最佳长径比 L_{ej}/D_{ej} 比 Lockwood($L_{ej}/D_{ej}=1.5$)大;②当引射器半径 R_{ej} 与 plusejet 喷口半径之比 $R_{ej}/Rp \approx 2.4$ 时,锥型引射器最大推力增益为 1.9。Paxson 利用某种合成射流激励器(Speaker－Driven Jet)产生引射气流再次对其进行研究,得到了较为类似的结果。后来,Paxson 等人利用 plusejet(长 72in,直径 6.5in)产生引射气流,对大尺寸的圆直型和锥型非定常流驱动引射器进行了研究。实验数据表明:①大尺寸引射器获得的最大推力增益比小尺寸的引射器小,圆直型引射器最大推力增益为 1.71,锥型引射器最大推力增益为 1.81。②最佳引射器半径 R_{ej} 与 plusejet 喷口半径 R_p 之比 $R_{ej}/R_p \approx 2.46$,圆直型引射器最佳长径比 $L_{ej}/D_{ej} \approx 10$ 与小尺寸引射器基本一致。

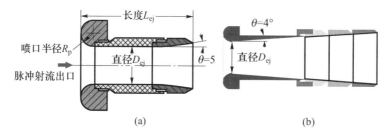

图 8－26　圆直型和锥型引射器外观(剖面图)

(a)平直引射器;(b)锥型引射器。

195

Johnson 等人提出了预测非定常流驱动引射器引射系数的数学公式,并利用实验方法对其进行验证,实验数据与理论数据十分吻合。Johnson 指出与定常引射器不同,随着引射气流温度的升高,非定常流驱动引射器的引射系数明显增大。

K. Landry 利用 PDE 装置产生引射气流,对圆直型引射器的增推性能进行了实验研究。他主要分析了引射器半径、进气口形式、脉冲频率(频率范围为20～50Hz)对最大推力增益的影响。实验结果表明:①圆型进气口(图 8 – 27(b))相对平直进气口(没有采取任何措施)引射器可以获得更高的推力增益,当脉冲频率为 30Hz 时,某圆型进气口引射器获得了 2.06 的推力增益。②脉冲频率对圆型进气口引射器的推力性能影响较大,但是对平直进气口引射器的推力性能几乎没有影响。为了进一步解释此现象,K. Landry 还利用 PIV 可视化手段研究引射器内部流场。

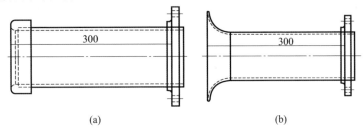

图 8 – 27　非定常流驱动引射器入口形状
(a) 唇口为收敛型的进气口形状;(b) 唇口为半圆型的进气口形状。

Jack 利用 Hamman – Sprenger 谐振管产生引射气流对非定常流驱动引射器进行了深入研究。为了产生更加集中的定向引射射流,在谐振管周围安装了一个圆柱型金属罩,研究了四种不同脉冲频率下,引射器半径 R_{ej} 与金属罩内圈半径 R_s 之比 R_{ej}/R_s、引射器长度 L_{ej} 与金属罩内圈半径 R_s 之比 L_{ej}/R_s、引射器进气口(半圆型进气口)R_n 半径与金属罩内圈半径 R_s 之比 R_n/R_s 等结构参数对引射器最大推力增益的影响。实验结果表明:不同频率对应不同的最优半径、最优长度。选择金属罩内圈半径 R_s 作为分母,只是一种将各种气动参数无量纲化的一种方法。Jack 还提出了涡环的相关理论,并引入"构造数 N"概念。"构造数"是决定引射气流向起动涡环(starting vortex ring)转变的关键参数,当脉冲喷射流的脉冲长度 L_{pulse} 与脉冲宽度 D_{pulse} 之比 $L_{pulse}/D_{pulse} < N$ 时,脉冲喷射流仅仅转换为单一的涡环,当 $L_{pulse}/D_{puls} > N$ 时,脉冲喷射流转换为涡环 + 尾流。Jack 分析实验数据发现,当 $L_{pulse}/D_{puls} = N$ 时,将获得最大推力增益,此时最佳引射器半径等于 $0.8 \times$(涡环半径 R + 涡环核半径 a),但是最大增益仅为 1.38 左右。涡环结构示意图如图 8 – 28 所示。此外,Jack 还借鉴 Johnson 等人的理论,从实验与理论上研究了推力增益估算方法。

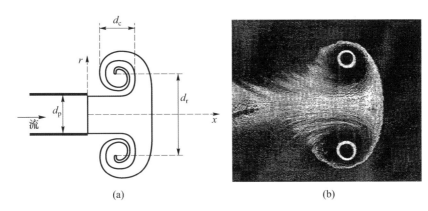

图 8 - 28　涡环结构

(a)涡环结构示意图;(b)PIV 显示($Ma = 1.16$)。

Choutapalli 等人利用 plusejet 装置产生引射气流对二维非定常流驱动引射器进行了研究,主要研究了引射器入口截面面积 A_{ej} 与喷管出口截面面积 A_t 之比 A_{ej}/A_t、引射气流马赫数(0.30、0.65、0.80),引射气流脉冲频率(40 ~ 220Hz)对引射器推力增益的影响。在实验过程中,保持引射器长度、引射器宽度不变,仅改变引射器高度。通过实验得出以下结论:①在不同的脉冲频率下,引射器最佳面积比均为 11。②在不同的面积比下,推力增益几乎随脉冲频率的增高而线性增加;引射系数也随脉冲频率的增高而单调递增。③推力增益几乎与引射气流马赫数无关。④脉冲频率为 220Hz,面积比为 11 时,获得的最大推力增益为 1.9。

Allgood 等人建立了二维 PDE + 引射器(剖面图)数值计算模型(其气动轮廓如图 8 - 29 所示),利用 CFD 手段分析了引射器直径 D_{ej} 与 PDE 喷管直径 D_t 之比 D_{ej}/D_t 对推力增益的影响。模拟结果表明:①随着 D_{ej}/D_t 的不断增大,其推力增益快速增加。②出口爆震波将产生一道强激波,该激波将对引射器引射系数产生影响;激波的长度及速度由引射器长度 L_{ej} 与 PDE 爆震管长度 L_t 之比 L_{ej}/L_t 以及填充系数决定(填充系数定义为 PDE 爆震管内填充的可爆混合物与 PDE 总容积之比)。Allgood 等人还利用 PDE 装置产生引射气流对圆直型引射器性能进行了分析,同时还比较了引射器尾部是否接扩散段对推力增益的影响(引射器气动轮廓图,如图 8 - 30 所示)。在实验过程中保持引射器直径 D_{ej} = 2.75in 不变,仅改变引射器长度 L_{ej}。实验表明:①后部接扩散段的引射器比没有接扩散段的引射器产生的最大推力增益大,前者最大推力增益为 1.65,后者为 1.28。②对于后部接扩散段的引射器而言,当引射器长径比 L_{ej}/D_{ej} 约为 3 ~ 4 时获得最大推力增益。③对于后部未接扩散段的引射器而言,当引射器长径比 L_{ej}/D_{ej} 大于 5 以后,最大推力增益趋于稳定。④引射器相对 PDE 装置的轴向位置对引射器性能有较大的影响。

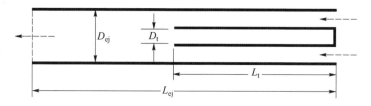

图 8 - 29   CFD 计算中 PDE + 引射器简化二维模型

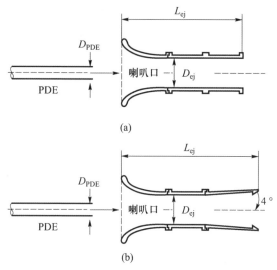

(a)

(b)

图 8 - 30   引射器气动轮廓图

(a)接平直段；(b)接扩散段。

我国西北工业大学动力与能源学院对非定常流驱动引射器展开了较为系统的研究。首先采用实验与 CFD 相验证的方法分析了非定常流驱动引射器的引射机理,提出了非定常流驱动引射器引射过程的 3 个阶段和相应的 3 种作用机制。同时,设计了 6 组具有不同直径、不同引射器入口形状(圆形和收敛形入口两种)的圆直型引射器,从引射器入口形状、相对 PDE 出口处轴向位置、脉冲频率等角度,采用力传感器法对引射器的增推性能进行了实验研究。实验数据表明:①在引射器长径比一定的情况下,采用收敛型进气口的引射增推效果明显。②轴向位置对引射器的增推性能有非常明显的影响,当引射器入口正好位于 PDE 喷管出口处或位于下游 1/2 倍 PDE 喷管直径处时,系统会出现一个至少高于 1.35 的推力增益点,引射器入口从该点继续远离 PDE 喷管出口位置时,推力将会急剧地下降;当引射器从 PDE 喷管出口处逐渐向上游移动时推力增益呈先下降后上升再下降的趋势,最高推力增益可达 1.805。③当爆震频率较低时,推力增益幅度较小,引射量也较小;可是随着爆震频率的增大,引射增推效果较明显,当频率达到 30 Hz 时引射器的推力增益趋于稳定,基本都在 1.6 ~ 1.65 之

间;工作频率过低不能产生稳定的引射,低于 15 Hz 时引射器无法启动。④当引
射器的直径一定时,存在着一个最佳长径比 4.58,当引射器的长径比低于这个
值时,随着长径比的增加而增加,但是当引射器的长径比大于这个值时,推力增
益趋于稳定。

　　此外,南京航空航天大学能源与动力学院对非定常流引射器进行了一定的
研究工作。范育新博士就 PDE 装了引射器后的实测推力增益水平和排气引射
增推装置的优化设计参数作探索性的实验研究。认为引射器的最大增益和它的
结构参数有关,其中增推装置距 PDE 出口的位置 ΔL、引射器与 PDE 的面积比对
推力增益的影响尤为重要。

　　由此可见,由于非定常流驱动引射器的结构与定常引射器基本相同,其加工
相对简单,因此对其研究主要致力于引射机理的研究以及引射器长度、直径、入
口形状、频率对其性能的影响(最大推力增益)。从文献资料可以看出,国外研
究机构根据涡环相关理论,借助实验数据去分析、摸索相应规律,并建立了相关
的经验公式来指导非定常流驱动引射器的设计和实现。

8.3.2　非定常引射气流发生装置

　　由上述的介绍可知,非定常流驱动引射器与传统的定常引射器在结构上基
本相同,其主要区别是在于该引射器采用某些特殊装置将定常引射流转换为非
定常流。因此,如何产生非定常引射气流是必须解决的问题之一。分析文献资
料可知,最早均采用脉冲爆震发动机 PDE。由于 PDE 装置价格十分昂贵,利用
该类型引射器进行实验研究成本较高等原因,很多专家学者逐渐利用脉冲发动
机、Hartmann 共振管等装置代替 PDE 装置进行实验。目前非定常引射气流产生
装置主要有几下几种。

1. 脉冲爆震发动机 PDE

　　PDE 是一种利用脉冲式爆震波产生推力的新概念发动机。爆震波可以描
述成具有化学反应的强激波。爆震波能产生极高的燃气压力(大于 15 ~ 55atm)
和燃气温度(大于 2800 K)。PDE 装置一般由进气道、阀门、点火器、爆震室及尾
喷管组成。PDE 工作过程是间隙性的、周期性的。当爆震频率很高时,例如大
于 100 Hz 时,可近似认为工作过程是连续的。典型的 PDE 循环包括以下几个
基本过程:爆震波的起始,爆震波的传播,燃烧产物的排出或排气过程以及新鲜
反应物的填充过程。利用 PDE 装置产生引射气流的非定常流驱动引射器如
图 8 - 31 所示。

2. 脉冲发动机

　　脉冲喷气发动机的工作原理是利用氮气、氦气、氙气、空气等压缩气体为工
作介质,采用紧凑的单线圈、单阀座、螺旋弹簧、整体阀体等结构设计,借鉴传统

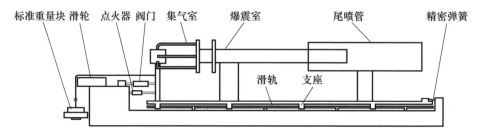

图 8－31　基于 PDE 装置非定常流引射器结构示意图

的螺管式常闭电磁阀结构与原理,充分利用成熟的阀门与电磁铁技术,利用气体动力学理论的拉瓦尔喷管原理研制一种可控制的喷气发动机。利用脉冲喷气发动机产生引射气流的非定常流驱动引射器结构示意图如图 8 - 32 和图 8 - 33 所示。

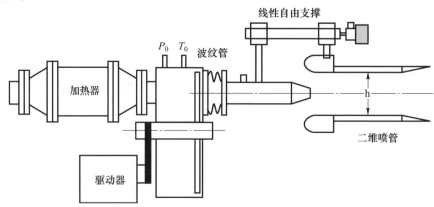

图 8 - 32　基于脉冲发动机装置非定常流驱动引射器结构示意图

图 8 - 33　基于脉冲发动机装置非定常流驱动引射器

3. Hartmann 共振管/谐振管

Hartmann 共振管是一种能够在流场中产生高频振动的装置。其原理是将一个一端封闭的圆管的开口端正对来流方向放置在一股超声速射流中,流场中将产生高频振动。最初,Hartmann 共振管并没有被柱状金属管包围,但是声场测试结果表明该装置发出的射流非常发散。因此,为了获得相对集中的定向射流,Jack Wilson 在 Hartmann 共振管/谐振管外部安装了一个金属罩,具体系统如图 8 – 34 所示。

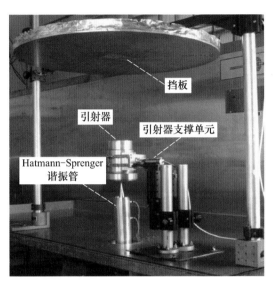

图 8 – 34　基于 Hatmann 共振管/谐振管的非定常流引射器

8.3.3　非定常引射器引射机理分析

对于稳态引射,主引射气流出口总压一定,主次流之间存在一个明显的交界面,因而对应的主次流面积可以确定,引射主要靠交界面上的卷吸作用实现。对于非稳态引射过程,主引射气流出口总压变化剧烈,高则可以堵塞整个流道,部分通过外涵反向流动,低则小于混合段压力,出现主引射气流反向。因而主引射气流气体和次流气体之间不存在稳定的交界面,稳态引射机理不能完全解释非稳态引射现象。

国内外一些研究机构利用实验以及 CFD 手段来分析非定常引射器的引射机理。图 8 – 35 和图 8 – 37 给出了非定常流引射器引射机理的实验研究结果,图 8 – 36 给出了 CFD 模拟结果。实验数据和 CFD 数值模拟结果均表明,非定常流驱动引射器的引射过程大致可分为 3 个阶段:

(1)第一阶段:爆震管(谐振腔)中高速排出的高温高压气体急速膨胀,完全堵塞了被引射气流通道;混合段中没有可爆混合物时,出口爆震波迅速衰减为一道强激波,随着激波的向后传播,原来混合段中的空气和部分上一循环排出的

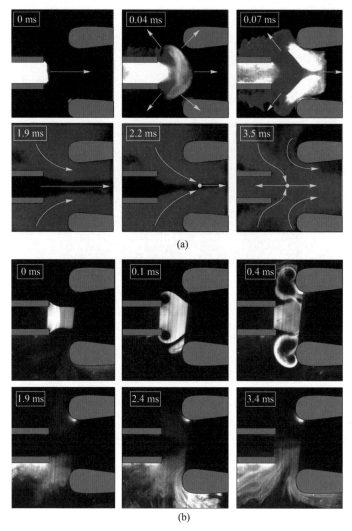

图 8 – 35　PDE + 引射器装置二维流动显示
(a)高速纹影图；(b)粒子示踪。

废气被压缩并加速向后运动,如图 8 – 35,图 8 – 37(a),图 8 – 36(a)、(b)所示。在图 8 – 36(a)、(b)中,B2 区是爆震管的排出物,混合段中间 B1 区是填充过程中推出的上一循环的高温气体,C 区是经过激波压缩的引射空气,U 区往后都是未压缩的空气。激波传出混合段以后,原来在混合段的气体都得到压缩并且获得了很高的速度,向后排出。

(2)第二阶段:靠近引射器壁面的高温气体形成一个涡环,涡环前面的气体从涡环和爆震管射流之间向后流动。引射器外涵的气体开始向后流动。如图 8 – 36(b)、(c)、(d)所示。

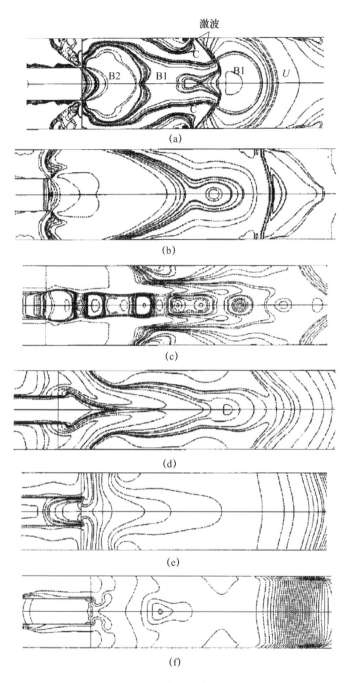

图 8 - 36　PDE + 引射器引射过程密度云图

(a)气体急速膨胀前期；(b)气体急速膨胀后期；(c)涡环形成前期；
(d)涡环形成后期；(e)气体回填前期；(f)气体回填后期。

（3）第三阶段：爆震管出口压力低于混合段压力，新鲜空气向爆震管内回填，同时涡环向后移动并减弱，新鲜空气逐渐填满引射器，如图8-36(e)、(f)所示。

三个阶段作用的机理大不相同：

（1）第一阶段主要是激波压缩加速，类似于活塞的高速推进；

（2）第二阶段以射流的卷吸作用为主；

（3）第三阶段主引射气流反向流动，在混合段不存在主引射气流射流，外涵来流是在惯性和压差作用下继续向后推进。

根据非定常流驱动引射器的研究可知，影响其引射性能的气动参数很多，主要有：

（1）引射器长度；

（2）引射器直径；

（3）引射器入口唇口形状（平直型、收敛型、半圆弧型）；

（4）引射器几何外形（平直圆管型、锥型、二维引射器）；

（5）引射器后是否安装扩散段；

（6）引射器距离喷嘴出口的轴向距离；

（7）非定常引射气流产生装置；

（8）引射气流细节参数（振幅、频率、瞬时分布等）；

（9）引射气流与被引射气流的温度比。

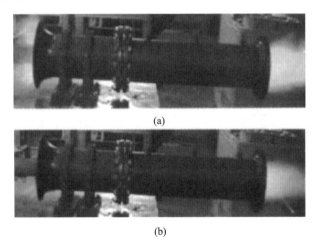

(a)

(b)

图8-37　PDE+引射器工作时的两个明显阶段

(a)引射器入口出现反流；(b)引射器稳定引射。

目前，国内外对影响非定常流驱动引射器性能的各类参数都进行了研究，得到的结论各不相同，部分实验结论比较见表8-2。由此，初步推定该类引射器的性能决不取决于某一类参数,而是各类参数共同作用的结果。因此,在不同的实验条件下,得到的结论也不相同。

表 8-2 部分文献结论比较

驱动类型	最大推力增益	喷管直径 D_j /in	最佳直径比 D_{ej} /D_j	最佳长径比 L_{ej}/Dj	最佳频率 /Hz
小型脉冲发动机	1.83	1.25	2.5	10.1	350
大型脉冲发动机	1.71	6.50	2.4	10.0	69
谐振腔	1.38	1.50	2.7	6.5	335
合成射流激励器	1.67	0.93	2.4	—	—
PDE	2.10	1.93	3.0	—	30

8.4 压力交换引射器

喷射式制冷系统结构简单、系统稳定可靠、运行和维护方便,引起了众多研究人员的关注。但是喷射式制冷系统的性能系数(Coefficient of Performance, COP)偏低(一般仅为 0.2 左右)的缺点制约了它的发展。在美国国家科学基金会(National Science Foundation, NSF)以及美国环保署(U. S. Environmental Protection Agency, EPA)资助下,乔治华盛顿大学的一些专家学者致力于提高喷射式制冷系统 COP 的研究,发明了压力交换引射器。

该类引射器利用了非定常流动中的"压力交换"原理来提高引射器效率,在实验室参考坐标系下是非定常流动,在转子参考坐标系下中是定常流动。因此,学术界有些学者称该类引射器为"压力交换引射器"或"伪定常引射器"。

压力交换引射器,其工作原理与传统引射器有很大区别,它利用非定常流动中的"压力交换"原理。所谓压力交换是指某高压流体的不断膨胀,而导致另一种低压流体不断被压缩,以达到流动通道内特定的激波(压缩波)和膨胀波的运动,完成介质温度、压力等参数的变化,实现能量转换的过程。激波管就是典型的一维压力交换流动装置。压力交换引射器从结构设计上避免高低压气体的混掺,因此,这种能量交换模式是无损耗的,使得压力交换引射器具有更高的效率和更加紧凑的结构。图 8-38 给出某非定常流驱动引射器结构示意图。

利用能量方程描述定常引射器和非定常引射器中主次流之间的能量交换过程如下:

$$\frac{Dh_0}{Dt} = \frac{1}{\rho} \frac{\partial p}{\partial t} + T \frac{Ds}{Dt} + \frac{1}{\rho} uf \tag{8.40}$$

式中:h_0 为滞止比焓;f 为单位体积的黏性应力;s 为比熵。

方程右边第一项描述了非定常引射器中主次流之间的压力交换的等熵变化

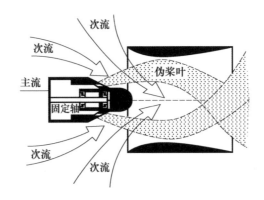

图 8 - 38　旋转喷射式压力交换引射器

过程;右边第二、三项描述了传统定常引射器主次流之间的能量交换过程,其中第二项代表了主次流之间的热交换过程;第三项代表了剪切应力、黏性或湍流的引起的非可逆变化过程。

　　在国外的文献中,一般采用推力增益来描述非定常引射器性能,推力增益的定义为:经过引射器后的气体的推力与相同喉道面积的等熵扩张简单喷管排气至环境压力所产生推力的比值。

　　从国内外相关研究情况来看,目前有四种典型的压力交换引射器,包括旋转喷射式引射器、无轮毂旋转引射器、轴流压力交换引射器、超声速转子 – 叶片压力交换引射器。在描述旋转喷射式引射器和无轮毂旋转引射器的喷嘴几何形状时,有两个特殊的参数:偏转角 β 和倾斜角 α,其定义参见图 8 – 39。

　　下面对这四种典型的压力交换引射器进行介绍。

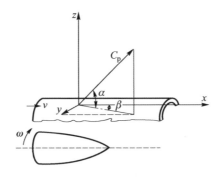

图 8 – 39　压力交换引射器部分参数示意图

8.4.1　旋转喷射式引射器

　　1962 年,Foa 将压力交换原理引入引射器,发明了旋转喷射式引射器,如图 8 –40所示。

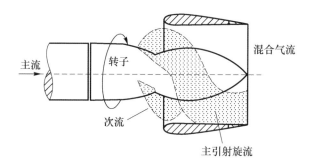

图 8-40 旋转喷射式引射器

旋转喷射式引射器的关键件是一个安装了多个喷嘴的、可高速旋转的转子。高压引射气体通过喷嘴喷出,转子高速旋转,形成非定常流动。该类引射器在实验室参考坐标系下是非定常流动,在转子参考坐标系下中是定常流动,因此定义此类引射器为"伪定常引射器"。与常规引射器不同的是,当转子高速转速时,随着引射气流与被引射气流温度之比的增大,该引射器推力增益也不断增加。Foa 还从理论上推测得出,如果喷嘴与旋转轴成一定角度时,由于角动量的作用,转子可以自驱动。

随后,许多专家学者对旋转喷射式引射器展开了理论或实验研究。Foa、Hohenemser等人利用实验证明了旋转喷射式引射器的确可以获得较高性能。Hohenemser、Port 利用实验证明了 Foa 的推理"当转子高转速时,随着引射气流与被引射气流温度之比的增大,该引射器推力增益也不断增加"的正确性。Hohenemser研究指出旋转喷射式引射器压力交换过程中的湍流卷吸作用将产生不良影响。Costopoulos 研究指出,当转子低速旋转时,引射器效能由湍流剪切力和压力交换作用共同决定;当转子高速转速时,引射器效能主要由压力交换作用决定。Aim 通过实验指出,旋转喷射式引射器压力交换过程持续时间非常短,具体流动过程可以分为压力交换阶段和混合阶段。

影响旋转喷射式引射器性能的气动参数非常多,包括喷嘴数目、转子旋转速度、引射压力、被引射气体压力、喷嘴出口截面形状、引射马赫数、混合区几何形状、工作介质等。分析国内外研究成果,可以得出以下几条结论:

(1)利用气流使转子自由旋转时,当喷嘴的偏转角 $\beta=0$ 时,其转子将不发生偏转,其性能与传统定常引射器相当,如图 8-41 所示。

当喷嘴的偏转角 $\beta\neq0$ 时,旋转喷射式引射器相对传统定场引射器的确可以获得较高性能,图 8-42 给出了不同情况下旋转喷射引射器与传统定常引射器的比较曲线。

(2)若利用气流使转子自由旋转,则喷嘴偏转角 β 与引射器性能关系,如图 8-41所示。当偏转角 $\beta<30°$ 时,气流是否有效混合对引射器的性能影响非

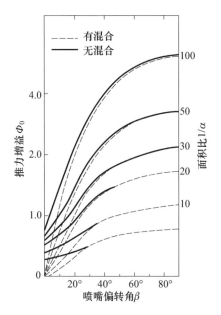

图 8 - 41　不同面积比下旋转压力交换引射器喷嘴偏转角对引射性能的影响

常大;随着偏转角 β 不断增大,引射器引射增益显著增强。

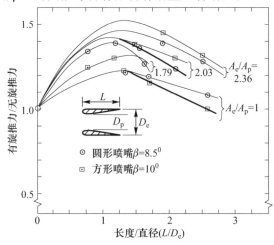

图 8 - 42　旋转压力交换引射器与传统定常引射器性能之间的比较

(3) 被引射气流与引射气流的密度比 ρ_p/ρ_s 与引射器性能的关系,如图 8 - 43所示。当喷嘴的偏转角 $\beta = 0$ 时,$\rho_p/\rho_s = 1$ 时,引射器性能最佳。当喷嘴的偏转角 $\beta \neq 0$ 时,尤其在 β 取值较大时,ρ_p/ρ_s 比值越大,引射器性能越好,因此,采用引射气流和被引射气流采用相同的工作介质,如果引射气流温度高于被引射气流则引射器的效果将更好。

（4）引射器长径比与引射器性能的关系（长径比定义见图 8 – 43），当引射器其他几何参数固定时,存在一个最佳的长径比,使引射器性能最佳。

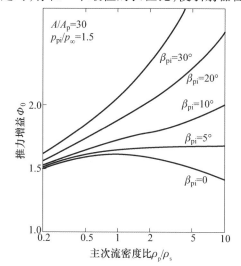

图 8 – 43　旋转压力交换引射器工作介质密度比对性能的影响

（5）主次流入口截面相对位置与引射器性能之间的关系,如图 8 – 44 所示。

当引射器其他几何参数固定时,存在一个最佳的主次流入口截面相对位置,使引射器性能最佳。

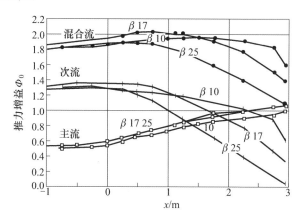

图 8 – 44　推力增益随主次流入口截面位置及偏转角的变化关系

虽然有关旋转喷射式引射器的研究较多,但主要集中在其流动机理、转子旋转速度、工作介质参数、引射器关键参数对推力增益的影响等方面;并没有给出有关此类引射器的设计原则和方法,如何设计出性能优异旋转喷射式引射器仍需进一步探索。

8.4.2 无轮毂旋转引射器

1991 年,Cordier 发明了无轮毂旋转引射器,其结构如图 8 - 45 所示。无轮毂旋转引射器中,多个喷嘴按照一定的偏转角和倾斜角安装于可旋转的圆柱体内表面。与旋转喷射式引射器原理相同,转子在气流的作用下自由旋转。

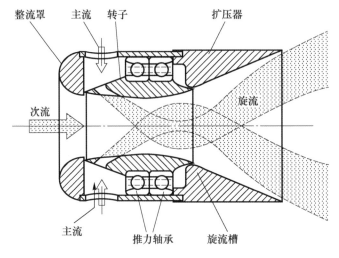

图 8 - 45　无轮毂旋转引射器

Corier、Garris、Sameh 等人都对此款引射器进行了实验研究。实验件中,引射气流从 4 个对称安装的亚声速喷嘴中喷出,喷嘴的倾斜角均为 30°。所有实验中引射器膨胀比保持 1.48 不变,考虑了偏转角分别为 0° 和 15° 两个工况,并利用激光多普勒测速器(Laser Doppler velocimeter,LDV)、单分量热线仪、皮托管等仪器对速度、压力进行测量,利用烟流、氦泡产生器(helium bubble generator)等进行流场显示,表 8 - 3 和图 8 - 46 ~ 图 8 - 48 给出了实验结果。实验结果表明,当喷嘴的偏转角等于零时,转子将不发生旋转;当喷嘴偏转角为 15°,转子转速达到 12000rad/s。转子旋转后流量系数从 1.30 增至 1.36,推力增益从 1.3 ~ 1.4 增至 1.5 ~ 1.6。

表 8 - 3　无轮毂旋转引射器实验结果

偏转角 β	15°	0°
倾斜角 α	30°	30°
转子速度	12000	0
压力比 P_p/P_{atm}	1.48	1.48
引射气流流量/(kg/s)	0.10	0.10
引射系数	1.36	1.30
推力增益	1.5 ~ 1.6	1.3 ~ 1.4

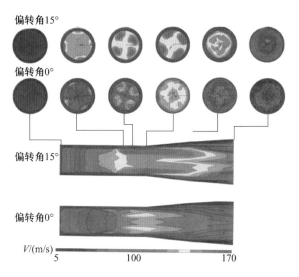

图 8 - 46　无轮毂旋转引射器实验结果(当地速度云图)

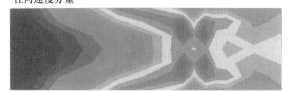

图 8 - 47　无轮毂旋转引射器实验结果(横截面速度云图)

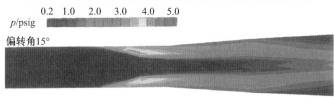

图 8 - 48　无轮毂旋转引射器实验结果(横截面静压云图)

211

但是由于喷嘴与引射器入口相对位置、偏转角和倾斜角设置不合理以及大尺寸轴承的固有摩擦等原因,其引射性能非常差。从掌握的资料来看,自 Sameh 之后,再也没有任何专家学者对该款引射器展开进一步研究。

8.4.3 轴流压力交换引射器

1997 年,Garris 发明了轴流压力交换引射器,其结构如图 8-49 所示。

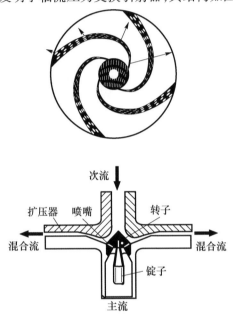

图 8-49　轴流式压力交换引射器

轴流压力交换引射器采用了与旋转喷射式相同原理,它也拥有一个安装了多个喷嘴的、可高速旋转的转子,但是其喷嘴与转子中心轴线成一定的角度,可以无需外力实现转子自由旋转,其速度可以达到 50000r/min 以上。转子表面绝对光滑,几乎无任何摩擦,而且没有施加任何外力,因此从倾斜的喷嘴射出的超声速引射气体没有角动量,混合气体将以螺旋流的形式沿径向流动。压力交换发生在离喷嘴出口非常近的区域,为了将压力交换后的高动能气体转换成压力能,该引射器还增加了径向扩散段。影响轴流压力交换引射器的气动参数也很多,包括喷嘴数目、转子旋转速度、引射压力、被引射气体压力、喷管型面、喉道面积比、引射马赫数、混合区几何形状、工作介质、扩散段参数等。

从掌握的文献看,除 Garris 以外尚没有其他专家学者对轴流压力交换引射器展开研究。其原因可能是该引射器加工制造精度过高,具体体现在:

（1）气动设计十分严格,细微的变动,对引射器性能造成很大的影响;

（2）为了避免引射气流从转子周围泄漏,要求非常高的加工精度;

（3）为了达成转子自由旋转的条件,要求转子与周围设备无摩擦;

（4）转子转速越高,其压力交换效果越好,因此要求转子高速旋转;

（5）由于引射气流与被引射气流之间的压力相差非常大,当他们从相对的两端流入引射器时,将造成相当大的轴向载荷;

（6）必须采取一定措施来保持其动平衡。

虽然从原理上看轴流式压力交换引射器的气动性能极佳,但是同时满足上述所有要求却十分困难。例如:转子之间的密封性必然产生摩擦,转子难以实现自由旋转;大轴向载荷和高旋转速度将加速轴承的损坏,使引射器工作时连接紧固性、动平衡性难以保证。

8.4.4 超声速转子 – 叶片压力交换引射器

2000 年,Garris 又研制出了一种全新的超声速转子 – 叶片压力交换器,其二维剖面图和三维剖面图分别如图 8 – 50 和图 8 – 51 所示。

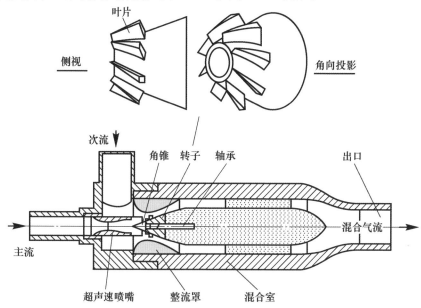

图 8 – 50 超声速转子 – 叶片压力交换器二维剖面图

超声速转子 – 叶片压力交换器与上述两种压力交换引射器不同,该引射器的转子上没有安装喷嘴,但是安装了楔形叶片。当超声速气体从喷管中射出后,在圆锥形转子尖部产生弱吸附激波。该激波以超声速流经楔形叶片,在叶片的根部将产生膨胀波。该膨胀波将被引射气体吸入叶片间的缝隙,并与超声速引射气流相互作用。叶片后的旋转界面为引射气流与被引射进行压力交换提供媒质。由于转子叶片是倾斜的,而转子安转在轴承上,几乎无任何摩擦,因此转子

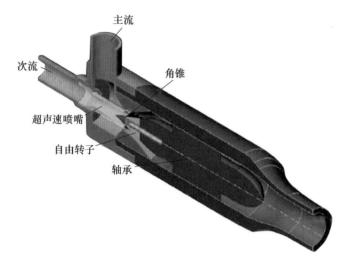

图 8-51　超声速转子-叶片压力交换器三维剖面图

是完全自由旋转,不会产生力矩。

超声速转子-叶片压力交换引射器与轴流压力交换引射器相比有以下几个优点:

(1) 转子尺寸相对较小,且转子上未安装喷嘴,无密闭性要求;

(2) 流经转子的气体为超声速,因此气体压力相对降低,轴向载荷相对减小;

(3) 由于没有密封面,该设计对加工误差不敏感;

(4) 由于转子体积相对小、重量轻,工作过程中容易保持平衡;

(5) 固定于转子上的叶片将不产生力矩,因此转子上的压力小;

(6) 该引射器可以采用陶瓷工艺进行加工,可以在温度极高的环境下工作。

因此,超声速转子叶片压力交换引射器造型简单、加工成本低。早期的超声速飞行器的研究表明,楔形螺旋桨能够有效控制超声速飞行中的能量耗散。因此,超声速转子叶片压力交换引射器与传统引射器在设计原理上的不同与超声速飞行器与亚声速飞行器设计方法的不同十分类似。

乔治华盛顿大学从实验、数值模拟、理论研究等多方面,对超声速转子-叶片压力交换器进行了研究。其研究主要致力于转子叶片的形状,转子叶片偏转角以及引射气流与被引射气流入口面积比对流动的影响等方面。

在实验研究中,他们首先分析了转子静止时引射器的性能,并以此为基准分析不同叶片形状对引射器性能的影响。实验中,转子叶片的楔形角为 20°,叶片数量为 4,工作介质为空气,喷管出口气流马赫数为 1.8,并利用 Schieren 系统进行流场显示。在 CFD 数值模拟过程中,他们建立了 1/4 超声速转子-叶片压力交换器的计算模型,借助 CFX-TASCflow3D 工具对面积比(引射气流与被引射气流入口面积之比)为 0.3、0.4、0.5、0.6 以及不同叶片形状等几个工况进行了

数值模拟。实验结果(图 8 – 52 和图 8 – 53)与数值模拟结果(图 8 – 54 和图 8 –
55)均表明,当转子叶片尾部突然截断,将产生极为复杂的流动,该流动将对压
力交换产生不良影响。同时,数值模拟结果(图 8 – 54 和图 8 – 55)还表明,当面
积比为 0.3 时,超声速转子 – 叶片压力交换器启动性能最佳。

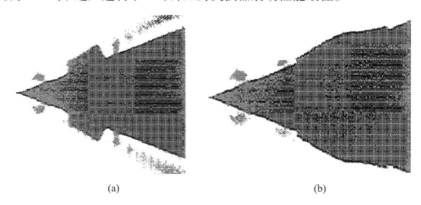

(a)　　　　　　　　　　　　　　　(b)

图 8 – 52　不同超声速转子 – 叶片压力交换器叶片形状实验流场显示结果
(a)叶片尾部突然截断;(b)转子叶片尾部平缓过渡。

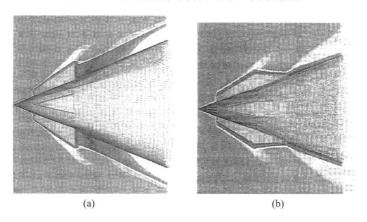

(a)　　　　　　　　　　　　　　(b)

图 8 – 53　不同超声速转子 – 叶片压力交换器叶片形状数值模拟结果
(a)叶片尾部突然截断;(b)转子叶片尾部平缓过渡。

　　在随后的研究中,他们利用实验和数值模拟技术分析转子在气流作用下自
旋转时的引射器性能,比较了 22 种不同类型转子叶片形状对引射器性能的影
响,并利用纹影仪、高速数码相机对流场进行了测试。转子叶片的数量为 6 片,
其转子叶片的楔形角为 20°,气体工作介质为空气,来流马赫数为 2.0。研究给
出了 3 款有代表性的转子叶片周围激波与膨胀波的纹影图,如图 8 – 56 所示。1
号转子叶片的叶片边缘比较钝,在叶片前缘引起非常强的激波,但是尾部的膨胀
波却非常短;2 号转子叶片的叶片高度相对较小,虽然其尾部的膨胀波较长,但

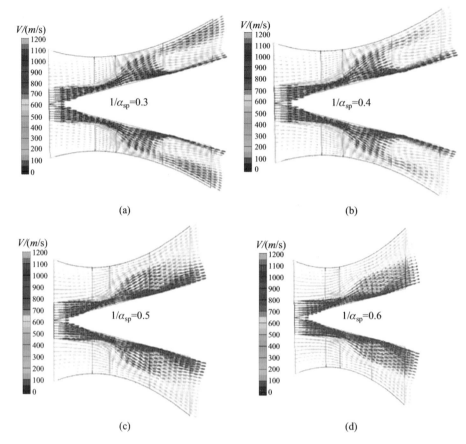

图8-54 不同面积比时超声速转子-叶片压力交换器速度矢量图(叶片间的剖面)
(a)面积比为0.3;(b)面积比为0.4;(c)面积比为0.5;(d)面积比为0.6。

是存在湍流,将会引起熵增加。3号转子叶片是一款设计较好的转子叶片,并给出了该转子叶片的气动轮廓图(图8-57)。

通过实验研究发现,一个设计优良的转子叶片应该具备以下特点:

(1)叶片边缘像刀刃一样锋利;

(2)叶片边缘高度取决于喷管出口的尺寸;

(3)尾部具有较长的膨胀激波;

(4)正视图具有菱形剖面。

然后,他们借助CFX-Backflow商业软件对3号转子叶片开展了数值模拟工作。由于压力交换是等熵的可以过程,因此,数值模拟中并没有考虑剪切应力、黏性或湍流的引起的非可逆变化过程,而是将流体介质当作层流对待。由于压力交换引射器要获得很好的引射性能,转子必须是自由旋转,角动量必须守恒。转子叶片的作用只是为了产生"伪叶片",即主次流之间的界面,并通过界

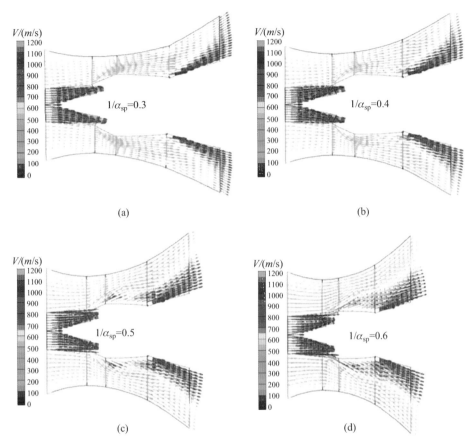

图 8 - 55 不同面积比时超声速转子 - 叶片压力交换器速度矢量图(经过叶片的剖面)

(a)面积比为 0.3;(b)面积比为 0.4;(c)面积比为 0.5;(d)面积比为 0.6。

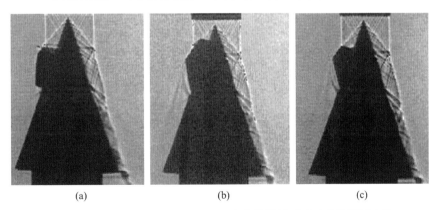

图 8 - 56 几款超声速转子 - 叶片压力交换器转子叶片的纹影图比较

(a)转子 - 叶片款式 1;(b)转子 - 叶片款式 2;(c)转子 - 叶片款式 3。

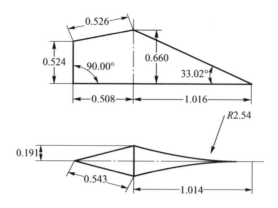

图 8-57　3 号转子叶片的气动轮廓图(单位:mm)

面之间的压力完成动量之间的交换。

此外,他们还利用数值模拟研究了相同转子叶片(3 号转子叶片),偏转角分别为 0°、10°、20°三种工况。图 8-58 给出了该转子叶片的典型网格剖面图以及沿轴线的几个特殊转子。图 8-59 给出了这三种工况下几个典型截面的总压云图。数值模拟结果表明,偏转角为 0°时,转子将不发生偏转,偏转角越大,转速越高。而且从图 8-59 也可以看出,转速越高,其压力交换作用越明显。虽然,对超声速转子-叶片压力交换器进行了一些研究,但是还有很多工作有待进一步开展:

(1)进一步优化引射器气动外形、叶片形状;

(2)分析该引射器能否有效减小激波的"熵产";

(3)分析转子-叶片楔形角度(即叶片边线与轴平面的夹角)大小、叶片数量、转子旋转速度、引射马赫数、混合区几何形状、扩散段参数、引射气流与被引射气流温度比以及整个叶片的几何形状等对引射器性能的影响;

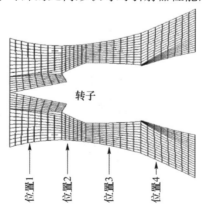

图 8-58　某款超声速转子-叶片压力交换器转子叶片的网格剖面图

（4）分析并确定该类引射器的工作范围；

（5）分析叶片上产生的膨胀波结构对该类引射器性能的影响；

（6）研究轴承、润滑油、外形、振动、噪声等方面的问题。

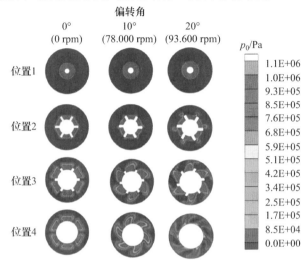

图 8 - 59　不同偏转角时特殊截面的总压云图位置 1,2,3,4 与图 8 - 58 位置相对应

8.4.5　压力交换引射器关键技术问题

压力交换引射器的出现是引射器设计领域的一个新的里程碑。不论是工作原理上，还是气动轮廓上，该类引射器都与定常引射器完全不同。对这种新型引射器技术的开发应首先从原理性研究入手，探讨压力交换引射器内流场气体流动机理，研究各设计参数对引射器启动特性和引射能力的影响，并最终建立了相应的引射器性能分析与设计方法，其关键技术问题包括：

1. 引射器设计和分析方法

在传统定常引射器设计中，不考虑黏性的影响和因混合不完全等因素带来的损失推导出一维引射器理论公式，依此进行参数选择和优化设计。由于压力交换引射器引入了高速旋转的转子，无法直接确定一维引射器理论公式需要的主次流面积以及混合室压力分布规律。因此，压力交换引射器设计的最大困难在于缺乏有关该类引射器引射方案的设计经验，更没有经过实践验证的引射方案设计准则。从国外的研究现状可以看出，由于引射器几何参数以及气流参数不匹配等原因，现有的压力交换引射器性能不佳。因此，设计出合理的压力交换引射器是一项开拓性的工作。

目前，国内在基于旋转式压力交换器的能量回收装置、制冷装置等方面取得了一些成果。因此，可以充分借鉴这些研究成果，设计出压力交换引射器的雏形,并借助数值模拟手段,对设计结果进行分析;根据数值模拟的相关结论,总结、归纳压力交换引射器的设计方法。

2. 引射机理研究

压力交换引射器中引入高速旋转的转子,传统的定常引射机理不能完全解释压力交换引射现象。因此,应借助非定常数值模拟以及 PIV 等可视化实验手段来捕捉压力交换引射器内流场的激波、膨胀波、旋涡结构及其随时间变化特征等,进而掌握非定常引射器的引射机理。

3. 启动性能

引射器的启动性能是引射器的重要性能指标,它直接决定了其应用系统能否正常工作。影响启动性能的因素有很多,如工作介质、引射压力、引射器几何形状等,且各种因素之间也有着密切的联系。目前,学术界尚未建立压力交换引射器启动的相关理论。

4. 参数优化

根据以上四种典型压力交换引射器的介绍可知,影响其引射器性能的参数非常多,包括喷嘴数目、转子旋转速度、喷嘴型面及数量、叶片形状及数量、混合区几何形状、工作介质引射压力、被引射气体压力、引射马赫数等。这些参数之间存在着组合状态多、彼此互相影响的特点。因此,必需在大量的数值模拟和实验研究的基础上才能分析得出压力交换引射器参数的优化设计方案及规律。

国内外研究现状表明,尽管非定常引射器的研究已经有几十年的历史了,但是一直没有突破性进展,仍有大量问题有待进一步研究。虽然有关非定常流驱动引射器的文献资料非常多,但是由于实验条件不相,得出的结论也各异,需要进一步采用各种验证手段,去伪存真,探究、验证现有各种观点的正确性。目前,非定常流驱动引射器的研究均致力于引射机理以及结构参数对引射性能的影响等方面,缺乏准确实用的非定常引射器分析计算方法。

8.5　引射器发展趋势

早在 19 世纪末期,在德国学者 G. 佐伊纳和 M. 兰金的著作中就建立了引射器的理论基础,20 世纪 30 年代由于流体力学和空气动力学的发展,有力地推动了引射器的应用和研究。如今,引射器已广泛应用于不同技术领域,使得引射器及射流技术已发展成为一个新的重要的学科分支。

进入引射器混合的流体,在工程中有的是气相,有的是液相,有的是气体、液体和固体的混合物,因此,到目前为止对引射器还没有一个统一的分类方法,而且名称不一,如引射器、喷射器、混水器、射流器等。这里主要论述工质为气体的超声速引射器,超声速气体引射器广泛应用于气体及化学工业、真空技术、飞机制造和风洞实验设备以及各类压力恢复系统等诸多领域。20 世纪五六十年代,为了建造高性能的火箭发动机高空试车台,阿诺德工程研究中心进行了大量的超声速引射器实验研究工作,对中心引射型超声速引射器的启动特性和抽真空能力作了深入的研究。进入七八十年代,超声速引射器在火箭冲压、推力矢量放大等领域得到了广泛的应用。在高超声速吸气推进系统研究中,高性能的燃气引射系统是必不可少的关键地面实验设备。另外,引射器在军事领域另一个重要应用是利用引射器技术进行飞行器和舰船的红外隐身。近年来,随着高功率气动激光器、化学激光器的出现和迅速发展,超声速引射器技术在高能激光器领域开辟了新的广阔的应用前景。在限定的设计条件下,压力恢复系统超声速引射器以满足激光器工质排放为最终目标,不同的激光器应用系统,其排放要求和设计限制条件是不一样的,因此其压力恢复系统超声速引射器的设计必须作相应的调整。

20 世纪 40 年代,Keenan 等人提出了引射器的设计理论。此理论的关键是为引射过程中引射流体和被引射流体的混合过程建立了动量方程。考虑到流体具有可压缩性,对超声速引射器而言,动量方程的分析解显得尤为困难。因此,Keenan 提出了两种解决方法,第 1 种方法是假设流动区域截面面积为常数(等面积引射器),第 2 种方法是假设混合区静压为常数(等压引射器)。这两种方法经受住了广泛的实验验证,其出发点相同,都是假设工作流体和引射流体具有相同的相对分子质量和比热容,引射流体和被引射流体以及混合流体在任意截面上具有均匀的物性分布,在喷嘴和扩压段内的过程都是等熵过程,不计壁面摩擦,也不考虑热量损失,在理想气体的基础上,运用质量、动量及能量守恒方程计算工作过程,推导出引射器性能参数的计算公式。然而实际上,特别是超声速混合过程很少会像假设的那样理想,激波、黏性干扰、分离涡及真实气体效应等物理现象的相互作用使得引射器内部流场极其复杂,因此一维的分析方法存在较大缺陷。过去人们主要是采用实验手段进行研究,在大量实验的基础上提出一些理论,通过修正系数对原有理论进行修正。但影响引射器性能的因素很多,实验结果往往具有很强的局限性,应用推广起来相当困难。因此当设计一个新的引射器时,通常要重新进行实验才能确定其性能。

引射器的实际性能取决于主、被动气流马赫数、气体温度、分子量、比热等多项气动参数以及引射器的形式和几何形状与尺寸。目前,国内外引射器研究的趋势仍然是进一步挖掘引射器增压比和引射效率的指标潜能。首先,研究者们尝试了使用不同结构的引射器,比如引入了具有波瓣强化混合结构的工作喷嘴,作用是增大了两股流体的混合面积,增加了引射系数,提高了混合效率,缩短了混合距离。此外,一些新型引射器技术如超超引射器、非定常引射器和差分引射器等备受研究者们的关注。超超引射器是指引射气流为超声速,被引射气流在引射器入口截面也为超声速的引射器,在保持引射器增压比和引射系数不变的情况下,超超引射器的结构比较紧凑。非定常引射器即采用多喷嘴射流、脉冲射流及旋转射流等方法来提高引射器的效率。多喷嘴射流和旋转射流增大了紊动扩散,使引射流体与被引射流体在较短的喉管内得到更好的混合。脉冲射流兼有紊动扩散和活塞的作用,能够在喉管内形成气柱来推动引射流体。除了在固定的合理结构的基础上改善流动外,还可采用可调式引射器来满足工况有较大变化的需要,但是增加调节装置也必然增加流动阻力。

在高功率激光器研究领域,鉴于高能化学激光器应用系统集成的需要,压力恢复系统超声速引射器的发展趋势为大压缩比、小型化、燃气引射、模块化、与激光器和扩压器设计一体化。大压缩比的要求是由激光器工质的排放要求决定的,小型化的要求是为了满足各种激光器系统集成的需要。燃气引射是大压缩比、小型化的必然要求,而且其燃气发生器系统最好采用纯液体、常温可储存、无毒无污染推进剂燃气发生器方案。模块化的要求是与化学激光器的放大性能相匹配的,便于扩充系统性能。引射器与激光器和扩压器一体化设计的要求是为了缩小整个压力恢复系统的尺寸、提高压力恢复系统能力。

随着计算机技术和计算流体力学的迅速发展,使得采用数值方法模拟求解超声速引射器流场成为可能。数值模拟与实验相结合可以深入揭示引射器的流场结构,解释实验现象,为引射器性能分析和优化提供必要的指导。

参 考 文 献

[1] 廖达雄. 2.4m×2.4m 引射式跨声速风洞主引射器气动设计报告[R]. 中国国防科学技术报告,1992.

[2] 刘政崇,等. 高低速风洞气动与结构设计[M]. 北京:国防工业出版社,2003.

[3] 张国彪. 2m×2m 超声速风洞初步设计条件[R]. 中国国防科学技术报告,2005.

[4] 任泽斌. 2m×2m 超声速风洞超扩段与引射器设计技术条件[R]. 中国国防科学技术报告. 2005.

[5] Kim J H,Samimy M,Erskine W R. Mixing Enhancement with Minimal Thrust Loss in a High Speed Rectangular Jet[R]. AIAA,1998.

[6] Martens S,Samimy M,Milam D M. Mixing enhancement in supersonic jets via trailing edge modifications [R]. Proceedings of Fluid Engineering Division Summer Meeting,2001.

[7] Samimy M,Kim J H,Clancy P S. Mixing Enhancement in Supersonic Jets via Nozzle Trailing Edge Modifications[R]. AIAA. 1997.

[8] Malecki R,Lord W. Navier – Stokes Analysis of a Lobed Mixer and Nozzle[R]. AIAA. 1990.

[9] Tillman T G,Paterson R W. Supersonic Nozzle Mixer Ejector[R]. AIAA,1989,2925.

[10] Stanley A S,Duane C. McCormick. Parameter Effects on Mixer – Ejector Pumping Performance[R]. AIAA,1988.

[11] Presz Jr W,Gousy R. Forced Mixer Lobes in Ejector Designs[R]. AIAA,1986.

[12] 李立国,张靖周. 航空用引射混合器[M]. 北京:国防工业出版社,2007.

[13] 赵静野,孙厚钧,高军. 引射器基本工作原理及其应用[J]. 北京建筑工程学院学报,2001,17(3): 12 – 15.

[14] 刘政崇,廖达雄,董谊信. 高低速风洞气动与结构设计[M]. 北京:国防工业出版社,2003.

[15] 凌其扬,廖达雄,陶祖贤. 风洞引射器实验研究[J]. 气动实验与测量控制,1994,8(2):10 – 18.

[16] 周廷波,刘卫红,张国彪. 2m×2m 超声速风洞全挠性壁喷管气动设计及动态调试结果分析[J]. 实验流体力学,2012,26(4):68 – 72.

[17] 虞择斌,廖达雄,刘政崇,等. 2m 超声速风洞总体结构设计[J]. 实验流体力学,2012,26(2): 90 – 96.

[18] 廖达雄,任泽斌,余永生. 压混合引射器设计与实验研究[J]. 强激光与粒子束,2006,18(5): 728 – 732.

[19] 王锁芳,李立国. 多喷管引射器的性能分析[J]. 南京航空航天大学学报,1996,28(3):350 – 356.

[20] 邱义芬,王俊清,袁修干. 多喷嘴引射器性能计算模型[J]. 北京航空航天大学学报,1997,23(5): 622 – 626.

[21] 缪亚芹,王锁芳,吴恒刚. 多喷管引射器实验研究与数值模拟[J]. 南京师范大学学报:工程技术版, 2006,6(2):68 – 71.

[22] 王锁芳,李立国. 六喷管超声速引射器性能的理论分析和实验研究[J]. 航空动力学报,1996,11 (3):312 – 314.

[23] 姜正良,吴万敏. 气体引射器的一维流动特性计算及优化设计[J]. 空气动力学学报,1995,13(4): 481-486.

[24] 张靖周,单勇. 二维引射—混合器流场的数值研究与验证[J]. 航空动力学报,2002,17(5): 524-527.

[25] 廉乐明,李力能,吴家正,等. 工程热力学[M]. 北京二中国建筑工业出版社,2000.

[26] 伍荣林,王振羽. 风洞设计原理[M]. 北京:北京航空学院出版社,1985.

[27] 张堃元,徐辉,等. 主流倾斜的两级引射器模型实验研究[J]. 燃气涡轮实验与研究,2000,13(3): 5-9.

[28] 徐万武,谭建国,王振国. 二次流对超声速环型空气引射器真空度的影响[J]. 国防科技大学学报, 2003,25(3):6-9.

[29] 刘伟强,邹建军,等. 单模块超燃冲压发动机实验样机方案及实验技术方案研究[R]. 国防科技报告,2003.

[30] 王广振,吴寿生. 混合管面积和位置对排气引射器性能的影响[J]. 推进技术,2000,21(4):20-23.

[31] 刘友宏,刘曦,等. 圆排波瓣喷管引射器高效掺混流场数值计算[J]. 化工学报,2003,54(2): 147-152.

[32] 刘友宏,刘伟. 圆排波瓣弯曲混合管引射实验与数值模拟[J]. 航空动力学报,2005,20(1):92-97.

[33] 邵万仁,吴寿生. 波瓣形排气引射混合器的实验研究[J]. 航空动力学报,2000,15(2):155-158,163.

[34] 尹群. 等截面混合气体引射器优化设计—解析计算基础[J]. 航空发动机,1997,4:25-31.

[35] 张塑元,沈炳炎,等. 主流倾斜的引射器实验研究[J]. 航空动力学报,2000,15(4):439-441,438.

[36] 李海军. 喷射器性能、结构及特殊流动现象研究[D]. 大连理工大学,2004.

[37] 李海军,沈胜强. 使用量纲一参数进行喷射器性能分析[J]. 大连理工大学学报,2007,47(1): 26-29.

[38] 李海军,沈胜强,张博,等. 蒸汽喷射器流动参数与性能的数值分析[J]. 热科学与技术,2005,4(1): 52-57

[39] Zhang H F,Charles A,Garris. A Comparative Study of Flow Induction by Pressure Exchange[R]. AIAA Paper,2001.

[40] Hong W J,Alhussank. The Supersonic/Rotor-Vane/Pressure-Exchange Ejector[R]. AIAA Paper,2001.

[41] Alhussank. Study the Effect of Changing Inlet Area Ratio of a Supersonic Pressure-Exchange Ejector[R]. AIAA Paper,2005.

[42] 刘政崇. 高低速风洞气动与结构设计[M]. 北京:国防工业出版社,2003.

[43] 孙英英. 无缓冲气 COIL 扩压器流场数值模拟[J]. 强激光与粒子束,2007,19(8):258-260.

[44] 廖达雄. 引射器性能优化和增强混合方法研究[D]. 西安:西北工业大学,2003.

[45] 怀英,贾淑芹. 超音速化学氧碘激光器光腔扩张角[J]. 强激光与粒子束,2011,23(2):56-60.

[46] 吴宝根,陆来. 用 FLUENT 软件计算化学氧碘激光流场[J]. 强激光与粒子束,2005,10(2): 316-318.

[47] 胡宗民. COIL 亚声速段横向喷流混合流场数值分析[J]. 强激光与粒子束,2005,7(1):236-239.

[48] 房本杰,桑凤亭,等. 以氮气为载气 COIL 的设计与实验[J]. 强激光与粒子束,2003,1(1):44-48.

[49] 袁先旭. COIL 三维混合反应流场数值模拟研究[J]. 空气动力学学报,2006,2(1):98-102.

[50] 余真,李守先,等. 喷管、光腔及压力恢复系统一体化设计[J]. 强激光与粒子束,2007,6(5):

234 – 237.

[51] Siegfried Krause. Experimental study of supersonic diffusers with large aspect ratio and low Reynolds numbers[J]. AIAA,1979:1486 – 1491.

[52] 凌云沛,张华. 混合与扩散同时进行的环形引射系统引射性能实验研究[J]. 北京航空航天大学学报,1993,(1):55 – 94.

[53] 凌云沛,张华. 新一代引射式跨声速风洞(Idt)高要求指标的研究[J]. 航空学报,1989,10(2):12 – 15.

[54] 廖达雄. FI – 26y 风洞引射器气动实验和研究[C]. CARDC1993 年风洞实验技术交流会. 1993.

[55] 董谊信,陈章云,等. 2.4m 引射式跨声速风洞设计与运行调试[J]. 流体力学实验与测量,2001,15(3):54 – 61.

[56] 董谊信,陶祖贤. 2.4m×2.4m 引射式跨声速风洞[J]. 流体力学实验与测量,1997,11(2):30 – 36.

[57] 黄生洪,徐胜利,李俊杰,等. 水蒸汽凝结对超声速风洞蒸汽引射系统的影响[J]. 推进技术,2005,26(5):156 – 145.

[58] 单勇,张靖周. 波瓣喷管引射—混合器的数值研究与验证[J]. 推进技术,2004,25(4):320 – 324.

[59] 唐正府,张靖周,单勇. 波瓣喷管—狭长出口弯曲混合管引射混合特性分析[J]. 航空动力学报,2005,20(6):978 – 952.

[60] 单勇,张靖周. 波瓣喷管结构参数对引射混合器性能影响的数值研究[J]. 航空动力学报,2005,20(6):973 – 977.

[61] 王锁芳,李立国,吴国训. 波瓣喷管双层壁扩压器流场的数值分析[J]. 空气动力学学报,2004,22(1):60 – 63.

[62] 单勇,张靖周. 波瓣喷管引射—混合器涡结构的数值研究[J]. 空气动力学学报,2005,23(3):355 – 359.

[63] 刘友宏. 波瓣引射混合器冷热态实验研究与数值模拟[D]. 南京:南京航空航天大学,2000.

[64] 王锁芳,李立国. 多喷管引射器的性能分析[J]. 南京航空航天大学学报,1996,28(3):350 – 356.

[65] 王锁芳,李立国. 六喷管超声速引射器性能的理论分析和实验研究[J]. 航空动力学报,1996,11(3):312 – 314.

[66] Weber H E. Shock wave engine design[M]. New York:John Wiley and Sons,1995.

[67] Scott T. Re – examination of the crypto – steady pressure – exchanger (Virtual turbo machine)[R]. AIAA Paper,2001.

[68] Garris,C A. A new concept for a hubless rotary jet[R]. AIAA Paper,1991 – 1903.

[69] Amin S M,Garris C A. An experimental investigation of a non – steady flow thrust augmenter[R]. AIAA Paper,1995.

[70] Hong W J,Garris C A. Non – steady flow ejector technology applied to refrigeration with environmental benefits[R]. AIAA Paper,2000.

[71] Hong W J,Alhussan K. The supersonic rotor – vane pressure – exchange ejector[R]. AIAA Paper,2001.

[72] Zhang H F,Garris C A. A comparative study of flow induction by pressure exchange[R]. AIAA Paper,2004.

[73] Hong W J,Alhussan K,Zhang H F. A novel thermally driven rotor – vane pressure – exchange ejector refrigeration system with environmental benefits and energy efficiency[J]. Energy,2004,29:2331 – 2345.

[74] Alhussan K. Study the Effect of Changing Inlet Area Ratio of a Supersonic Pressure – Exchange Ejector[R]. AIAA Paper,2005.

[75] Ababneha A K, Garris C A. Investigation of the Mach Number Effects on Fluid – to – Fluid Interaction in an Unsteady Ejector with a Radial – Flow Diffuser[J]. Jordan Journal of Mechanical and Industrial Engineering, 2009, 3(2):131 – 140.

[76] 廖达雄, 任泽斌, 余永生. 等压混合引射器设计与实验研究[J]. 强激光与粒子束, 2006, 18(5): 728 – 732.

[77] 代玉强, 丁美霞, 谈文虎. 利用波转子实现气体膨胀制冷技术[J]. 大连理工大学学报, 2010, 50(6): 888 – 895.

[78] 雷艳, Mueller N. 通流式气波转子性能实验研究[J]. 北京工业大学学报, 2012, 38(4): 607 – 613.

[79] 丛成华, 易星佑, 吕金磊, 等. 声学风洞风扇段流场特性数值模拟[J], 推进技术, 2011, 32(5): 741 – 745.

[80] 丛成华, 彭强, 易星佑, 等. 超声速转子叶片非定常引射器流场特性数值模拟[J]. 强激光与粒子束, 2014, 26(5): 1 – 7.

[81] 徐万武, 邹建军, 王振国, 等. 超声速环型引射器启动特性实验研究[J]. 火箭推进, 2005, 31(6): 7 – 11.

[82] Churinanond K. An Experimental Investigation of a Steam Ejeetor Refrigerator: The Analysis of the Pressure Profile Along the Ejeetor[J]. APPlied Thermal Engineering, 2004, 24(213):311 – 322.

[83] Kim S. ExPerimental Investigation of an Annular lnjection supersonie Ejeetor[J]. AIAA, Journal, 2006, 44(8):1905 – 1908.

[84] 刘友宏, 李立国. 直排波瓣喷管引射器流场计算模型的选择[J]. 空气动力学学报, 2002, 20(3): 343 – 350.

[85] 徐海涛. 蒸汽喷射器的理论及数值研究[D]. 南京: 南京工业大学, 2003.

[86] 徐万武, 谭建国, 王振国. 高空模拟试车台超声速引射器数值研究[J]. 固体火箭技术, 2003, 26(2): 71 – 74.

[87] 徐万武, 王振国. 环型超声速空气引射器零二次流流场数值研究[J]. 推进技术, 2003, 24(1): 36 – 39.

[88] 张鳃鹏, 薛飞, 潘卫明, 等. 高压气体引射器的实验研究和仿真[J]. 热科学与技术, 2004, 3(2): 133 – 138.

[89] 徐万武, 邹建军, 王振国, 等. 超声速环型引射器启动特性实验研究[J]. 火箭推进, 2005, 31(6):7 – 11.

[90] Stephens S E, Bates LB. Effeet of Geometrie parameters on the performance of Second Throat Annular Steam Ejectors[R]. ADA238645. 1991.

[91] 廖达雄, 任泽斌, 余永生, 等. 等压混合引射器设计与实验研究[J]. 强激光与粒子束, 2006, 18(5): 725 – 732.

[92] 凌其扬, 廖达雄. 风洞引射器实验研究[J]. 气动实验与测量控制, 1994, 8(2):10 – 18.

[93] 缪亚芹, 王锁芳, 吴恒刚. 多喷管引射器实验研究与数值模拟[J]. 南京师范大学学报(工程技术版), 2006, 6(2):67 – 71.

[94] Hu H, Kobayashi T, Saga T, et al. Researeh on the Reetangular Lobed Exhaust Ejector/Mixer Systems[J]. Transaetions Of The Japan Sceiety For Aeronautieal And Space Scienecs, 1999, 41(134):187 – 194.

[95] Tillman T. Thrust Characteristics of a Supersonie Mixer Ejeetor[J]. Joumal of ProPulsion and Power, 1995, 11(5):931 – 937.

[96] 廖达雄. 引射器性能优化和增强混合方法研究[D]. 西安: 西北工业大学, 2003.

［97］廖达雄,任泽斌,余永生,等. 等压混合引射器设计与实验研究［J］. 强激光与粒子束,2006,18(s)：725 – 732.

［98］Dal B T,C. J. Steffen. Parametrie Study of a Mixer/Ejeetor Nozzle with Mixing Enhaneement Deviees［R］. AIAA,2002.

［99］徐万武. 高性能、大压缩比化学激光器压力恢复系统研究［D］. 长沙：国防科学技术大学,2003.

［100］Kim S,Kwon S. Experimental investigation of an annular injection supersonic ejector［J］. AIAA,2006,44(8)：1905 – 1908.

［101］Kim S,Kwon S. Experimental determination of geometric parameters for an annular injection type supersonic ejector［J］. Journal of Fluids Engineering,2006,128(6)：1164 – 1171.

［102］Kong F S. ,Kim H D. ,Jin Y Z,et al. Computational analysis of mixing guide vane effects on performance of the supersonic ejector – diffuser system［J］. Open Journal of Fluid Dynamics,2012,2：45 – 55.

［103］Somsak W. Optimization of a high – efficiency jet ejector by computational fluid dynamics software［D］. College Station：Texas A&M University,2005.

［104］Somsak W. CFD optimization study of high – efficiency jet ejector［D］. College Station：Texas A&M University,2008.

［105］Menter F R. Two – equation eddy – viscosity turbulence models for engineering applications［J］. AIAA Journal,1994,32(8)：1598. 1605.

［106］尹群,向心折流式气体中心引射器［J］,航空发动机,2002. 2：12 – 13.

［107］索科洛夫,津格尔,黄秋云. 喷射器［M］,北京：北京出版社,1977.

［108］刘政崇,高低速风洞气动与结构设计［M］,北京：国防工业出版社,2003.

［109］DeLeo R V. An experimental investigation of the use of hot gas ejectors for boundary layer,partIII［R］. WADC technical report,1958.

［110］Aly N H,Karameldina A,Shamloulb M M. Modelling and simulation of steam jet ejectors［J］. Desalination,1999,123(1)：1 – 8.

［111］Kandakure MT,Gaikar V G,Patwardhan A W. Hydrodynamic aspects of ejectors［J］. Chemical Engineering Science,2005,60(22)：6391 – 6402.

［112］Annamalai K,Visvanathan K,Sriramulu V,et al. Evaluation of the performance of supersonic exhaust diffuser using scaled down models［J］. Experimental Thermal and Fluid Science,1998,17(3)：217 – 229.

［113］Chen Y M,Sun C Y. Experimental study of the performance characteristics of a steam – ejector refrigeration system［J］. Experimental Thermal and Fluid Science,1997,15(4)：384 – 394.

［114］Huang B J,Chang J M. Empirical correlation for ejector design［J］. International Journal of Refrigeration,1999,22(5)：379 – 388.

［115］Aphornratana S,Eames I W. A small capacity steam – ejector refrigerator：experimental investigation of a system using ejector with movable primary nozzle［J］. International Journal of Refrigeration,1997,20(5)：352 – 358.

［116］Kim H,Lee Y,Setoguchi T,et al. Numerical simulation of the supersonic flows in the second throat ejector – diffuser systems［J］. Journal of Thermal Science,1999,8(4)：214 – 222.

［117］Ansary H A M A. Study of single – phase and two – phase ejectors［J］. Georgia Institute of Technology,2004.

［118］Bartosiewicz Y,Aidoun Z,Desevaux P,et al. Numerical and experimental investigations on supersonic ejectors［J］. International Journal of Heat and Fluid Flow,2005,26(1)：56 – 70.

［119］Gaurav S,Rajesh R,Mainuddin R,et al. Two – stage ejector based pressure recovery system for small scale SCOIL［J］. Experimental Thermal and Fluid Science,2006,30:415 – 426.

［120］Neumann E P,Lustwerk F. Supersonic diffuser for wind tunnels［J］. Journal of Applied Mechanics,1949,16:195 – 202.

［121］Dessouky H E,Ettouney H,Alatiqi I,et al. Evaluation of steam jet ejectors［J］. Chemical Engineering and Processing,2002,41(2):551 – 561.

［122］Sun D. Variable geometry ejectors and their applications in ejector refrigeration systems［J］. Energy,1996,21(10):919 – 929.

［123］许灵芝,徐旭. 零二次流引射器启动性能数值研究[J]. 推进技术,2010,31(2):204 – 209.

［124］吴继平. 王振国第二喉道超声速引射器启动性能理论研究[J]. 航空动力学报. 2008,23(5):803 – 809.

［125］杨建文,付秀文,刘占一. 石晓波等截面引射器启动性能数值研究[J]. 应用力学学报,2014,31(5):697 – 704.

［126］邹建军,周进,徐万武. 王振国超音速环形引射器空气引射启动特性试[J]. 国防科技大学学报,2008,30（2）:1 – 4.

［127］吴继平. 高增压比多喷管超声速引射器设计理论、方法与实验研究[D]. 长沙:国防科技大学,2007.

［128］Bartosiewicz Y,Aidoun Z,Desevaux P. Numerical and experimental investigations on supersonic ejectors［J］. International Journal of Heat and Fluid Flow. 2005,26(1):56 – 70.

［129］陈健,吴继平,王振国,等. 高空模拟试车台主被动引射方案数值研究[J]. 固体火箭技术,2011,34(1):126 – 130.

［130］Sankaran S,Satyanarayana T N V. CFD analysis for simulated altitude testing of rocket motors. Canadian Aeronautics and Space Journal,2002,48(2):153 – 161.

［131］Annamalai K. Evaluation of the performance of supersonic exhaust diffuser using scaled down models. Experimental Thermal and Fluid Science,1998,17(3): 217 – 229.

［132］Annamalai K. Development of design methods for short cylindrical supersonic exhaust diffuser. Experiments in Fluids,2000,29(4):305 – 308.

［133］Amatucci V A,Dutton,J C. Pressure recovery in a constant – area,two – stream supersonic diffuser. AIAA,1982,20(9):1308 – 1312.

［134］Chen,Falin,Liu C F. Supersonic flow in the second – throat ejector – diffuser system. Journal of Spacecraft and Rockets,1994,31(1): 123 – 129.